全国高职高专土建类专业规划教材

Building

Green building and green construction

绿色建筑
与绿色施工

主　编　吴瑞卿　祝军权

副主编　吴　渝　赖泽荣　周　晖
　　　　黄亮忠　冯川萍　吴咏陶　王约发

中南大学出版社
www.csupress.com.cn

内容简介

　　本书是根据高等职业教育建筑工程技术专业领域技术应用型人才培养方案编写的高等职业技术教育教材。

　　本书主要针对绿色建筑和绿色施工的概念、发展状况和相关施工技术及案例分析进行了详细阐述，共14章，内容包括绿色建筑简述、国外绿色建筑评价标准、我国绿色建筑评价标准、绿色建筑材料——绿色新型混凝土、太阳能与建筑一体化技术、绿色建筑设计案例、绿色施工的内涵和发展状况、建筑工程绿色施工技术、工程项目绿色施工管理与评价、建筑产业现代化技术在绿色施工中的应用、建筑垃圾处理及绿色施工案例。全书内容全面、系统，文字简练，图文并茂，既着力于理论，更注重实践应用。

　　本书可作为高等职业技术院校、成人高校及独立院校建筑工程技术专业、工程建设监理专业的教学用书，亦可作为土木工程类相关专业教学参考书，还可作为建筑工程施工技术人员、管理人员、建设单位、监理工程师的培训和参考用书。

高职高专土建类专业规划教材编审委员会

主 任

王运政	胡六星	郑 伟	玉小冰	刘孟良	陈安生
李建华	谢建波	彭 浪	赵 慧	赵顺林	向 曙

副主任

（以姓氏笔画为序）

王超洋	卢 滔	刘文利	刘可定	刘庆潭	孙发礼
杨晓珍	李 娟	李玲萍	李清奇	李精润	欧阳和平
项 林	胡云珍	黄 涛	黄金波	龚建红	颜 昕

委 员

（以姓氏笔画为序）

于华清	万小华	邓 慧	龙卫国	叶 姝	包 蠡
邝佳奇	朱再英	伍扬波	庄 运	刘小聪	刘天林
刘汉章	刘旭灵	许 博	阮晓玲	孙光远	孙湘晖
李为华	李 龙	李 冰	李 奇	李 侃	李 鲤
李亚贵	李进军	李丽田	李丽君	李海霞	李鸿雁
肖飞剑	肖恒升	何 珊	何立志	佘 勇	宋士法
宋国芳	张小军	张丽姝	陈 晖	陈贤清	陈 翔
陈淳慧	陈婷梅	易红霞	金红丽	周 伟	赵亚敏
徐龙辉	徐运明	徐猛勇	卿利军	高建平	唐 文
唐茂华	黄郎宁	黄桂芳	曹世晖	常爱萍	梁鸿颉
彭 飞	彭子茂	彭秀兰	蒋 荣	蒋买勇	曾维湘
曾福林	熊宇璟	樊淳华	魏丽梅	魏秀瑛	瞿 峰

出版说明 INSTRUCTIONS

遵照《国务院关于加快发展现代职业教育的决定》〔国发〔2014〕19号〕提出的"服务经济社会发展和人的全面发展，推动专业设置与产业需求对接，课程内容与职业标准对接，教学过程与生产过程对接，毕业证书与职业资格证书对接"的基本原则，为全面推进高等职业院校土建类专业教育教学改革，促进高端技术技能型人才的培养，依据国家高职高专教育土建类专业教学指导委员会高等职业教育土建类专业教学基本要求，通过充分的调研，在总结吸收国内优秀高职高专教材建设经验的基础上，我们组织编写和出版了这套高职高专土建类专业"十三五"规划教材。

高职高专教学改革不断深入，土建行业工程技术日新月异，相应国家标准、规范，行业、企业标准、规范不断更新，作为课程内容载体的教材也必然要顺应教学改革和新形式的变化，适应行业的发展变化。教材建设应该按照最新的职业教育教学改革理念构建教材体系，探索新的编写思路，编写出版一套全新的、高等职业院校普遍认同的、能引导土建专业教学改革的"十三五"规划系列教材。为此，我们成立了规划教材编审委员会。教材编审委员会由全国30多所高职院校的权威教授、专家、院长、教学负责人、专业带头人及企业专家组成。编审委员会通过推荐、遴选，聘请了一批学术水平高、教学经验丰富、工程实践能力强的骨干教师及企业专家组成编写队伍。

本套教材具有以下特色：

1. 教材依据国家高职高专教育土建类专业教学指导委员会《高职高专土建类专业教学基本要求》编写，体现科学性、创新性、应用性，体现土建类教材的综合性、实践性、区域性、时效性等特点。

2. 适应高职高专教学改革的要求，以职业能力为主线，采用行动导向、任务驱动、项目载体，教、学、做一体化模式编写，按实际岗位所需的知识能力来选取教材内容，实现教材与工程实际的零距离"无缝对接"。

3. 体现先进性特点。将土建学科的新成果、新技术、新工艺、新材料、新知识纳入教材，结合最新国家标准、行业标准、规范编写。

4. 教材内容与工程实际紧密联系。教材案例选择符合或接近真实工程实际，有利于培养学生的工程实践能力。

5. 以社会需求为基本依据，以就业为导向，融入建筑企业岗位（八大员）职业资格考试、国家职业技能鉴定标准的相关内容，实现学历教育与职业资格认证相衔接。

6. 教材体系立体化。为了方便老师教学和学生学习，本套教材建立了多媒体教学电子课件、电子图集、标准规范、优秀专业网站、教学指导、教学大纲、题库、案例素材等教学资源支持服务平台。

全国高职高专土建类专业规划教材

编审委员会

前 言 PREFACE

  建筑业是国民经济支柱产业之一。改革开放以来，伴随着工业化、城镇化的快速推进，我国建筑市场兴旺发达，建设速度前所未有。建筑业恰恰是一个资源消耗巨大、污染排放集中、覆盖面和影响面广的行业。一方面，施工过程是建筑产品的生成阶段，需要消耗大量的水泥、钢材、木材、玻璃等各种材料，需要各类施工机具、运输设备的配套投入。另一方面，在施工过程中会释放大量的扬尘、噪声、废水、固体废弃物等污染物，影响了现场及其周围公众的生产生活，给整个城市带来巨大改观的同时，也造成了负面环境影响。特别是近十余年来我国城镇化的推进速度惊人，随着我国城镇化建设的发展，建设规模仍会保持较快增长，对资源的巨大需求仍将保持高速增长。随着社会经济、科技的发展，人们生活水平的不断提高，资源短缺和环境污染将成为这个时代所面临的主题。从可持续发展的角度出发，绿色生态建筑愈来愈受到人们的青睐，它势必成为 21 世纪建筑的弄潮儿。同时，我们也要清醒地看到，我国建筑业生产方式仍然相对落后，资源利用效率不高，能耗、物耗巨大，污染排放集中，建筑废弃物再利用率很低。因此，以现代科学技术和管理方法改造建筑业，实现建筑业的转型升级，是我们广大建设工作者的迫切任务。

  绿色施工是在国家建设"资源节约型、环境友好型"社会，倡导"循环经济、低碳经济"的大背景下提出并实施的。绿色施工从传统施工中走来，与传统施工有着千丝万缕的联系，又有很大的不同。绿色施工紧扣国家循环经济的发展主题，抓住了新形势下我国推进经济转型、实现可持续发展的良好契机，明确提出了建筑业实施节能减排降耗、推进绿色施工的发展思路，对于建筑业在新形势下提升管理水平、强化能力建设、加速自身发展具有重要意义。开展绿色施工，为我国建筑业转变发展方式开辟了一条重要途径。绿色施工要求在保证安全、质量、工期和成本受控的基础上，最大限度地实现资源节约和环境保护。推行绿色施工符合国家的经济政策和产业导向，是建筑业落实科学发展观的重要举措，也是建设生态文明和美丽中国的必然要求。

  本书以培养学生绿色建筑和绿色施工管理能力为目标，对绿色建筑评价标准、绿色建筑材料、太阳能与建筑一体化技术、建筑工程绿色施工技术、工程项目绿色施工管理和评价、建筑产业现代化技术在绿色施工中的应用、建筑垃圾处理等，进行相应规范、规程与标准的详细探讨，既有基于国家和社会角度的宏观分析，也有基于工程施工项目层面的研究和案例，具有较强的创新性和操作性，期望本书能够对提高学生和工程技术人员对绿色建筑和绿色施工的认识，加快绿色建筑和绿色施工的推进，指导绿色建筑与绿色施工的实施起到积极作用。

　　本书由广州建筑股份有限公司吴瑞卿和广东环境保护工程职业学院祝军权主编，广东环境保护工程职业学院吴渝，广州市第一建筑工程有限公司赖泽荣、黄亮忠、吴咏陶，广州城建职业技术学院周晖，茂名职业技术学院冯川萍参与了部分章节的编写工作。为使本书涉及面广、适用性强、概念清楚而简明、内容丰富而完整，作者参考了大量国内外专家学者出版的图书和其他文献，在此，表示由衷敬意和衷心的感谢！由于受到时间、水平和参考资料的限制，本书难免有不妥之处，衷心希望读者对本书批评指正。

编　者

目 录 CONTENTS

第1章　绿色建筑简述

【知识目标】

1. 熟悉和了解绿色建筑的定义；
2. 熟悉和了解绿色建筑的起源；
3. 熟悉和了解我国绿色建筑的发展。

【能力目标】

1. 能根据绿色建筑的概念掌握绿色建筑基本要求；
2. 能通过绿色建筑的起源和发展分析我国绿色建筑发展条件的基本因素。

1.1　绿色建筑概念

根据《绿色建筑评价标准》(GB/T 50378—2014)的定义，绿色建筑是指在全寿命期内，最大限度地节约资源(节能、节地、节水、节材)、保护环境、减少污染，为人们提供健康、适用和高效的使用空间，与自然和谐共生的建筑。通过定义可知，目前我国的绿色建筑理念已经从单纯的节能走向"四节、一环保、一运营(节能、节材、节水、节地、环境保护和运营管理)"、"全寿命周期"的综合理念上来。目前学术界、政府与市场对绿色建筑已经基本达成一致，其定义与理论已经明确，绿色建筑开始进入了高速发展期。

绿色建筑的内涵主要包括以下三个方面：

(1)绿色建筑的目标是建筑、自然以及使用建筑的人三方的和谐。绿色建筑与人、自然的和谐体现在其功能是提供健康、适用和高效的使用空间，并与自然和谐共生。"健康"代表以人为本，满足人们的使用需求；"适用"代表在满足功能的前提下尽可能节约资源，不奢侈浪费，不过于追求豪华；"高效"代表资源能源的合理利用，同时减少二氧化碳排放和环境污染。绿色建筑以人、建筑和自然环境的协调发展为目标，在利用天然条件和人工手段创造良好、健康的居住环境的同时，尽可能地控制和减少对自然环境的使用和破坏，充分体现向大自然的索取和回报之间的平衡。

(2)绿色建筑注重节约资源和保护环境。绿色建筑强调在全生命周期，特别是运行阶段减少资源消耗(主要是指能源和水的消耗)，并保护环境、减少温室气体排放和环境污染。

(3)绿色建筑涉及建筑全生命周期，包括物料生成、施工、运行和拆除四个阶段，但重点是运行阶段。绿色建筑强调的是全生命周期实现建筑与人、自然的和谐，减少资源消耗和保护环境，实现绿色建筑的关键环节在于绿色建筑的设计和运营维护。

绿色建筑概念的提出只是绿色建筑发展的开始，它是一个高度复杂的系统工程，它在实

1

践中的推广还需要靠一套完整的评价体系。对于绿色建筑全寿命周期，可以理解为从项目的立项到建筑的最长使用寿命这段时间，而决定建筑耗能高低的因素主要是设计和施工，因此，"绿色设计"和"绿色施工"就应运而生，运用绿色的观念和方式进行建筑的规划、设计、开发、使用和管理。而给人们提供一个健康、舒适的办公和生活场所并不与节约资源相冲突，并不是强调节约资源要以牺牲人类使用的舒适度为代价，这里的节约资源是指高效地利用资源，即能源利用效率的提高。

绿色建筑的发展离不开技术的提高，绿色建筑本身也代表了一系列新技术和新材料的应用。传统的建筑技术无法满足绿色建筑的发展要求，这就需要我们更多地开发新型绿色技术，通过各个专业的紧密联系，用全新的设计理念对绿色建筑全寿命周期进行设计。由于绿色建筑需要我们在各方面约束自己的行为，例如节水、节能等，这些不仅是技术问题，更是个人意识问题。随着社会的高速发展，生活质量的提高，人们更多关注居住空间的舒适度和健康问题，这就要求我们要以满足人们需求为前提，全方面推动绿色建筑的发展。

绿色建筑是一个全面的总的概念，它涉及建筑材料的生产、建筑的设计、施工以及使用，它包含了人的观念、生产的观念、消费的观念、生活方式的观念、价值的观念等内容。绿色建筑的推广，除了能帮助人类应对环境与经济的挑战，减少温室气体的排放，还能缩小建筑物全寿命周期的碳足迹。绿色建筑将是建筑行业未来的发展方向，具有不可估量的潜力与前景。

1.2　绿色建筑起源

第二次世界大战之后，随着经济的快速复苏，建筑能耗问题开始备受关注，节能要求促进了建筑节能理念的产生和发展。1962 年，美国生物学家莱切尔·卡逊（Rachel Carson）提出了可持续发展的概念，树立了可持续发展的里程碑。1969 年，意大利建筑师保罗·索勒瑞（Paolo Soleri）首次提出了"生态建筑"理念。这个理念的提出，形成了最初的绿色建筑概念。这之后，全世界各地开始了绿色建筑的迅猛发展。

20 世纪 70 年代，建筑节能被提上日程，低能耗建筑先后在世界各国展现出来。1992 年的巴西里约热内卢"联合国环境与发展大会"的召开，标志着可持续发展的重要思想在全世界范围内达成共识。自此，一套相对完整的绿色建筑理论初步形成，并在不少国家实践推广，成为绿色建筑的发展方向。

绿色建筑概念的提出，开辟了其发展的新篇章。绿色建筑的研究从建筑个体、单纯技术上升到体系层面，由建筑设计扩展到环境评估、区域规划等领域，形成了整体性、综合性和多学科性交叉的特点。1990 年，英国建筑研究所（Building Research Establishment）发布建筑研究所环境性能评价方法 BREEAM（Building Research Establishment Environmental Assessment Method），标志着绿色建筑评价体系的首次建立。BREEAM 体系对建筑与环境的矛盾做出了比较科学的评估，即为人类提供健康、舒适、高效的工作、居住、活动空间，同时节约能源和资源，减少对自然和生态环境的影响。1996 年，美国绿色建筑协会（United States Green Building Council, USGBC）发布能源与环境设计先导 LEED（Leadership in Energy and Environmental Design），为进一步推广绿色建筑的普及和发展做出了重要贡献。之后各个国家开始研究适合本国国情的绿色建筑评估体系，如德国生态建筑导则（LNB）、英国绿色建筑评估体系（BREEAM）、澳大利亚建筑环境评估体系（NABERS）、加拿大（GBTool）、法国（ESCALE）、日本（CASBEE）等，其中 LEED 认证在国际上和我国的影响力较大。绿色建筑成为改善人类生活环境的重要途径，是当今世界建筑发展的重要方向。

为更好推广绿色建筑的发展，有些国家开始推出绿色建筑标准作为强制性规定。例如，美国 2007 年 10 月 1 日出台了美国第一个强制性的绿色建筑法令，规定新建建筑、改建建筑都应该达到最低绿色建筑标准。截至 2012 年底，美国已有 10 多个城市立法要求采用 LEED 标准。

1.3　我国绿色建筑的发展

由于各方面原因，中国绿色建筑起步较晚，发展较为缓慢。20 世纪 80 年代，开始了中国绿色建筑的萌芽。随着我国经济的发展，在全国范围内掀起了建筑高潮。当时建筑水平低下，缺乏绿色建筑理念，没有考虑到建筑的节能、节地、节水、节材、环保等方面。1992 年巴西里约热内卢"联合国环境与发展大会"以来，中国政府开始大力推动绿色建筑的发展。20 世纪 90 年代，节地、节能、节水、节材和环境保护等绿色建筑概念逐渐成为人们关注的焦点，人们开始对绿色建筑进行探索性研究，将国外的绿色建筑评价体系引入国内，通过政府的支持和国际项目的合作，开始了绿色建筑理论研究。之后，中国通过借鉴国外成功的绿色建筑评价体系，制定了绿色建筑评价体系。例如，2001 年出版的《中国生态住宅技术评估手册》、2004 年出版的《绿色奥运建筑评估体系》、2005 年出版的《住宅性能评定技术标准》等，在以上绿色建筑评价体系的基础上，2006 年由建设部颁布的《绿色建筑评价标准》（GB/T 5073—2006）出台，标志中国绿色建筑的体系的正式建立。

自 2011 年起，国内掀起了绿色建筑的发展热潮，带动了绿色建筑的发展。2011 年，中国获得绿色建筑认证的项目多达 160 多个，截至 2012 年 7 月，正式通过住房和城乡建设部网站公示的绿色建筑项目多达 488 个，加上地方政府评审的项目和国外机构认证的绿色建筑，绿色建筑项目总数超过 700 个。

如果把绿色建筑发展看作一个新事物的发展周期，那么我国的绿色建筑发展正处于初期发展阶段，而发达国家的绿色建筑发展已经进入了成熟壮大期。因此，我国的绿色建筑还有很大的发展空间。在大力发展绿色建筑技术的同时，应注重相关政策法规、技术规范和推广机制的建立和完善，形成立体化、多层次的绿色建筑发展模式。

从整体上讲，绿色建筑是全寿命周期的建筑工程，国内外绿色建筑评价标准大都包括设计阶段认证、包括施工过程的运营阶段认证，没有针对施工阶段的认证，而是将其放在运营阶段，但施工阶段的成果是运营认证的必需材料。目前国内的认证多集中在设计阶段，施工阶段的认证（即绿色施工认证）和包括施工过程的运营认证还处于起步阶段。

随着绿色建筑和绿色施工认证制度在国内的实施，国家建设行政主管部门于 2006 年 3 月颁布了《绿色建筑评价标准》（GB/T 50378—2006，2006 年 6 月实施），2007 年 9 月发布了《绿色施工导则》（建质［2007］223 号），2010 年 11 月颁布了《建筑工程绿色施工评价标准》（GB/T 50640—2010，2011 年 10 月实施）。这些导则和标准的出台，有力地推动了我国绿色建筑和绿色施工的发展，使绿色建筑设计、施工与运营逐步规范化和标准化，而且推动了绿色建筑设计、绿色施工和运营的认证工作在全国的开展，提高了设计单位、施工单位和物业管理单位全面参与工程建设的积极性。

我国绿色建筑进入规模化发展时代，"十二五"期间，计划完成新建绿色建筑 10 亿平方米；到 2015 年末，20% 的城镇新建建筑达到绿色建筑标准要求。

近年来，我国绿色建筑每年以翻番的速度发展，城镇化要转向新型城镇化，就意味着作为城镇化最基本的细胞——住房必须要更新形式，从传统建筑转向绿色建筑。未来，必须把集约、智能、绿色、低碳等生态文明的新理念融入城镇化的进程中。尽管我国绿色建筑发展速度快，但也面临一些问题，如高成本绿色技术实施不理想、绿色物业管理脱节、少数常用绿建技术由于存在缺陷并未运行。要解决这些问题，必须实现专家评审机构尽责到位、政府监管到位、公开透明社会监督到位、补贴处罚机制到位、绿色物业运行维护服务到位等"五个到位"，严把绿色建筑质量关。

第 2 章 国外绿色建筑评价标准

【知识目标】

了解和熟悉国外(英国、美国、澳大利亚、日本)绿色建筑评价标准。

【能力目标】

能参与评价和应用国外(英国、美国、澳大利亚、日本)绿色建筑评价标准。

2.1 英国 BREEAM 评价体系

英国在 20 世纪初期工业化发展居世界前茅,单纯地追求经济的快速发展,却忽略了工业化对环境的危害。工业化初期,英国的生存环境受到了很大的污染和破坏,环境问题日益突显,烟雾事件频频发生。在严峻的事实面前,英国政府不得不重视环境的保护。可持续发展的概念就是在那时候被英国民众接受并奉为发展的口号的。可持续发展的目的就是调节经济的发展和环境保护间的冲突,使二者协调,并带来更大的经济和环境利益。

英国建筑环境评价体系 BREEAM(Building Research Establishment Environmental Assessment Method,见图 2 – 1),1990 年由英国建筑研究所(The Building Research Establishment,BRE)开发,它是世界第一个绿色建筑评价体系,目的是提供绿色建筑实践的指导,减少建筑建造和使用过程中对全球气候和环境的影响,给人们提供一个舒适、健康的生存环境。

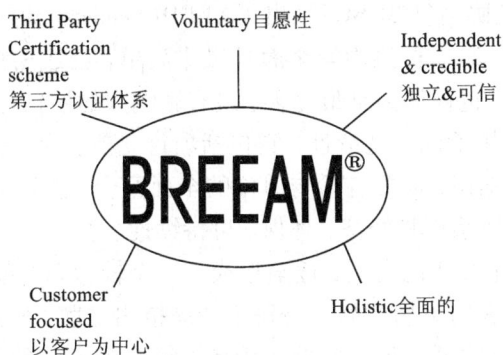

Third Party Certification scheme 第三方认证体系

Voluntary 自愿性

Independent & credible 独立&可信

BREEAM®

Customer focused 以客户为中心

Holistic 全面的

图 2 – 1 英国 BREEAM 评价体系

BREEAM 自推出到现在已有 20 多年,其中经历了无数次的改版,从刚开始的"办公建

5

筑"发展到现在的8种版本，即 BREEAM 体系法院、BREEAM 体系工业、BREEAM 体系办公、BREEAM 体系保健、BREEAM 体系监狱、BREEAM 体系零售业、BREEAM 体系教育、BREEAM 体系多层住宅。最近几年，BREEAM 体系每年都在修订，每一次的修订都是制定者们认知观念与实践经验的结晶，它不断完善，不断调整，逐渐成为世界上先进评估体系的一种。

现在使用的版本都是2010年修订后的版本，从内容来看，它比之前的版本又丰富了很多，可操作性也不断加强，各项指标没有变，但各指标评价的方法发生了很大的变化。早期的版本过于简单，已经不适合现在的情况。它的评估都是由 BRE 负责，各独立评估者经过 BRE 培训认证后开始从事评估工作。BREEAM 体系的评估组成内容包括：管理、能源、健康舒适性、交通、水、材料、废料、土地利用与生态、污染、创新。

BREEAM 体系的评估结果包括未分类、通过、好、很好、优秀、杰出六个等级，各等级满足条件见表2-1。

表2-1　BREEAM 2008 评价基准

BREEAM 等级	得分/%
未分类	<30
通过	≥30
好	≥45
很好	≥55
优秀	≥70
杰出	≥85

2.2　美国 LEED 评价体系

1995年美国绿色建筑协会(UCGBC)推出了 LEED(Leadership in Energy and Environmental Design)评价体系(见图2-2)。体系内容全面且操作简单，已成为世界各国建立自身建筑绿色评价标准的范本，同时，也被认为是最完善、最有影响力的评估标准。LEED 绿色评估体系考虑的是一幢建筑全寿命周期的可持续性，它包括项目立项、设计、施工、营运、修补、拆除等过程，涉及很多行业的知识，需要各参与单位的全面配合，所以，UCGBC 成员来自各行各业，目的是使编制的评估体系更具经济、环保、可持续性。

LEED 评价体系经过十几年的发展，逐渐形成了一个较为完善的体系，LEED 的产品非常多，分为横向市场产品和纵向市场产品。在每个产品推出之前，都必须进行项目试验并由所有 USGBC 会员投票通过后才可以正式实施。因此，每一个产品的推出、补充和完善都是经过认证后得出来的。这种理论联系实际的方法也为 LEED 的成功打下了良好的基础。

LEED 评价体系由新建、既有、商用建筑整体、商用建筑内部、其他等五方面的认证标准组成。LEED 绿色评价体系包括可持续场地、水资源有效利用、能源与大气环境、材料和资

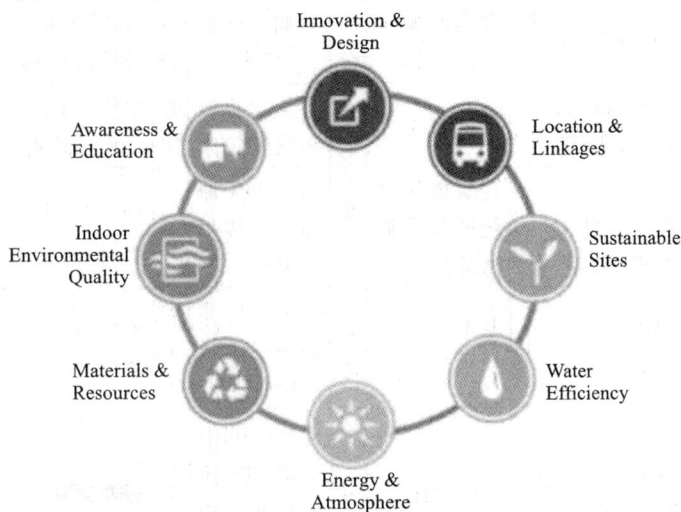

图 2 - 2 美国 LEED 评价体系

源、室内环境质量、创新设计 6 部分，在评价的时候要根据 6 个方面综合考察，并对其打分。按得分情况，将通过评估的建筑分为铂金、金、银和认证四个级别[9]。2009 年以前的 LEED 绿色评估体系中，认证级 26 ~ 32 分，即满足至少 40% 的评估要点要求；银级 33 ~ 38 分，即满足至少 50% 的评估要点要求；金级 39 ~ 51 分，即满足至少 60% 的评估要点要求；铂金级 52 ~ 69 分，即满足至少 80% 的评估要点要求。2009 年颁布的 LEED 绿色评估标准中总分由原来的 69 分变为现在的 110 分，认证级 40 ~ 49 分，银级 50 ~ 59 分，金级 60 ~ 79 分，铂金级 80 ~ 110 分。

　　LEED 中包括 7 个必需项，如表 2 - 2 所示。要想进行 LEED 评估，这些项是评估的前提，必须要先满足这些项的要求。在 LEED 评估体系的最后，还设置了一个创新分，这些分数一是为了奖励这样的评估项目——采取的技术措施所达到的效果非常明显，超过了 LEED 评估体系中某些评估要点的要求，对后期绿色建筑的发展具有示范效果；另一种情况是项目中采取的技术措施在 LEED 评估体系中没有提及，但在环保节能领域取得了一些显著成效。LEED 体系在运行的过程中，是自愿性的、市场推动的、按照能源和环境基础构建的，再加上其完善的评估体系和完善的评估流程，使其在绿色建筑评估标准中处于领先地位。

　　LEED 认证体系不但在国际上得到了广泛的认同，而且在我国也是最受开发商欢迎的认证体系。2010 年 8 月，深圳万科总部大楼(即万科中心)获得 LEED 铂金认证(见图 2 - 3)，该建筑是国内首座获得美国 LEED 铂金认证的项目。

表 2－2 LEED 得分表

项目	持续性场址(14分)	得分	节水(5分)	得分	能源与大气(17分)	得分	材料与资源(13分)	得分	室内环境质量(15分)	得分	创新与设计(5分)	得分
1	建设活动污染防治	必需	节水绿化景观:减量50%	1	最低能效	必需	再生物存放和收集	必需	最低室内空气质量品质	必需	设计的创新性	4
2	场址选择	1	节水绿化景观:非自来水或不浇灌	1	建筑能源系统的基本调试运行	必需	保留75%原墙体、楼板和屋面	1	环境吸烟控制(ETS)	必需	LEED认定的专业创新	1
3	开发密度和社区沟通	1	创新废水技术	1	基本冷媒管理	必需	保留95%原墙体、楼板和屋面	1	室外新风监控	1		
4	褐地再开发	1	减少用水量:减量20%	1	能效优化	1~10	建筑再利用:保留50%原内部非结构构件	1	提高通风	1		
5	替代交通:公共交通接入	1	减少用水量:减量30%	1	现场再生能源	1~3	建设废弃物管理:由填埋回用50%	1	建设IAQ管理计划:建设中	1		
6	替代交通:自行车存放和更衣间	1			加强调试运行	1	建设废弃物管理:由填埋回用75%	1	建设IAQ管理计划:入住前	1		
7	替代交通:低排放和节油车辆	1			加强冷媒管理	1	材料再利用:5%	1	低排放材料:黏结剂和密封剂	1		
8	替代交通:停车容量	1			测量与查证	1	材料再利用:10%	1	低排放材料:涂料和涂层	1		
9	场址开发:栖息地保护和恢复	1			绿色电力	1	循环材含量:10%（用后材料＋1/2用前材料）	1	低排放材料:地毯系统	1		
10	场址开发:最大化空地	1					循环材含量:20%（用后材料＋1/2用前材料）	1	低排放材料:复合木材和植物纤维制品	1		
11	雨洪设计:流量控制	1					地方材:10%地方原料、加工和制造	1	室内化学品及污染源控制	1		

续表2-2

项目	持续性场址(14分)	得分	节水(5分)	得分	能源与大气(17分)	得分	材料与资源(13分)	得分	室内环境质量(15分)	得分	创新与设计(5分)	得分
12	雨洪设计：水质控制	1					地方材：20%地方原料、加工和制造	1	采光和视野：75%空间采光	1		
13	热岛效应：非屋面	1					快速再生材	1	系统可控性：热舒适	1		
14	热岛效应：屋面	1					认证的木材	1	热舒适度：设计	1		
15	减少光污染	1							热舒适度：确认	1		
16									系统可控性：照明	1		
17									采光和视野：90%空间采光	1		
总计									69分			

图2-3　万科中心

2.3 澳大利亚绿色建筑评估体系

澳大利亚的绿色建筑理念来自于英国。目前澳大利亚有三种评估体系。第一种是澳大利亚建筑温室效益评估(Australian Building Greenhouse Rating Scheme，即 ABGR)；第二种是国家建筑环境评估(National Australian Build Environment Rating Scheme，即 NABERS；第三种是绿色星级认证(Green Star Certification，即 GSC)。

2.3.1 ABGR 评估体系

ABGR 评估是澳大利亚第一个对商业性建筑温室气体排放和能源消耗水平的评价，它通过对建筑本身的能源消耗的控制，来缓解温室气体排放量。澳大利亚签署了温室气体减排监督议定书，确定了要达到的二氧化碳温室气体减排指标。为此，他们于 1999 年研究开发了这样一个评估体系。这个评估体系开始是由可持续能源部和一些建筑领域、开发领域的专业人士共同开发、管理的，现在是作为整个澳大利亚政府对能源有效利用法案的组成部分，适用于澳大利亚所有的商业性建筑。从 2008 年起，ABGR 评估与 NABERS 评估体系结合，作为其能源评估的部分，更名为 NABERS Energy。

ABGR 评估是通过对既有建筑的运行能耗进行计量测算，从而评估其对温室气体排放的影响，按照基准指标采用 1~5 星级来标示出每平方米建筑二氧化碳的排放量。评估是针对建筑物 12 个月的实际数据进行的，包括能耗量、运行时间、净使用面积、使用人员数量和计算机数量等。

2.3.2 NABERS 评估体系

NABERS 评估是以性能为基础的等级评估体系，对既有建筑在运行过程中的整体环境影响进行衡量。NABERS 评估与 ABGR 评估同属于一种后评估，即通过建筑的运行过程实际积累的数据来评估。NABERS 评估体系由两部分组成：办公建筑(NABERS OFFICE)，对既有商用办公建筑进行等级评定；住宅建筑(NABERS HOME)，对住宅进行特定地区住宅平均水平的比较。评估的建筑星级等级越高，实际环境性能越好。目前，NABERS 评估体系有关办公建筑包含了能源和温室气体评估(NABERS Energy，即 ABGR)、水评估(NABERS Water)、垃圾和废弃物评估(NABERS Waste)和室内环境评估(NABERS Indoor Enerionment)。具体评价指标分类为三个方面：①建筑对较大范围环境的影响，包含能源使用和温室气体排放、水资源的使用、废弃物排放和处理、交通、制冷剂使用(可能导致的温室气体排放和臭氧层破坏)；②建筑对使用者的影响，包含室内环境质量、用户满意程度；③建筑对当地环境的影响，包含雨水排放、雨水污染、污水排放、自然景观多样性。

NABERS 评估由澳大利亚新南威尔士州环境与气候变化署负责管理运行，受 NABERS 全国指导委员会监督。全国指导委员会由联邦和州政府部门代表组成。由获得 NABERS 评估资格的注册评估师具体承担项目评估。

2.3.3 绿色星级认证

绿色星级认证是由澳大利亚绿色建筑委员会(Green Building Council of Australia，即

GBCA)开发并实施的绿色建筑等级评估体系。该评估体系对建筑项目的现场选址、设计、施工建造和维护对环境造成的影响后果进行评估。评估涉及 9 个方面的指标：管理、室内环境质量、能源、交通、水、材料、土地使用和生态、排放和创新。每一项指标由分值表示其达到的绿色星级目标的水平。采用环境加权系数计算总分。全澳大利亚各地区加权系数有变化，反映出各地区各不相同的环境关注点。4 星，45 ~ 59 分，表示"最佳实践"；5 星，60 ~ 74 分，表示"澳大利亚最佳"；6 星，75 ~ 100 分，表示"世界领先"。

　　NABERS 评估与绿色星级认证之间的不同在于：NABERS 评估主要是通过对既有建筑过去 12 个月的运行数据来评估其对环境的实际影响，而绿色星级认证主要是对新建建筑的设计特征进行评估，挖掘潜能，以减少对环境的影响。项目开发和设计人员可以利用绿色星级认证提供的软件工具进行设计方案自我评估，指导绿色建筑的设计建造。

　　澳大利亚各级政府抓绿色建筑首先从政府办公建筑做起。从 2000 年开始，联邦政府要求政府自建办公建筑必须按照 5 星级标准设计建造。政府租用办公楼也要优先租用达到绿色建筑标准的办公建筑。目前，澳大利亚通过绿色建筑评估的主要是政府办公建筑、商用办公建筑、会议中心、购物中心、宾馆等公共建筑和住宅建筑，将进一步扩大到医院建筑、学校建筑。

　　图 2 - 4 给出了 2009 年获得 5 星认证的 Lilyfield 社区再开发工程。该工程位于悉尼市，由新南威尔士州政府开发，包括用于社区照明的 4 kW 光伏电站(太阳能板的面积达 267 m^2)和一个供 60% 居民使用的天然气供热水系统，每年每户可节约 213 澳元，每年该社区可节约 1.9 万澳元。

图 2 - 4　Lilyfield 社区再开发工程(5 星)

　　图 2 - 5 给出了 2007 年获得 6 星认证的 Trevor Pearcey 办公楼。该建筑位于堪培拉市，由澳大利亚道义投资机构(Australian Ethical Investments，即 AEI)建造。

图 2 – 5 Trevor Pearcey 办公楼（6 星）

2.4 日本 CASBEE 评价体系

日本对于建筑建材的研发也非常地重视，很早就开始研究生态环保功能建材，如隔热保温建材、调湿功能建材、抗菌、空气净化及产生负离子建材、隔声降噪建材，这些环保建材的推出，无疑对推动日本绿色建筑的发展起到了很重要的作用。

在 1994 年日本颁布《环境基本法》之后，于 2001 年，由日本学术界、企业家、政府三个方面联合组成"建筑综合环境评价委员会"，并联合研究开发 CASBEE 评价体系。

CASBEE 评价体系提出了一个假想的空间，将空间分为两个部分，一部分是相关人员可以控制的空间，另外一部分是不能控制的空间，并独创性地引入"建筑环境效率 BEE"：BEE = Q/L，Q 为建筑环境质量和为使用者提供服务的水平，L 为能源、资源和环境负荷的付出。CASBEE 评价体系从能量消费、资源再利用、当地环境、室内环境进行评价，总共包括九十几个子项目，其内容按 Q 和 L 划分，Q 包括室外物理环境（声环境、日照、热舒适性评价、湿地）、服务质量（绿化功能、景观功能、灵活性与多功能性）、室外环境（屋面防水功能、屋面的保护功能、自然资源的利用率、生态环境）、室内环境（室内温度、室内湿度、室内噪声隔离）四项；L 包括能量（能源利用效率、能源节约、对城市能源供缓解、可再生能源利用）、资源与材料（不可再生建筑材料、可再生建筑材料、水资源、废弃物处理）、建筑用地外环境（生物多样性、光污染削减量、日照遮挡、噪声吸附、热岛效应、温室效应）。如此多的项目，使得评价工作量很大，不够灵活，不利于调整和改进，这些都阻碍了 CASBEE 评价体系在全球运用。

CASBEE 评价体系采用 5 分制来对建筑进行评价，多于或等于 3 分的为达标，CASBEE 等级分为四级。S 为极佳，A 为优，B + 为良，B − 为较差，C 为差。CASBEE 评价体系对建筑进行全寿命周期的评价，对于每个阶段 CASBEE 都有其评价工具，总共有四个评价工具：方案设计工具、新建筑设计工具、既存建筑工具、改造工具。运用这四个评价工具，可以对建筑的整个生命周期进行评价，这有利于绿色建筑的全面发展，对推进绿色建筑的发展有很大的促进作用。

CASBEE 评价体系采取政府引导、第三方负责评估的方式，从而避免了单纯依靠政府进行评价的局面，同时引入评价员制度，包括建筑评价员和独立住宅评价员。在工作中发现评价员不能继续工作或造假行为情况，将会取消评价员的登记资格。评价员负责帮助申请的当事人填写申请表、准备相关申请材料，并向评价机构报送申报材料。用户还可以先行用 CASBEE 软件进行自评。

截至 2013 年 3 月，CASBEE 评价体系共有下列版本：

——用于新建筑的评价体系（CASBEE for New Construction）

——用于新建筑的评价体系（简易版）[CASBEE for New Construction（Brief version）]

——用于既有建筑的评价体系（CASBEE for Existing Building）

——用于既有建筑的评价体系（简易版）[CASBEE for Existing Building（Brief version）]

——用于创新的评价体系（CASBEE for Renovation）

——用于创新的评价体系（简易版）[CASBEE for Renovation（Brief version）]

——用于热岛效应的评价体系（CASBEE for Heat Island）

——用于城市开发的评价体系（CASBEE for Urban Development）

——用于城市开发和房建的评价体系（CASBEE for an Urban Area + Buildings）

——用于生态城市的评价体系（CASBEE for Cities）

——用于独栋房屋的评价体系[CASBEE for Home（Detached House）]

——用于市场开发的评价体系（暂定版）[CASBEE for Market Promotion（Tentative version）]

——用于地产评估的评价体系（CASBEE Property Appraisal）

图 2-6 给出了 2008 年获得新建筑 S 级的大林组技术研究所办公楼（Obayashi Technical Research Institute Main Building）（S 级，7.6 分）。获得 S 级的理由是此建筑把减少二氧化碳和舒适性有机的结合。该建筑比传统办公楼减少 55% 的二氧化碳排放。

图 2-6　大林组技术研究所办公楼（新建筑 S 级，7.6 分）

图 2 - 7 给出了 2008 年获得独栋房屋 S 级的美环杜鹃湖边小镇(Laketown Miwa no Mori)。获得 S 级的理由是该社区比常规建筑减少 20% 的二氧化碳排放和节能。

图 2 - 7　美环杜鹃湖边小镇(独栋房屋 S 级)

习　题

1. 美国 LEED 绿色评价体系包含哪些内容? LEED 绿色评价体系分为哪几个级别? 分值各占多少?
2. 日本 CASBEE 评价体系有哪些版本?

第 3 章　我国绿色建筑评价标准

【知识目标】

1. 熟悉和了解我国绿色建筑评价标准产生的背景；
2. 熟悉绿色建筑评价与等级划分；
3. 熟悉绿色建筑申报流程。

【能力目标】

1. 能根据《绿色建筑评价标准与等级划分》参与评价建筑的绿色等级；
2. 能参与绿色建筑申报流程申报绿色建筑。

3.1　产生背景

　　绿色建筑的发展离不开技术、政策和标准的支持，尤其是在我国处于绿色建筑的发展初期，市场机制没有完全发挥作用，如果没有标准的规范，绿色建筑的发展就会处于涣散状态，无法快速推动可持续发展。

　　为落实科学发展观，建立一个资源节约型、环境友好型的社会，加速改变粗放型的建筑现状，根据原建设部统一部署和工作安排，2005 年开展了《绿色建筑评价标准》(GB/T 50378—2006)编制工作，2006 年 6 月实施。

　　在《绿色建筑评价标准》(GB/T 50378—2006)颁布之前，国内建立了建筑节能系列设计标准体系，例如住房和城乡建设部组织编写了居住建筑、公共建筑、既有建筑、照明、采光等系列节能设计标准，如表 3 – 1 所示，这些标准为绿色建筑评价标准的快速推进奠定了基础。

表 3 –1　绿色建筑相关标准

标准名称	出版时间	标准编号
《民用建筑热工设计规范》	1993	GB 50176—93
《民用建筑节能设计标准》	1995	JGJ 26—95
《既有采暖居住建筑节能改造技术规程》	2000	JGJ 129—2000
《建筑采光设计标准》	2001	GB/T 50033—2001
《夏热冬暖地区居住建筑节能设计标准》	2003	JGJ 75—2003

标准名称	出版时间	标准编号
《建筑照明设计标准》	2004	GB 50034—2004
《公共建筑节能设计标准》	2005	GB 50189—2005
《民用建筑能耗数据采集标准》	2007	JGJ/T 154—2007

《绿色建筑评价标准》(GB/T 50378—2006)是总结我国绿色建筑方面的实践经验和研究成果,借鉴国际先进经验制定的第一部多目标、多层次的绿色建筑综合评价标准。该标准明确了绿色建筑的定义、评价指标和评价方法,确立了我国以"四节一环保"为核心内容的绿色建筑发展理念和评价体系。自 2006 年发布实施以来,有效指导了我国绿色建筑实践工作,累计评价项目近 500 个。该标准已经成为我国各级、各类绿色建筑标准研究和编制的重要基础。

"十一五"期间,我国绿色建筑快速发展。随着绿色建筑各项工作的逐步推进,绿色建筑的内涵和外延不断丰富,各行业、各类别建筑践行绿色理念的需求不断提出,《绿色建筑评价标准》(GB/T 50378—2006)已不能完全适应现阶段绿色建筑实践及评价工作的需要。根据住房和城乡建设部建标[2011]17 号文件的要求,2011 年中国建筑科学研究院、上海市建筑科学研究院(集团)有限公司会同有关单位开展《绿色建筑评价标准》(GB/T 50378—2006)的修订工作。在修订过程中,标准编制组开展了广泛的调查研究,总结了近年来《绿色建筑评价标准》(GB/T 50378—2006)的实施情况和实践经验,参考了有关国外标准,开展了多项专题研究,广泛征求了有关方面的意见,对具体内容进行了反复讨论、协调和修改,最后经审查定稿。2014 年 4 月住房和城乡建设部发布了《绿色建筑评价标准》(GB/T 50378—2014),修订的主要内容包括:

(1)将标准适用范围由住宅建筑和公共建筑中的办公建筑、商场建筑和旅馆建筑,扩展至各类民用建筑。

(2)将评价分为设计评价和运行评价。

(3)绿色建筑评价指标体系在节地与室外环境、节能与能源利用、节水与水资源利用、节材与材料资源利用、室内环境质量和运营管理 6 类指标的基础上,增加施工管理类评价指标。

(4)调整评价方法。对各类评价指标评分,并在每类评价指标评分项满足最低得分要求的前提下,以总得分确定绿色建筑等级。相应地,将《绿色建筑评价标准》(GB/T 50378—2006)中的一般项和优选项合并改为评分项。

(5)增设加分项,鼓励绿色建筑技术、管理的提高和创新。

(6)明确多功能的综合性单体建筑的评价方式与等级确定方法。

(7)修改部分评价条文,并对所有评分项和加分项条文赋以评价分值。

修订后该标准的技术内容包括总则、术语、基本规定、节地与室外环境、节能与能源利用、节水与水资源利用、节材与材料资源利用、室内环境质量、施工管理、运营管理、提高与创新。

3.2　绿色建筑评价与等级划分

3.2.1　绿色建筑的评价

《绿色建筑评价标准》(GB/T 50378—2014)评价指标体系由节地与室外环境、节能与能源利用、节水与水资源利用、节材与材料资源利用、室内环境质量、施工管理、运营管理 7 类指标组成。每类指标均包括控制项和评分项。评价指标体系还统一设置加分项。

绿色建筑的评价应以单栋建筑或建筑群为评价对象。评价单栋建筑时,凡涉及系统性、整体性的指标,应基于该栋建筑所属工程项目的总体进行评价。

绿色建筑的评价分为设计评价和运行评价。设计评价应在建筑工程施工图设计文件审查通过后进行,运行评价应在建筑通过竣工验收并投入使用一年后进行。

(1)"设计评价"所评的是建筑的设计。设计评价时,设计评价的重点在评价绿色建筑方方面采取的"绿色措施"和预期效果上,设计评价的对象是图纸和方案,还未涉及施工和运营,所以不对施工管理和运营管理两类指标进行评价,但施工管理和运营管理的部分措施如能得到提前考虑,并在设计评价时预评,将有助于达到这两个阶段节约资源和环境保护的目的。

(2)"运行评价"所评的是已投入运行的建筑。运行评价不仅要评价"绿色措施",而且要评价这些"绿色措施"所产生的实际效果。除此之外,运行评价还关注绿色建筑在施工过程中留下的"绿色足迹",关注绿色建筑正常运行后的科学管理。运行评价是最终结果的评价,检验绿色建筑投入实际使用后是否真正达到了"四节一环保"的效果,应对全部指标进行评价。

3.2.2　绿色建筑等级划分

(1)绿色建筑评价应按总得分确定等级。

(2)控制项的评定结果为满足或不满足,评分项和加分项的评定结果为分值。

(3)评价指标体系 7 类指标的总分均为 100 分。7 类指标各自的评分项得分 Q_1、Q_2、Q_3、Q_4、Q_5、Q_6、Q_7 按参评建筑该类指标的评分项实际得分除以适用于该建筑的评分项总分再乘以 100 分计算。

(4)考虑到各类指标重要性方面的相对差异,计算总得分时加入了权重。同时,为了鼓励绿色建筑技术和管理方面的提升和创新,计算总得分时还计入了加分项。

(5)绿色建筑评价的总得分按下式进行计算,其中评价指标体系 7 类指标评分项的权重 $\omega_1 \sim \omega_7$ 按表 3 - 2 取值。

$$\sum Q = \omega_1 Q_1 + \omega_2 Q_2 + \omega_3 Q_3 + \omega_4 Q_4 + \omega_5 Q_5 + \omega_6 Q_6 + \omega_7 Q_7 + Q_8 \qquad (3-1)$$

(6)绿色建筑分为一星级、二星级、三星级 3 个等级。3 个等级的绿色建筑均应满足本标准所有控制项的要求,且每类指标的评分项得分不应小于 40 分。当绿色建筑总得分分别达到 50 分、60 分、80 分时,绿色建筑等级分别为一星级、二星级、三星级。

表 3 - 2　绿色建筑各评价指标的权重

项目		节地与室外环境 ω_1	节能与能源利用 ω_2	节水与水资源利用 ω_3	节材与材料资源利用 ω_4	室内环境质量 ω_5	施工管理 ω_6	运营管理 ω_7
设计评价	居住建筑	0.21	0.24	0.20	0.17	0.18	—	—
	公共建筑	0.16	0.28	0.18	0.19	0.19	—	—
运行评价	居住建筑	0.17	0.19	0.16	0.14	0.14	0.10	0.10
	公共建筑	0.13	0.23	0.14	0.15	0.15	0.10	0.10

注：1. 表中"—"表示施工管理和运营管理两类指标不参与设计评价。

　　2. 对于同时具有居住和公共功能的单体建筑，各类评价指标权重取为居住建筑和公共建筑所对应权重的平均值。

（7）对多功能的综合性单体建筑，应按本标准全部评价条文逐条对适用的区域进行评价，确定各评价条文的得分。

3.2.3　节地与室外环境

1. 控制项

（1）项目选址应符合所在地城乡规划，且应符合各类保护区、文物古迹保护的建设控制要求。

《城乡规划法》第二条明确，"本法所称城乡规划，包括城镇体系规划、城市规划、镇规划、乡规划和村庄规划"；第四十二条规定，"城市规划主管部门不得在城乡规划确定的建设用地范围以外作出规划许可"。因此，任何建设项目的选址必须符合所在地城乡规划。

各类保护区是指受到国家法律法规保护、划定有明确的保护范围、制定有相应的保护措施的各类政策区，主要包括：基本农田保护区（《基本农田保护条例》）、风景名胜区（《风景名胜区条例》）、自然保护区（《自然保护区条例》）、历史文化名城名镇名村（《历史文化名城名镇名村保护条例》）、历史文化街区（《城市紫线管理办法》）等。

文物古迹是指人类在历史上创造的具有价值的不可移动的实物遗存，包括地面与地下的古遗址、古建筑、古墓葬、石窟寺、古碑石刻、近代代表性建筑、革命纪念建筑等，主要指文物保护单位、保护建筑和历史建筑。

设计评价查阅项目区位图、场地地形图以及当地城乡规划、国土、文化、园林、旅游或相关保护区等有关行政管理部门提供的法定规划文件或出具的证明文件；运行评价在设计评价方法之外还应现场核实。

（2）场地应无洪涝、滑坡、泥石流等自然灾害的威胁，无危险化学品、易燃易爆危险源的威胁，无电磁辐射、含氡土壤等危害。

对绿色建筑的场地安全提出要求。建筑场地与各类危险源的距离应满足相应危险源的安全防护距离等控制要求，对场地中的不利地段或潜在危险源应采取必要的避让、防护或控制、治理等措施，对场地中存在的有毒有害物质应采取有效的治理与防护措施进行无害化处理，确保符合各项安全标准。

场地的防洪设计符合现行国家标准《防洪标准》（GB 50201—2014）及《城市防洪工程设计规范》（GB/T 50805—2012）的规定；抗震防灾设计符合现行国家标准《城市抗震防灾规划标

准》(GB 50413—2007)及《建筑抗震设计规范》(GB 50011—2010)的要求；土壤中氡浓度的控制应符合现行国家标准《民用建筑工程室内环境污染控制规范》(GB 50325—2014)的规定；电磁辐射符合现行国家标准《电磁环境公众曝露控制限值》的规定。

设计评价查阅地形图，审核应对措施的合理性及相关检测报告或论证报告；运行评价在设计评价方法之外还应现场核实。

(3)场地内不应有排放超标的污染源。

建筑场地内不应存在未达标排放或者超标排放的气态、液态或固态的污染源，例如：易产生噪声的运动和营业性场所，油烟未达标排放的厨房，煤气或工业废气超标排放的燃煤锅炉房，污染物排放超标的垃圾堆等。若有污染源应积极采取相应的治理措施并达到无超标污染物排放的要求。

设计评价查阅环评报告，审核应对措施的合理性；运行评价在设计评价方法之外还应现场核实。

(4)建筑规划布局应满足日照标准，且不得降低周边建筑的日照标准。

建筑室内的环境质量与日照密切相关，日照直接影响居住者的身心健康和居住生活质量。我国对居住建筑以及幼儿园、医院、疗养院等公共建筑都制定有相应的国家标准或行业标准，对其日照、消防、防灾、视觉卫生等提出了相应的技术要求，直接影响着建筑布局、间距和设计。

建筑布局不仅要求本项目所有建筑都满足有关日照标准，还应兼顾周边，减少对相邻的住宅、幼儿园生活用房等有日照标准要求的建筑产生不利的日照遮挡。条文中的"不降低周边建筑的日照标准"是指：①对于新建项目的建设，应满足周边建筑有关日照标准的要求。②对于改造项目分两种情况：周边建筑改造前满足日照标准的，应保证其改造后仍符合相关日照标准的要求；周边建筑改造前未满足日照标准的，改造后不可再降低其原有的日照水平。

设计评价查阅相关设计文件和日照模拟分析报告；运行评价查阅相关竣工图和日照模拟分析报告，并现场核实。

2. 评分项

(1)节约集约利用土地，评价总分值为 19 分。对居住建筑，根据其人均居住用地指标按表 3 - 3 的规则评分；对公共建筑，根据其容积率按表 3 - 4 的规则评分。

表 3 - 3 居住建筑人均居住用地指标评分规则

居住建筑人均居住用地指标 A/m^2					得分
3 层及以下	4 ~ 6 层	7 ~ 12 层	13 ~ 18 层	19 层及以上	
$35 < A \leq 41$	$23 < A \leq 25$	$22 < A \leq 24$	$20 < A \leq 22$	$11 < A \leq 13$	15
$A \leq 35$	$A \leq 23$	$A \leq 22$	$A \leq 20$	$A \leq 11$	19

表 3 – 4　公共建筑容积率评分规则

容积率 R	得分
$0.5 \leqslant R < 0.8$	5
$0.8 \leqslant R < 1.5$	10
$1.5 \leqslant R < 3.5$	15
$R \geqslant 3.5$	19

对居住建筑，人均居住用地指标是控制居住建筑节地的关键性指标，应根据国家标准《城市居住区规划设计规范》[GB 50180—93(2016 年版)]第 3.0.3 条的规定，提出人均居住用地指标；根据居住建筑的节地情况进行赋值的，评价时要进行选择。

对公共建筑，因其种类繁多，故在保证其基本功能及室外环境的前提下应按照所在地城乡规划的要求采用合理的容积率。就节地而言，对于容积率不可能高的建设项目，在节地方面得不到太高的评分，但可以通过精细的场地设计，在创造更高的绿地率以及提供更多的开敞空间或公共空间等方面获得更高的评分；而对于容积率较高的建设项目，在节地方面则更容易获得较高的评分。

设计评价查阅相关设计文件、计算书；运行评价查阅相关竣工图、计算书。

(2)场地内合理设置绿化用地，评价总分值为 9 分，并按下列规则评分：

①居住建筑按下列规则分别评分并累计：

a.住区绿地率：新区建设达到 30%，旧区改建达到 25%，得 2 分；

b.住区人均公共绿地面积：按表 3 – 5 的规则评分，最高得 7 分。

表 3 – 5　住区人均工绿地面积评分细则

住区人均公共绿地面积 A_g/m^2		得分
新区建设	旧区改建	
$1.0 \ m^2 \leqslant A_g < 1.3 \ m^2$	$0.7 \ m^2 \leqslant A_g < 0.9 \ m^2$	3
$1.3 \ m^2 \leqslant A_g < 1.5 \ m^2$	$0.9 \ m^2 \leqslant A_g < 1.0 \ m^2$	5
$A_g \geqslant 1.5 \ m^2$	$A_g \geqslant 1.0 \ m^2$	7

住区的公共绿地是指满足规定的日照要求、适合于安排游憩活动设施的、供居民共享的集中绿地，包括居住区公园、小游园和组团绿地及其他块状、带状绿地。集中绿地应满足的基本要求为：宽度不小于 8 m，面积不小于 400 m²，并应有不少于 1/3 的绿地面积在标准的建筑日照阴影线范围之外。

②公共建筑按下列规则分别评分并累计：

a.绿地率：按表 3 – 6 的规则评分，最高得 7 分；

表 3 - 6　公共建筑绿地率评分细则

绿地率 R_k	得分
$30\% \leqslant R_k < 35\%$	2
$35\% \leqslant R_k < 40\%$	5
$R_k \geqslant 40\%$	7

b. 绿地向社会公众开放,得 2 分。

本条鼓励公共建筑项目优化建筑布局,提供更多的绿化用地或绿化广场,创造更加宜人的公共空间;鼓励绿地或绿化广场设置休憩、娱乐等设施并定时向社会公众免费开放,以提供更多的公共活动空间。

绿地率指建设项目用地范围内各类绿地面积的总和占该项目总用地面积的比率(%)。绿地包括建设项目用地中各类用作绿化的用地。合理设置绿地可起到改善和美化环境、调节小气候、缓解城市热岛效应等作用。绿地率以及公共绿地的数量则是衡量住区环境质量的重要指标之一。根据现行国家标准《城市居住区规划设计规范》[GB 50180—93(2016 年版)]的规定,绿地应包括公共绿地、宅旁绿地、公共服务设施所属绿地和道路绿地(道路红线内的绿地),包括满足当地植树绿化覆土要求的地下或半地下建筑的屋顶绿化。需要说明的是,不包括其他屋顶、晒台的人工绿地。

为保障城市公共空间的品质、提高服务质量,每个城市对城市中不同地段或不同性质的公共设施建设项目,都制定有相应的绿地管理控制要求。

设计评价查阅相关设计文件、居住建筑平面日照等时线模拟图、计算书;运行评价查阅相关竣工图、居住建筑平面日照等时线模拟图、计算书,并现场核实。

(3)合理开发利用地下空间,评价总分值为 6 分,按表 3 - 7 的规则评分。

表 3 - 7　地下空间开发利用评分规则

建筑类型	地下空间开发利用指标		得分
居住建筑	地下建筑面积与地上建筑面积的比率 R_r	$5\% \leqslant R_r < 15\%$	2
		$15\% \leqslant R_r < 25\%$	4
		$R_r \geqslant 25\%$	6
公共建筑	地下建筑面积与总用地面积之比 R_{p1}	$R_{p1} \geqslant 50\%$	3
	地下一层建筑面积与总用地面积的比率 R_{p2}	$R_{p1} \geqslant 70\%$ 且 $R_{p2} < 70\%$	3

开发利用地下空间是城市节约集约用地的重要措施之一。地下空间的开发利用应与地上建筑及其他相关城市空间紧密结合、统一规划,但从雨水渗透及地下水补给,减少径流外排等生态环保要求出发,地下空间也应利用有度、科学合理。

设计评价查阅相关设计文件、计算书;运行评价查阅相关竣工图、计算书,并现场核实。

(4)建筑及照明设计避免产生光污染,评价总分值为 4 分,并按下列规则分别评分并累计:

①玻璃幕墙可见光反射比不大于0.2，得2分。

建筑物光污染包括建筑反射光（眩光）、夜间的室外夜景照明以及广告照明等造成的光污染。光污染产生的眩光会让人感到不舒服，还会使人降低对灯光信号等重要信息的辨识力，甚至带来道路安全隐患。

光污染控制对策包括降低建筑物表面（玻璃和其他材料、涂料）的可见光反射比，合理选配照明器具，采取防止溢光措施等。现行国家标准《玻璃幕墙光学性能》（GB/T 18091—2010）将玻璃幕墙的光污染定义为有害光反射，对玻璃幕墙的可见光反射比作了规定，本条对玻璃幕墙可见光反射比较该标准中最低要求适当提高，取0.2。

②室外夜景照明光污染的限制符合现行行业标准《城市夜景照明设计规范》（JGJ/T 163—2008）的规定，得2分。

室外夜景照明设计应满足《城市夜景照明设计规范》（JGJ/T 163—2008）第7章关于光污染控制的相关要求，并在室外照明设计图纸中体现。

设计评价查阅相关设计文件、光污染分析专项报告；运行评价查阅相关竣工图、光污染分析专项报告、相关检测报告，并现场核实。

（5）场地内环境噪声符合现行国家标准《声环境质量标准》（GB 3096—2008）的有关规定，评价分值为4分。

绿色建筑设计应对场地周边的噪声现状进行检测，并对规划实施后的环境噪声进行预测，必要时采取有效措施改善环境噪声状况，使之符合现行国家标准《声环境质量标准》（GB 3096—2008）中对于不同声环境功能区噪声标准的规定。当拟建噪声敏感建筑不能避免临近交通干线，或不能远离固定的设备噪声源时，需要采取措施降低噪声干扰。

需要说明的是，噪声监测的现状值仅作为参考，需结合场地环境条件的变化（如道路车流量的增长）进行对应的噪声改变情况预测。

设计评价查阅环境噪声影响测试评估报告、噪声预测分析报告；运行评价查阅环境噪声影响测试评估报告、现场测试报告。

（6）场地内风环境有利于室外行走、活动舒适和建筑的自然通风，评价总分值为6分，并按下列规则分别评分并累计：

①在冬季典型风速和风向条件下，按下列规则分别评分并累计：

a. 建筑物周围人行区风速小于5 m/s，且室外风速放大系数小于2，得2分。

冬季建筑物周围人行区距地1.5 m高处风速小于5 m/s是不影响人们正常室外活动的基本要求。建筑的迎风面与背风面风压差不超过5 Pa，可以减少冷风向室内渗透。

b. 除迎风第一排建筑外，建筑迎风面与背风面表面风压差不大于5 Pa，得1分。

②过渡季、夏季典型风速和风向条件下，按下列规则分别评分并累计：

a. 场地内人活动区不出现涡旋或无风区，得2分；

b. 50%以上可开启外窗室内外表面的风压差大于0.5 Pa，得1分。

夏季、过渡季通风不畅在某些区域形成无风区和涡旋区，将影响室外散热和污染物消散。外窗室内外表面的风压差达到0.5 Pa有利于建筑的自然通风。

利用计算流体动力学（CFD）手段依据不同季节典型风向、风速可对建筑外风环境进行模拟，其中来流风速、风向为对应季节内出现频率最高的风向和平均风速，可通过查阅建筑设计或暖通空调设计手册中所在城市的相关资料得到。

设计评价查阅相关设计文件、风环境模拟计算报告；运行评价查阅相关竣工图、风环境模拟计算报告，必要时可进行现场测试。

(7)采取措施降低热岛强度，评价总分值为4分，并按下列规则分别评分并累计：

①红线范围内户外活动场地有乔木、构筑物等遮阴措施的面积达到10%，得1分；达到20%，得2分。

②超过70%的道路路面、建筑屋面的太阳辐射反射系数不小于0.4，得2分。

户外活动场地包括步道、庭院、广场、游憩场和停车场。乔木遮阴面积按照成年乔木的树冠正投影面积计算，构筑物遮阴面积按照构筑物正投影面积计算。

设计评价查阅相关设计文件；运行评价查阅相关竣工图、测试报告，并现场核实。

(8)场地与公共交通设施具有便捷的联系。

①场地出入口到达公共汽车站的步行距离不大于500 m，或到达轨道交通站的步行距离不大于800 m，得3分。

②场地出入口步行距离800 m范围内设有2条及以上线路的公共交通站点(含公共汽车站和轨道交通站)，得3分。

③有便捷的人行通道连接公共交通站点，得3分。

优先发展公共交通是缓解城市交通拥堵问题的重要措施，因此建筑与公共交通联系的便捷程度很重要。为便于选择公共交通出行，在选址与场地规划中应重视建筑场地与公共交通站点的便捷联系，合理设置出入口。

"有便捷的人行通道连接公共交通站点"包括：建筑外的平台直接通过天桥与公交站点相连，建筑的部分空间与地面轨道交通站点出入口直接连通，为减少到达公共交通站点的绕行距离设置了专用的人行通道，地下空间与地铁站点直接相连等。

设计评价查阅相关设计文件；运行评价查阅相关竣工图，并现场核实。

(9)场地内人行通道采用无障碍设计。

场地内人行通道及场地内外联系的无障碍设计是绿色出行的重要组成部分，是保障各类人群方便、安全出行的基本设施。

设计评价查阅相关设计文件；运行评价查阅相关竣工图，并现场核实。如果建筑场地外已有无障碍人行通道，场地内的无障碍通道必须与之联系才能得分。

(10)合理设置停车场所，评价总分值为6分，并按下列规则分别评分并累计：

①自行车停车设施位置合理、方便出入，且有遮阳防雨措施，得3分。

②合理设置机动车停车设施，并采取下列措施中的至少2项，得3分：

采用机械式停车库、地下停车库或停车楼等方式节约集约用地；

采用错时停车方式向社会开放，提高停车场(库)使用效率；

合理设计地面停车位，不挤占步行空间及活动场所。

使用自行车等绿色环保的交通工具，绿色出行。自行车停车场所应规模适度、布局合理，符合使用者出行习惯。机动车停车应符合所在地控制性详细规划要求，地面停车位应按照国家和地方有关标准适度设置，并科学管理、合理组织交通流线，不应对人行、活动场所产生干扰。

设计评价查阅相关设计文件；运行评价查阅相关竣工图、有关记录，并现场核实。

(11)提供便利的公共服务，评价总分值为6分，并按下列规则评分：

①居住建筑：满足下列要求中的3项，得3分；满足4项及以上，得6分：

场地出入口到达幼儿园的步行距离不大于300 m；

场地出入口到达小学的步行距离不大于500 m；

场地出入口到达商业服务设施的步行距离不大于500 m；

相关设施集中设置并向周边居民开放；

场地1000 m范围内设有5种及以上的公共服务设施。

住区配套服务设施（也称配套公建）应包括教育、医疗卫生、文化体育、商业服务、金融邮电、社区服务、市政公用和行政管理等8类设施。

住区配套服务设施便利，可减少机动车出行需求，有利于节约能源、保护环境。设施集中布置、协调互补和社会共享可提高使用效率、节约用地和投资。

②公共建筑：满足下列要求中的2项，得3分；满足3项及以上，得6分：

2种及以上的公共建筑集中设置，或公共建筑兼容2种及以上的公共服务功能；

配套辅助设施设备共同使用、资源共享；

建筑向社会公众提供开放的公共空间；

室外活动场地错时向周边居民免费开放。

公共建筑集中设置，配套的设施设备共享，也是提高服务效率、节约资源的有效方法。兼容2种及以上主要公共服务功能是指主要服务功能在建筑内部混合布局，部分空间共享使用，如建筑中设有共用的会议设施、展览设施、健身设施以及交往空间、休息空间等；配套辅助设施设备是指建筑或建筑群的车库、锅炉房、空调机房、监控室、食堂等可以共用的辅助性设施设备；大学、独立学院和职业技术学院、高等专科学校等专用运动场所科学管理，在非校用时间向社会公众开放；文化、体育设施的室外活动场地错时向社会开放；办公建筑的室外场地在非办公时间向周边居民开放；高等教育学校的图书馆、体育馆等定时免费向社会开放等。公共空间的共享既可增加公众的活动场所，有利于陶冶情操、增进社会交往，又可提高各类设施和场地的使用效率，是绿色建筑倡导和鼓励的建设理念。

设计评价查阅相关设计文件；运行评价查阅相关竣工图、有关证明文件，并现场核实。如果参评项目为建筑单体，则"场地出入口"用"建筑主要出入口"替代。

（12）结合现状地形地貌进行场地设计与建筑布局，保护场地内原有的自然水域、湿地和植被，采取表层土利用等生态补偿措施，评价分值为3分。

建设项目应对场地可利用的自然资源进行勘查，充分利用原有地形地貌，尽量减少土石方工程量，减少开发建设过程对场地及周边环境生态系统的改变。在建设过程中确需改造场地内的地形、地貌、水体、植被等时，应在工程结束后及时采取生态复原措施，减少对原场地环境的改变和破坏。表层土含有丰富的有机质、矿物质和微量元素，适合植物和微生物的生长，场地表层土的保护和回收利用是土壤资源保护、维持生物多样性的重要方法之一。除之外，根据场地实际状况，采取其他生态恢复或补偿措施，如对土壤进行生态处理，对污染水体进行净化和循环，对植被进行生态设计以恢复场地原有动植物生存环境等，也可作为得分依据。

设计评价查阅相关设计文件、生态保护和补偿计划；运行评价查阅相关竣工图、生态保护和补偿报告，并现场核实。

（13）充分利用场地空间合理设置绿色雨水基础设施，对大于10 hm² 的场地进行雨水专项规划设计，评价总分值为 9 分，并按下列规则分别评分并累计：

①下凹式绿地、雨水花园等有调蓄雨水功能的绿地和水体的面积之和占绿地面积的比例达到 30%，得 3 分。

场地开发应遵循低影响开发原则，合理利用场地空间设置绿色雨水基础设施。绿色雨水基础设施有雨水花园、下凹式绿地、屋顶绿化、植被浅沟、雨水截流设施、渗透设施、雨水塘、雨水湿地、景观水体、多功能调蓄设施等。

绿色雨水基础设施有别于传统的灰色雨水设施(雨水口、雨水管道等)，能够以自然的方式控制城市雨水径流、减少城市洪涝灾害、控制径流污染、保护水环境。

②合理衔接和引导屋面雨水、道路雨水进入地面生态设施，并采取相应的径流污染控制措施，得 3 分。

当场地面积超过一定范围时，应进行雨水专项规划设计。雨水专项规划设计是通过建筑、景观、道路和市政等不同专业的协调配合，综合考虑各类因素的影响，对径流减排、污染控制、雨水收集回用进行全面统筹规划设计。实施雨水专项规划设计，能避免实际工程中针对某个子系统(雨水利用、径流减排、污染控制等)进行独立设计所带来的诸多资源配置和统筹衔接问题，避免出现"顾此失彼"的现象。具体评价时，场地占地面积大于 10 hm² 的项目，应提供雨水专项规划设计，不大于 10 hm² 的项目可不做雨水专项规划设计，但也应根据场地条件合理采用雨水控制利用措施，编制场地雨水综合利用方案。

利用场地的河流、湖泊、水塘、湿地、低洼地作为雨水调蓄设施，或利用场地内设计景观(如景观绿地和景观水体)来调蓄雨水，可达到有限土地资源多功能开发的目标。能调蓄雨水的景观绿地包括下凹式绿地、雨水花园、树池、干塘等。

屋面雨水和道路雨水是建筑场地产生径流的重要源头，易被污染并形成污染源，故宜合理引导其进入地面生态设施进行调蓄、下渗和利用，并采取相应截污措施，保证雨水在滞蓄和排放过程中有良好的衔接关系，保障自然水体和景观水体的水质、水量安全。地面生态设施是指下凹式绿地、植草沟、树池等，即在地势较低的区域种植植物，通过植物截流、土壤过滤滞留处理小流量径流雨水，达到径流污染控制的目的。

③硬质铺装地面中透水铺装面积的比例达到 50%，得 3 分。

雨水下渗也是消减径流和径流污染的重要途径之一。"硬质铺装地面"指场地中停车场、道路和室外活动场地等，不包括建筑占地(屋面)、绿地、水面等。通常停车场、道路和室外活动场地等，有一定承载力要求，多采用石材、砖、混凝土、砾石等为铺地材料，透水性能较差，雨水无法渗入，形成大量地面径流，增加城市排水系统的压力。"透水铺装"是指采用如植草砖、透水沥青、透水混凝土、透水地砖等透水铺装系统，既能满足路用及铺地强度和耐久性要求，又能使雨水通过本身与铺装下基层相通的渗水路径直接渗入下部土壤的地面铺装。当透水铺装下为地下室顶板时，若地下室顶板设有疏水板、导水管等可将渗透雨水导入与地下室顶板接壤的实土，或地下室顶板上覆土深度能满足当地园林绿化部门要求时，仍可认定其为透水铺装地面。评价时以场地中硬质铺装地面中透水铺装所占的面积比例为依据。

设计评价查阅地形图、相关设计文件、场地雨水综合利用方案或雨水专项规划设计(场地大于 10 hm² 的应提供雨水专项规划设计，没有提供的本条不得分)、计算书；运行评价查阅地形图、相关竣工图、场地雨水综合利用方案或雨水专项规划设计(场地大于 10 hm² 的应提供雨水专项规划设计，没有提供的本条不得分)、计算书，并现场核实。

（14）合理规划地表与屋面雨水径流，对场地雨水实施外排总量控制，评价总分值为6分。其场地年径流总量控制率达到55%，得3分；达到70%，得6分。

场地设计应合理评估和预测场地可能存在的水涝风险，尽量使场地雨水就地消纳或利用，防止径流外排到其他区域形成水涝和污染。径流总量控制同时包括雨水的减排和利用，实施过程中减排和利用的比例需依据场地的实际情况，通过合理的技术经济比较，来确定最优方案。

从区域角度看，雨水的过量收集会导致原有水体的萎缩或影响水系统的良性循环。要使硬化地面恢复到自然地貌的环境水平，最佳的雨水控制量应以雨水排放量接近自然地貌为标准，因此从经济性和维持区域性水环境的良性循环角度出发，径流的控制率也不宜过大（除非具体项目有特殊的防洪排涝设计要求）。本条设定的年径流总量控制率不宜超过85%。

年径流总量控制率为55%、70%或85%时对应的降水量（日值）为设计控制雨量，参见表3-8。设计控制雨量的确定要通过统计学方法获得。统计年限不同时，不同控制率下对应的设计雨量会有差异。考虑气候变化的趋势和周期性，推荐采用30年，特殊情况除外。

表3-8 年径流总量控制率对应的设计控制雨量

城市	年均降水量/mm	年径流总量控制率对应的设计控制雨量/mm		
		55%	70%	85%
北京	544	11.5	19.0	32.5
长春	561	7.9	13.3	23.8
长沙	1501	1.3	18.1	31.0
成都	856	9.7	17.1	31.3
重庆	1101	9.6	16.7	31.0
福州	1376	11.8	19.3	33.9
广州	1760	15.1	24.4	43.0
贵阳	1092	10.1	17.0	29.9
哈尔滨	533	7.3	12.2	22.6
海口	1591	16.8	25.1	51.1
杭州	1408	10.4	16.5	28.2
合肥	984	10.5	17.2	30.2
呼和浩特	396	7.3	12.0	21.2
济南	680	13.8	23.4	41.3
昆明	988	9.3	15.0	25.9
拉萨	42	4.9	7.5	11.8
兰州	308	5.2	8.2	14.0

续表 3 - 8

城市	年均降水量/mm	年径流总量控制率对应的设计控制雨量/mm		
		55%	70%	85%
南昌	1009	13.5	21.8	37.4
南京	1053	11.5	18.9	34.2
南宁	1302	13.2	22.0	38.5
上海	1158	11.2	18.5	33.2
沈阳	572	10.5	17.0	29.1
石家庄	509	10.1	17.3	31.2
太原	419	7.6	12.5	22.5
天津	540	12.1	20.8	38.2
乌鲁木齐	282	4.2	6.9	11.8
武汉	1308	14.5	24.0	42.3
西安	543	7.3	1.6	20.0
西宁	386	4.7	7.4	12.2
银川	184	5.2	8.7	15.5
郑州	633	11.0	18.4	32.6

注：1. 表中的统计数据年限为 1977—2006 年。

2. 其他城市的设计控制雨量，可参考所列类似城市的数值，或依据当地降水资料进行统计计算确定。

设计时应根据年径流总量控制率对应的设计控制雨量来确定雨水设施规模和最终方案，有条件时，可通过相关雨水控制利用模型进行设计计算；也可采用简单计算方法，结合项目条件，用设计控制雨量乘以场地综合径流系数、总汇水面积来确定项目雨水设施总规模，再分别计算滞蓄、调蓄和收集回用等措施实现的控制容积，达到设计控制雨量对应的控制规模要求，即达标。

设计评价查阅当地降水统计资料、相关设计文件、设计控制雨量计算书；运行评价查阅当地降水统计资料、相关竣工图、设计控制雨量计算书、场地年径流总量控制报告，并现场核实。

(15)合理选择绿化方式，科学配置绿化植物，评价总分值为 6 分，并按下列规则分别评分并累计：

①种植适应当地气候和土壤条件的植物，采用乔、灌、草结合的复层绿化，种植区域覆土深度和排水能力满足植物生长需求，得 3 分；

②居住建筑绿地配植乔木不少于 3 株/100 m²，公共建筑采用垂直绿化、屋顶绿化等方式，得 3 分。

绿化是城市环境建设的重要内容。大面积的草坪不但维护费用昂贵，其生态效益也远远小于灌木、乔木。因此，合理搭配乔木、灌木和草坪，以乔木为主，能够提高绿地的空间利用率、增加绿量，使有限的绿地发挥更大的生态效益和景观效益。鼓励各类公共建筑进行屋顶绿化和墙面垂直绿化，既能增加绿化面积，又可以改善屋顶和墙壁的保温隔热效果，还可有效截留雨水。

植物配置应充分体现本地区植物资源的特点，突出地方特色。合理的植物物种选择和搭配会对绿地植被的生长起到促进作用。种植区域的覆土深度应满足乔木、灌木自然生长的需要，满足申报项目所在地有关覆土深度的控制要求。

设计评价查阅相关设计文件、计算书；运行评价查阅相关竣工图、计算书，并现场核实。

3.2.4 节能与能源利用

1. 控制项

（1）建筑设计应符合国家现行相关建筑节能设计标准中强制性条文的规定。

建筑围护结构的热工性能指标、外窗和玻璃幕墙的气密性能指标、供暖锅炉的额定热效率、空调系统的冷热源机组能效比、分户（单元）热计量和分室（户）温度调节等对建筑供暖和空调能耗都有很大的影响。国家和行业的建筑节能设计标准都对这些性能参数提出了明确的要求，有的地方标准的要求比国家标准更高，而且这些要求都是以强制性条文的形式出现的。因此，将本条列为绿色建筑必须满足的控制项。

当地方标准要求低于国家标准、行业标准时，应按国家标准、行业标准执行。

设计评价查阅相关设计文件（含设计说明、施工图和计算书）；运行评价查阅相关竣工图、计算书、验收记录，并现场核实。

（2）不应采用电直接加热设备作为供暖空调系统的供暖热源和空气加湿热源。

节约能源是我国的基本国策，我们应合理利用能源、提高能源利用率。高品位的电能直接用于转换为低品位的热能进行供暖或空调，热效率低，运行费用高，应限制这种"高质低用"的能源转换利用方式。

设计评价查阅相关设计文件；运行评价查阅相关竣工图，并现场核实。

（3）冷热源、输配系统和照明等各部分能耗应进行独立分项计量。

建筑能源消耗情况较复杂，主要包括空调系统、照明系统、其他动力系统等。当未分项计量时，不利于统计建筑各类系统设备的能耗分布，难以发现能耗不合理之处。为此，要求采用集中冷热源的建筑，在系统设计（或既有建筑改造设计）时必须考虑使建筑内各能耗环节如冷热源、输配系统、照明、热水能耗等都能实现独立分项计量。这有助于分析建筑各项能耗水平和能耗结构是否合理，发现问题并提出改进措施，从而有效地实施建筑节能。

设计评价查阅相关设计文件；运行评价查阅相关竣工图、分项计量记录，并现场核实。

（4）各房间或场所的照明功率密度值不应高于现行国家标准《建筑照明设计标准》（GB 50034—2013）中规定的现行值。

国家标准《建筑照明设计标准》（GB 50034—2013）规定了各类房间或场所的照明功率密度值，分为"现行值"和"目标值"。其中，"现行值"是新建建筑必须满足的最低要求，"目标值"要求更高，是努力的方向。本条将现行值列为绿色建筑必须满足的控制项。

设计评价查阅相关设计文件、计算书；运行评价查阅相关竣工图、计算书，并现场核实。

2. 评分项

（1）结合场地自然条件，对建筑的体形、朝向、楼距、窗墙比等进行优化设计，评价分值为6分。

建筑的体形、朝向、窗墙比、楼距以及楼群的布置都对通风、日照、采光以及遮阳有明显的影响，因而也间接影响建筑的供暖和空调能耗以及建筑室内环境的舒适性，应该给予足够的重视。

如果建筑的体形简单、朝向接近正南正北，楼间距、窗墙比也满足标准要求，可视为设计合理，本条直接得 6 分。体形等复杂时，应对体形、朝向、楼距、窗墙比等进行综合性优化设计。

对于公共建筑，如果经过优化之后的建筑窗墙比都低于 0.5，本条直接得 6 分。

设计评价查阅相关设计文件、优化设计报告；运行评价查阅相关竣工图、优化设计报告，并现场核实。

（2）外窗、玻璃幕墙的可开启部分能使建筑获得良好的通风，评价总分值为 6 分，并按下列规则评分：

①设玻璃幕墙且不设外窗的建筑，其玻璃幕墙透明部分可开启面积比例达到 5%，得 4 分；达到 10%，得 6 分。

窗户的可开启比例对室内的通风有很大的影响。开推拉窗的可开启面积比例大致为 40% ~ 45%，平开窗的可开启面积比例更大。

②设外窗且不设玻璃幕墙的建筑，外窗可开启面积比例达到 30%，得 4 分；达到 35%，得 6 分。

玻璃幕墙的可开启部分比例对建筑的通风性能有很大的影响，但现行建筑节能标准未对其提出定量指标，而且大量的玻璃幕墙建筑确实存在幕墙可开启部分很小的现象。

③设玻璃幕墙和外窗的建筑，对其玻璃幕墙透明部分和外窗分别按本条前述两项进行评价，得分取两项得分的平均值。

玻璃幕墙的开启方式有多种，通风效果各不相同。为简单起见，可将玻璃幕墙活动窗扇的面积认定为可开启面积，而不再计算实际的或当量的可开启面积。

有严格的室内温湿度要求、不宜进行自然通风的建筑或房间，本条不参评。

本条的玻璃幕墙系指透明的幕墙，背后有非透明实体墙的纯装饰性玻璃幕墙不在此列。

对于高层和超高层建筑，考虑到高处风力过大以及安全方面的原因，仅评判第 18 层及其以下各层的外窗和玻璃幕墙。

设计评价查阅相关设计文件、计算书；运行评价查阅相关竣工图、计算书，并现场核实。

（3）围护结构热工性能指标优于国家现行相关建筑节能设计标准的规定，评价总分值为 10 分，并按下列规则评分：

①围护结构热工性能比国家现行相关建筑节能设计标准规定的提高幅度达到 5%，得 5 分；达到 10%，得 10 分。

围护结构的热工性能指标对建筑冬季供暖、夏季空调的负荷和能耗有很大的影响，国家和行业的建筑节能设计标准都对围护结构的热工性能提出了明确的要求。

要求对国家和行业有关建筑节能设计标准中外墙、屋顶、外窗、幕墙等围护结构主要部位的传热系数 K 和遮阳系数 SC 进一步降低。特别地，不同窗墙比情况下，节能标准对于透明围护结构的传热系数和遮阳系数的要求是不一样的，需要在此基础上具体分析并做针对性地改善。

②供暖空调全年计算负荷降低幅度达到 5%，得 5 分；达到 10%，得 10 分。

需要经过模拟计算，即需根据供暖空调全年计算负荷降低幅度分档评分，其中参考建筑的设定应该符合国家、行业建筑节能设计标准的规定。计算不仅要考虑建筑本身，而且还必须与供暖空调系统的类型以及设计的运行状态综合考虑，当然也要考虑建筑所处的气候区。应该做如下的比较计算：其他条件不变[包括建筑的外形、内部的功能分区、气象参数、建筑的室内供暖空调设计参数、空调供暖系统形式和设计的运行模式(人员、灯光、设备等)、系统设备的参数取同样的设计值]，第一个算例取国家或行业建筑节能设计标准规定的建筑围护结构的热工性能参数，第二个算例取实际设计的建筑围护结构的热工性能参数，然后比较两者的负荷差异。

设计评价查阅相关设计文件、计算分析报告；运行评价查阅相关竣工图、计算分析报告，并现场核实。

(4)供暖空调系统的冷、热源机组能效均优于现行国家标准《公共建筑节能设计标准》(GB 50189—2005)的规定以及现行有关国家标准能效限定值的要求，评价分值为6分。对电机驱动的蒸气压缩循环冷水(热泵)机组，直燃型和蒸汽型溴化锂吸收式冷(温)水机组，单元式空气调节机、风管送风式和屋顶式空调机组，多联式空调(热泵)机组，燃煤、燃油和燃气锅炉，其能效指标比现行国家标准《公共建筑节能设计标准》(GB 50189—2005)规定值的提高或降低幅度满足表3－9的要求；对房间空气调节器和家用燃气热水炉，其能效等级满足现行有关国家标准的节能评价值要求。

表3－9　冷、热源机组能效指标比《公共建筑节能设计标准》(GB 50189—2005 提高或降低的幅度)

机组类型		能效指标	提高或降低幅度
电机驱动的蒸气压缩循环冷水(热泵)机组		制冷性能系数(COP)	提高6%
溴化锂吸收式冷水机组	直燃型	制冷、供热性能系数(COP)	提高6%
	蒸汽型	单位制冷量蒸汽耗量	降低6%
单元式空气调节机、风管送风式和屋顶式空调机组		能效比(EER)	提高6%
多联式空调(热泵)机组		制冷综合性能系数[IPLV(C)]	提高8%
锅炉	燃煤	热效率	提高3%
	燃油燃气	热效率	提高2%

设计评价查阅相关设计文件；运行评价查阅相关竣工图、主要产品型式检验报告，并现场核实。

(5)集中供暖系统热水循环泵的耗电输热比和通风空调系统风机的单位风量耗功率符合现行国家标准《公共建筑节能设计标准》(GB 50189—2005)等的有关规定，且空调冷热水系统循环水泵的耗电输冷(热)比比现行国家标准《民用建筑供暖通风与空气调节设计规范》(GB 50736—2012)规定值低20%，评价分值为6分。

耗电输冷(热)比反映了空调水系统中循环水泵的耗电与建筑冷热负荷的关系，对此值进行限制是为了保证水泵的选择在合理的范围，降低水泵能耗。

设计评价查阅相关设计文件、计算书；运行评价查阅相关竣工图、主要产品型式检验报告、计算书，并现场核实。

（6）合理选择和优化供暖、通风与空调系统，评价总分值为10分，根据系统能耗的降低幅度按表3-10的规则评分。

表3-10 供暖、通风与空调系统能耗降低幅度评分规则

供暖、通风与空调系统能耗降低幅度 D_e	得分
$5\% \leqslant D_e < 10\%$	3
$10\% \leqslant D_e < 15\%$	7
$D_e \geqslant 15\%$	10

本条主要考虑暖通空调系统的节能贡献率。暖通空调系统节能措施包括合理选择系统型式，提高设备与系统效率，优化系统控制策略等。对于不同的供暖、通风和空调系统形式，应根据现有国家和行业有关建筑节能设计标准统一设定参考系统的冷热源能效、输配系统和末端方式，计算并统计不同负荷率下的负荷情况，根据暖通空调系统能耗的降低幅度，判断得分。设计系统和参考系统模拟计算时，包括房间的作息、室内发热量等基本参数的设置。

设计评价查阅相关设计文件、计算分析报告；运行评价查阅相关竣工图、主要产品型式检验报告、计算分析报告，并现场核实。

（7）采取措施降低过渡季节供暖、通风与空调系统能耗，评价分值为6分。

空调系统设计时不仅要考虑到设计工况，而且应考虑全年运行模式。尤其在过渡季，空调系统可以有多种节能措施，例如对于全空气系统，可以采用全新风或增大新风比运行，可以有效地改善空调区内空气的品质，大量节省空气处理所需消耗的能量。

但要实现全新风运行，设计时必须认真考虑新风取风口和新风管所需的截面积，妥善安排好排风出路，并应确保室内合理的正压值。此外还有过渡季节改变新成送风温度、优化冷却塔供冷的运行时长、处理负荷及调整供冷温度等节能措施。

设计评价查阅相关设计文件；运行评价查阅相关竣工图、运行记录，并现场核实。

（8）采取措施降低部分负荷、部分空间使用下的供暖、通风与空调系统能耗，评价总分值为9分，并按下列规则分别评分并累计：

①区分房间的朝向，细分供暖、空调区域，对系统进行分区控制，得3分；

②合理选配空调冷、热源机组台数与容量，制定实施根据负荷变化调节制冷（热）量的控制策略，且空调冷源的部分负荷性能符合现行国家标准《公共建筑节能设计标准》（GB 50189—2005）的规定，得3分；

③水系统、风系统采用变频技术，且采取相应的水力平衡措施，得3分。

多数空调系统都是按照最不利情况（满负荷）进行系统设计和设备选型的，而建筑在绝大部分时间内是处于部分负荷状况的，或者同一时间仅有一部分空间处于使用状态。针对部分负荷、部分空间使用条件的情况，如何采取有效的措施以节约能源，显得至关重要。

系统设计中应考虑合理的系统分区、水泵变频、变风量、变水量等节能措施，保证在建筑物处于部分冷热负荷时或仅部分建筑使用时，能根据实际需要提供恰当的能源供给，同时

不降低能源转换效率，并能够指导系统在实际运行中实现节能高效运行。

设计评价查阅相关设计文件、计算书；运行评价查阅相关竣工图、计算书、运行记录，并现场核实。

（9）走廊、楼梯间、门厅、大堂、大空间、地下停车场等场所的照明系统采取分区、定时、感应等节能控制措施，评价分值为5分。

在建筑的实际运行过程中，照明系统的分区控制、定时控制、自动感应开关、亮度调节等措施对降低照明能耗作用很明显。照明系统分区需满足自然光细用、功能和作息差异的要求。公共活动区域（门厅、大堂、走廊、楼梯间、地下车库等）以及大空间应采取定时、感应等节能控制措施。

设计评价查阅相关设计文件；运行评价查阅相关竣工图，并现场核实。

（10）照明功率密度值达到现行国家标准《建筑照明设计标准》（GB 50034—2013）中规定的目标值，评价总分值为8分。主要功能房间满足要求，得4分；所有区域均满足要求，得8分。

现行国家标准《建筑照明设计标准》（GB 50034—2013）规定了各类房间或场所的照明功率密度值，分为"现行值"和"目标值"，其中"现行值"是新建建筑必须满足的最低要求，"目标值"要求更高，是努力的方向。

设计评价查阅相关设计文件、计算书；运行评价查阅相关竣工图、计算书，并现场核实。

（11）合理选用电梯和自动扶梯，并采取电梯群控、扶梯自动启停等节能控制措施，评价分值为3分。

电梯等动力用电也形成了一定比例的能耗，而目前也出现了包括变频调速拖动、能量再生回馈等在内的多种节能技术措施。因此，增加本条作为评分项。

设计评价查阅相关设计文件、人流平衡计算分析报告；运行评价查阅相关竣工图，并现场核实。

（12）合理选用节能型电气设备，评价总分值为5分，并按下列规则分别评分并累计：

①三相配电变压器满足现行国家标准《三相配电变压器能效限定值及能效等级》（GB 20052—2013）的节能评价值要求，得3分。

②水泵、风机等设备，及其他电气装置满足相关现行国家标准的节能评价值要求，得2分。

要求所用配电变压器满足现行国家标准《三相配电变压器能效限定值及能效等级》（GB 20052—2013）规定的节能评价值；水泵、风机（及其电机）等功率较大的用电设备满足相应的能效限定值及能源效率等级国家标准所规定的节能评价值。

设计评价查阅相关设计文件；运行评价查阅相关竣工图、主要产品型式检验报告，并现场核实。

（13）排风能量回收系统设计合理并运行可靠，评价分值为3分。

参评建筑的排风能量回收满足下列两项之一即可：

①采用集中空调系统的建筑，利用排风对新风进行预热（预冷）处理，降低新风负荷，且排风热回收装置（全热和显热）的额定热回收效率不低于60%；

②采用带热回收的新风与排风双向换气装置，且双向换气装置的额定热回收效率不低于55%。

设计评价查阅相关设计文件、计算分析报告；运行评价查阅相关竣工图、主要产品型式检验报告、运行记录、计算分析报告，并现场核实。

(14)合理采用蓄冷蓄热系统，评价分值为 3 分。

参评建筑的蓄冷蓄热系统满足下列两项之一即可：

①用于蓄冷的电驱动蓄能设备提供的设计日的冷量达到 30%；参考现行国家标准《公共建筑节能设计标准》(GB 50189—2005)，电加热装置的蓄能设备能保证高峰时段不用电。

②最大限度地利用谷电，谷电时段蓄冷设备全负荷运行的 80% 应能全部蓄存并充分利用。

设计评价查阅相关设计文件、计算分析报告；运行评价查阅相关竣工图、主要产品型式检验报告、运行记录、计算分析报告，并现场核实。

(15)合理利用余热废热解决建筑的蒸汽、供暖或生活热水需求，评价分值为 4 分。

生活用能系统的能耗在整个建筑总能耗中占有不容忽视的比例，尤其是对于有稳定热需求的公共建筑而言更是如此。用自备锅炉房满足建筑蒸汽或生活热水，不仅可能对环境造成较大污染，而且其能源转换和利用也不符合"高质高用"的原则，不宜采用。

鼓励采用热泵、空调余热、其他废热等供应生活热水。在靠近热电厂、高能耗工厂等余热、废热丰富的地域，如果设计方案中很好地实现了回收排水中的热量，以及利用其他余热废热作为预热，可降低能源的消耗，同样也能够提高生活热水系统的用能效率。一般情况下的具体指标可取为：余热或废热提供的能量分别不少于建筑所需蒸汽设计日总量的 40%、供暖设计日总量的 30%、生活热水设计日总量的 60%。

设计评价查阅相关设计文件、计算分析报告；运行评价查阅相关竣工图、计算分析报告，并现场核实。

(16)根据当地气候和自然资源条件，合理利用可再生能源，评价总分值为 10 分，按表 3 - 11 的规则评分。

表 3 - 11　可再生能源利用评分规则

可再生能源利用类型和指标		得分
由可再生能源提供的生活用热水比例 R_{hw}	$20\% \leqslant R_{hw} < 30\%$	4
	$30\% \leqslant R_{hw} < 40\%$	5
	$40\% \leqslant R_{hw} < 50\%$	6
	$50\% \leqslant R_{hw} < 60\%$	7
	$60\% \leqslant R_{hw} < 70\%$	8
	$70\% \leqslant R_{hw} < 80\%$	9
	$R_{hw} \geqslant 80\%$	10

可再生能源利用类型和指标		得分
由可再生能源提供的空调用冷量和热量比例 R_{hw}	$20\% \leq R_{hw} < 30\%$	4
	$30\% \leq R_{hw} < 40\%$	5
	$40\% \leq R_{hw} < 50\%$	6
	$50\% \leq R_{hw} < 60\%$	7
	$60\% \leq R_{hw} < 70\%$	8
	$70\% \leq R_{hw} < 80\%$	9
	$R_{hw} \geq 80\%$	10
由可再生能源提供的电量比例 R_e	$1.0\% \leq R_e < 1.5\%$	4
	$1.5\% \leq R_e < 2.0\%$	5
	$2.0\% \leq R_e < 2.5\%$	6
	$2.5\% \leq R_e < 3.0\%$	7
	$3.0\% \leq R_e < 3.5\%$	8
	$3.5\% \leq R_e < 4.0\%$	9
	$R_e \geq 4.0\%$	10

由于不同种类可再生能源的度量方法、品位和价格都不同，本条分三类进行评价。如有多种用途可同时得分，但本条累计得分不超过 10 分。

设计评价查阅相关设计文件、计算分析报告；运行评价查阅相关竣工图、计算分析报告，并现场核实。

3.2.5 节水和水资源利用

1. 控制项

（1）应制定水资源利用方案，统筹利用各种水资源。

在进行绿色建筑设计前，应充分了解项目所在区域的市政给排水条件、水资源状况、气候特点等实际情况，通过全面的分析研究，制定水资源利用方案，提高水资源循环利用率，减少市政供水量和污水排放量。水资源利用方案包含下列内容：

①当地政府规定的节水要求、地区水资源状况、气象资料、地质条件及市政设施情况等。

②项目概况。当项目包含多种建筑类型，如住宅、办公建筑、旅馆、商店、会展建筑等时，可统筹考虑项目内水资源的综合利用。

③确定节水用水定额、编制水量计算表及水量平衡表。

④给排水系统设计方案介绍。

⑤采用的节水器具、设备和系统的相关说明。

⑥非传统水源利用方案。对雨水、再生水及海水等水资源利用的技术经济可行性进行分析和研究，进行水量平衡计算，确定雨水、再生水及海水等水资源的利用方法、处理工艺流

程等。

⑦景观水体补水严禁采用市政供水和自备地下水井供水,可以采用地表水和非传统水源;取用建筑场地外的地表水时,应事先取得当地政府主管部门的许可;采用雨水和建筑中水作为水源时,水景规模应根据设计可收集利用的雨水或中水量确定。

设计评价查阅水资源利用方案,核查其在相关设计文件(含设计说明、施工图、计算书)中的落实情况;运行评价查阅水资源利用方案、相关竣工图、产品说明书,查阅运行数据报告,并现场核实。

(2)给排水系统设置应合理、完善、安全。

①给排水系统的规划设计应符合相关标准的规定,如《建筑给水排水设计规范》(GB 50015—2010)、《城镇给水排水技术规范》(GB 50788—2012)、《民用建筑节水设计标准》(GB 50555—2010)、《建筑中水设计规范》(GB 50336—2002)等。

②给水水压稳定、可靠,各给水系统应保证以足够的水量和水压向所有用户不间断地供应符合要求的水。供水充分利用市政压力,加压系统选用节能高效的设备;给水系统分区合理,每区供水压力不大于0.45 MPa;合理采取减压限流的节水措施。

③根据用水要求的不同,给水水质应达到国家、行业或地方标准的要求。使用非传统水源时,采取用水安全保障措施,且不得对人体健康与周围环境产生不良影响。

④管材、管道附件及设备等供水设施的选取和运行不应对供水造成二次污染。各类不同水质要求的给水管线应有明显的管道标识。有直饮水供应时,直饮水应采用独立的循环管网供水,并设置水量、水压、水质、设备故障等安全报警装置。使用非传统水源时,应保证非传统水源的使用安全,设置防止误接、误用、误饮的措施。

⑤设置完善的污水收集、处理和排放等设施。技术经济分析合理时,可考虑污废水的回收再利用,自行设置完善的污水收集和处理设施。污水处理率和达标排放率必须达到100%。

⑥为避免室内重要物资和设备受潮引起的损失,应采取有效措施避免管道、阀门和设备的漏水、渗水或结露。

⑦热水供应系统热水用水量较小且用水点分散时,宜采用局部热水供应系统;热水用水量较大、用水点比较集中时,应采用集中热水供应系统,并应设置完善的热水循环系统。设置集中生活热水系统时,应确保冷热水系统压力平衡,或设置混水器、恒温阀、压差控制装置等。

⑧应根据当地气候、地形、地貌等特点合理规划雨水渗入、排放或利用,保证排水渠道畅通,减少雨水受污染的概率,且合理利用雨水资源。

设计评价查阅相关设计文件;运行评价查阅相关竣工图、产品说明书、水质检测报告、运行数据报告等,并现场核实。

(3)应采用节水器具。

本着节流为先的原则,用水器具应选用中华人民共和国国家经济贸易委员会2001年第5号公告和2003年第12号公告《当前国家鼓励发展的节水设备(产品)》目录中公布的设备、器材和器具。根据用水场合的不同,合理选用节水水龙头、节水便器、节水淋浴装置等。所有生活用水器具应满足现行标准《节水型生活用水器具》(CJ 164—2002)及《节水型产品通用技术条件》(GB/T 18870—2011)的要求。除特殊功能需求外,均应采用节水型用水器具。对土建工程与装修工程一体化设计项目,在施工图中应对节水器具的选用提出要求;对非一体化设计项目,申报方应提供确保业主采用节水器具的措施、方案或约定。

可选用以下节水器具:

①节水龙头:加气节水龙头、陶瓷阀芯水龙头、停水自动关闭水龙头等;

②坐便器:压力流防臭、压力流冲击式6 L直排便器、3 L/6 L两挡节水型虹吸式排水坐便器、6 L以下直排式节水型坐便器或感应式节水型坐便器,缺水地区可选用带洗手水龙头的水箱坐便器;

③节水淋浴器:水温调节器、节水型淋浴喷嘴等;

④营业性公共浴室淋浴器采用恒温混合阀、脚踏开关等。

设计评价查阅相关设计文件、产品说明书等;运行评价查阅设计说明、相关竣工图、产品说明书或产品节水性能检测报告等,并现场核实。

2. 评分项

(1)建筑平均日用水量满足现行国家标准《民用建筑节水设计标准》(GB 50555—2010)中的节水用水定额的要求,评价总分值为10分,达到节水用水定额的上限值的要求,得4分;达到上限值与下限值的平均值要求,得7分;达到下限值的要求,得10分。

计算平均日用水量时,应实事求是地确定用水的使用人数、用水面积等。使用人数在项目使用初期可能不会达到设计人数,如住宅的入住率可能不会很快达到100%,因此对与用水人数相关的用水,如饮用、盥洗、冲厕、餐饮等,应根据用水人数来计算平均日用水量;对使用人数相对固定的建筑,如办公建筑等,按实际人数计算;对浴室、商店、餐厅等流动人口较大且数量无法明确的场所,可按设计人数计算。对与用水人数无关的用水,如绿化灌溉、地面冲洗、水景补水等,则根据实际水表计量情况进行考核。

根据实际运行一年的水表计量数据和使用人数、用水面积等计算平均日用水量,与节水用水定额进行比较来判定。

运行评价查阅实测用水量计量报告和建筑平均日用水量计算书。

(2)采取有效措施避免管网漏损,评价总分值为7分,并按下列规则分别评分并累计:

①选用密闭性能好的阀门、设备,使用耐腐蚀、耐久性能好的管材、管件,得1分;

②室外埋地管道采取有效措施避免管网漏损,得1分;

③设计阶段根据水平衡测试的要求安装分级计量水表,运行阶段提供用水量计量情况和管网漏损检测、整改的报告,得5分。

管网漏失水量包括:阀门故障漏水量,室内卫生器具漏水量,水池、水箱溢流漏水量,设备漏水量和管网漏水量。为避免漏损,可采取以下措施:

①给水系统中使用的管材、管件,应符合现行产品标准的要求。

②选用性能高的阀门、零泄漏阀门等。

③合理设计供水压力,避免供水压力持续高压或压力骤变。

④做好室外管道基础处理和覆土,控制管道埋深,加强管道工程施工监督,把好施工质量关。

⑤水池、水箱溢流报警和进水阀门自动联动关闭。

⑥设计阶段:根据水平衡测试的要求安装分级计量水表,分级计量水表安装率达100%。具体要求为下级水表的设置应覆盖上一级水表的所有出流量,不得出现无计量支路。

⑦运行阶段:物业管理机构应按水平衡测试的要求进行运行管理。申报方应提供用水量

计量和漏损检测情况报告，也可委托第三方进行水平衡测试。报告包括分级水表设置示意图、用水计量实测记录、管道漏损率计算和原因分析。申报方还应提供整改措施的落实情况报告。

设计评价查阅相关设计文件(含分级水表设置示意图)；运行评价查阅设计说明、相关竣工图(含分级水表设置示意图)、用水量计量和漏损检测及整改情况的报告，并现场核实。

(3)给水系统无超压出流现象，评价总分值为 8 分。用水点供水压力不大于 0.30 MPa，得 3 分；不大于 0.20 MPa，且不小于用水器具要求的最低工作压力，得 8 分。

用水器具给水额定流量是为满足使用要求，用水器具给水配件出口在单位时间内流出的规定出水量。流出水头是保证给水配件流出额定流量，在阀前所需的水压。给水配件阀前压力大于流出水头，给水配件在单位时间内的出水量超过额定流量的现象，称超压出流现象，该流量与额定流量的差值，为超压出流量。给水配件超压出流，不但会破坏给水系统中水量的正常分配，对用水工况产生不良的影响，同时因超压出流量未产生使用效益，为无效用水量，即浪费的水量。因它在使用过程中流失，不易被人们察觉和认识，属于"隐形"水量浪费，应引起足够的重视。给水系统设计时应采取措施控制超压出流现象，应合理进行压力分区，并适当地采取减压措施，避免造成浪费。

当选用了恒定出流的用水器具时，该部分管线的工作压力满足相关设计规范的要求即可。当建筑因功能需要，选用特殊水压要求的用水器具时，如大流量淋浴喷头，可根据产品要求采用适当的工作压力，但应选用用水效率高的产品，并在说明中作相应描述。在上述情况下，如其他常规用水器具均能满足本条要求，可以评判其达标。

设计评价查阅相关设计文件(含各层用水点用水压力计算表)；运行评价查阅设计说明、相关竣工图、产品说明书，并现场核实。

(4)设置用水计量装置，评价总分值为 6 分，并按下列规则分别评分并累计：

①按使用用途，对厨房、卫生间、空调系统、游泳池、绿化、景观等用水分别设置用水计量装置，统计用水量，得 2 分；

②按付费或管理单元，分别设置用水计量装置，统计用水量，得 4 分。

按使用用途、付费或管理单元情况，对不同用户的用水分别设置用水计量装置，统计用水量，并据此施行计量收费，以实现"用者付费"，达到鼓励行为节水的目的，同时还可统计各种用途的用水量和分析渗漏水量，达到持续改进的目的。各管理单元通常是分别付费，或即使是不分别付费，也可以根据用水计量情况，对不同管理单元进行节水绩效考核，促进行为节水。

对公共建筑中有可能实施用者付费的场所，应设置用者付费的设施，实现行为节水。

设计评价查阅相关设计文件(含水表设置示意图)；运行评价查阅设计说明、相关竣工图(含水表设置示意图)、各类用水的计量记录及统计报告，并现场核实。

(5)公用浴室采取节水措施，评价总分值为 4 分，并按下列规则分别评分并累计：

①采用带恒温控制和温度显示功能的冷热水混合淋浴器，得 2 分；

②设置用者付费的设施，得 2 分。

通过用者付费，鼓励节水行为。本条中的公用浴室既包括学校、医院、体育场馆等建筑设置的公用浴室，也包含住宅、办公楼、旅馆、商店等为物业管理人员、餐饮服务人员和其他工作人员设置的公用浴室。

设计评价查阅相关设计文件(含相关节水产品的设备材料表);运行评价查阅设计说明(含相关节水产品的设备材料表)、相关竣工图、产品说明书或产品检测报告,并现场核实。

(6)使用较高用水效率等级的卫生器具,评价总分值为10分。用水效率等级达到3级,得5分;达到2级,得10分。

绿色建筑还鼓励选用更高节水性能的节水器具。在设计文件中要注明对卫生器具的节水要求和相应的参数或标准。当存在不同用水效率等级的卫生器具时,按满足最低等级的要求得分。

卫生器具有用水效率相关标准的应全部采用,方可认定达标。今后当其他用水器具出台了相应标准时,按同样的原则进行要求。

对土建装修一体化设计的项目,在施工图设计中应对节水器具的选用提出要求;对非一体化设计的项目,申报方应提供确保业主采用节水器具的措施、方案或约定。

设计评价查阅相关设计文件、产品说明书(含相关节水器具的性能参数要求);运行评价查阅相关竣工图纸、设计说明、产品说明书或产品节水性能检测报告,并现场核实。

(7)绿化灌溉采用节水灌溉方式,评价总分值为10分,并按下列规则评分:

①采用节水灌溉系统,得7分;在此基础上设置土壤湿度感应器、雨天关闭装置等节水控制措施,再得3分。

②种植无须永久灌溉植物,得10分。

绿化灌溉应采用喷灌、微灌、渗灌、低压管灌等节水灌溉方式,同时还可采用湿度传感器或根据气候变化的调节控制器。可参照《园林绿地灌溉工程技术规程》(CECS 243—2008)中的相关条款进行设计施工。

目前普遍采用的绿化节水灌溉方式是喷灌,其比地面漫灌要省水30%~50%。采用再生水灌溉时,因水中微生物在空气中极易传播,应避免采用喷灌方式。微灌包括滴灌、微喷灌、涌流灌和地下渗灌,比地面漫灌省水50%~70%,比喷灌省水15%~20%。其中微喷灌射程较近,一般在5 m以内,喷水量为200~400 L/h。无须永久灌溉植物是指适应当地气候,仅依靠自然降水即可维持良好的生长状态的植物,或在干旱时体内水分丧失,全株呈风干状态而不死亡的植物。无须永久灌溉植物仅在生根时需进行人工灌溉,因而不需设置永久的灌溉系统,但临时灌溉系统应在安装后一年之内移走。当90%以上的绿化面积采用了高效节水灌溉方式或节水控制措施时,方可判定本条得7分;当50%以上的绿化面积采用了无须永久灌溉植物,且其余部分绿化采用了节水灌溉方式时,方可判定本条得10分。当选用无须永久灌溉植物时,设计文件中应提供植物配置表,并说明是否属无须永久灌溉植物,申报方应提供当地植物名录,说明所选植物的耐旱性能。

设计评价查阅相关设计图纸、设计说明(含相关节水灌溉产品的设备材料表)、景观设计图纸(含苗木表、当地植物名录等)、节水灌溉产品说明书;运行评价查阅相关竣工图纸、设计说明、节水灌溉产品说明书,并进行现场核查,现场核查包括实地检查节水灌溉设施的使用情况、查阅绿化灌溉用水制度和计量报告。

(8)空调设备或系统采用节水冷却技术,评价总分值为10分,并按下列规则评分:

①循环冷却水系统设置水处理措施;采取加大集水盘、设置平衡管或平衡水箱的方式,避免冷却水泵停泵时冷却水溢出,得6分。

开式循环冷却水系统或闭式冷却塔的喷淋水系统受气候、环境的影响,冷却水水质比闭式系统差，改善冷却水系统水质可以保护制冷机组和提高换热效率。应设置水处理装置和化学加药装置改善水质，减少排污耗水量。开式冷却塔或闭式冷却塔的喷淋水系统设计不当时，高于集水盘的冷却水管道中部分水量在停泵时有可能溢流排掉。为减少上述水量损失，设计时可采取加大集水盘、设置平衡管或平衡水箱等方式，相对加大冷却塔集水盘浮球阀至溢流口段的容积，避免停泵时的泄水和启泵时的补水浪费。

②运行时，冷却塔的蒸发耗水量占冷却水补水量的比例不低于80%，得10分。

开式冷却水系统或闭式冷却塔的喷淋水系统的实际补水量大于蒸发耗水量的部分，主要由冷却塔飘水、排污和溢水等因素造成，蒸发耗水量所占的比例越高，不必要的耗水量越低，系统也就越节水；从冷却补水节水角度出发，对于减少开式冷却塔和设有喷淋水系统的闭式冷却塔的不必要耗水，提出了定量要求，本款需要满足公式(1)方可得分：

$$Q_c/Q_b \geq 80\% \tag{1}$$

式中：Q_c——冷却塔年排出冷凝热所需的理论蒸发耗水量，kg；

Q_b——冷却塔实际年冷却水补水量(系统蒸发耗水量、系统排污量、飘水量等其他耗水量之和)，kg。

排出冷凝热所需的理论蒸发耗水量可按公式(2)计算：

$$Q_e = H/r_0 \tag{2}$$

式中：Q_e——冷却塔年排出冷凝热所需的理论蒸发耗水量，kg；

H——冷却塔年冷凝排热量，kJ；

r_0——水的汽化热，kJ/kg。

集中空调制冷及其自控系统设备的设计和生产应提供条件，满足能够记录、统计空调系统的冷凝排热量的要求，在设计与招标阶段，对空调系统/冷水机组应有安装冷凝热计量设备的设计与招标要求；运行评价可以通过楼宇控制系统实测、记录并统计空调系统/冷水机组全年的冷凝热，据此计算出排出冷凝热所需要的理论蒸发耗水量。

③采用无蒸发耗水量的冷却技术，得10分。

无蒸发耗水量的冷却技术包括采用分体空调、风冷式冷水机组、风冷式多联机、地源热泵、干式运行的闭式冷却塔等。风冷空调系统的冷凝排热以显热方式排到大气，并不直接耗费水资源，采用风冷方式替代水冷方式可以节省水资源消耗。但由于风冷方式制冷机组的COP通常较水冷方式的制冷机组低，所以需要综合评价工程所在地的水资源和电力资源情况，有条件时宜优先考虑风冷方式排出空调冷凝热。

设计评价查阅相关设计文件、计算书、产品说明书；运行评价查阅相关竣工图纸、设计说明、产品说明，查阅冷却水系统的运行数据、蒸发量、冷却水补水量的用水计量报告和计算书，并现场核实。

(9)除卫生器具、绿化灌溉和冷却塔外的其他用水采用节水技术或措施，评价总分值为5分。其他用水中采用节水技术或措施的比例达到50%，得3分；达到80%，得5分。

如车库和道路冲洗用的节水高压水枪、节水型专业洗衣机、循环用水洗车台，给水深度处理采用自用水量较少的处理设备和措施，集中空调加湿系统采用用水效率高的设备和措施。按采用了节水技术和措施的用水量占其他用水总水量的比例进行评分。

设计评价查阅相关设计文件、计算书、产品说明书；运行评价查阅相关竣工图纸、设计说明、产品说明，查阅水表计量报告，并现场核查，现场核查包括实地检查设备的运行情况。

（10）合理使用非传统水源，评价总分值为15分，并按下列规则评分：

①住宅、办公、商店、旅馆类建筑：根据其按下列公式计算的非传统水源利用率，或者其非传统水源利用措施，按表3-12的规则评分。

$$R_\mathrm{u} = \frac{W_\mathrm{u}}{W_\mathrm{t}} \times 100\% \tag{3}$$

$$W_\mathrm{u} = W_\mathrm{R} + W_\mathrm{r} + W_\mathrm{s} + W_0 \tag{4}$$

式中：R_u——非传统水源利用率；

W_u——非传统水源设计使用量（设计阶段）或实际使用量（运行阶段），$\mathrm{m^3/a}$；

W_R——再生水设计利用量（设计阶段）或实际利用量（运行阶段），$\mathrm{m^3/a}$；

W_r——雨水设计利用量（设计阶段）或实际利用量（运行阶段），$\mathrm{m^3/a}$；

W_s——海水设计利用量（设计阶段）或实际利用量（运行阶段），$\mathrm{m^3/a}$；

W_0——其他非传统水源利用量（设计阶段）或实际利用量（运行阶段），$\mathrm{m^3/a}$；

W_t——设计用水总量（设计阶段）或实际用水总量（运行阶段），$\mathrm{m^3/a}$。

注：式中设计使用量为年用水量，由平均日用水量和用水时间计算得出。实际使用量应通过统计全年水表计量的情况计算得出。式中用水量计算不包含冷却水补水量和室外景观水体补水量。

表3-12 非传统水源利用率评分规则

建筑类型	非传统水源利用率		非传统水源利用措施				得分
	有市政再生水供应	无市政再生水供应	室内冲厕	室外绿化灌溉	道路浇洒	洗车用水	
住宅	8.0%	4.0%	●○	●		●	5分
		8.0%		○	○	○	7分
	30.0%	30.0%	●○	●○	●○	●○	15分
办公	10.0%		●	●	●	●	5分
	—	8.0%	—	○	○	○	10分
	50.0%	10.0%	●	●○	●○	●○	15分
商店	3.0%		●	●	●	●	2分
	—	2.5%	○	○	○	○	10分
	50.0%	3.0%	●	●○	●	●	15分
旅馆	2.0%		●	●	●	●	5分
	—	1.0%	—	○	—	—	10分
	12.0%	2.0%	●○	●○	●○	●○	15分

注："●"为有市政再生水供应时的要求，"○"为无市政再生水供应时的要求。

建筑可回用水量指建筑的优质杂排水和杂排水水量，优质杂排水指杂排水中污染程度较低的排水，如沐浴排水、盥洗排水、洗衣排水、空调冷凝水、游泳池排水等；杂排水指民用建筑中除粪便污水外的各种排水，除优质杂排水外还包括冷却排污水、游泳池排污水、厨房排水等。当一个项目中仅部分建筑申报时，建筑可回用水量应按整个项目计算。

评分时，既可根据表中的非传统水源利用率来评分，也可根据表中的非传统水源利用措施来评分；按措施评分时，非传统水源利用应具有较好的经济效益和生态效益。

计算设计年用水总量应由平均日用水量计算得出，取值详见《民用建筑节水设计标准》（GB 50555—2010）。运行阶段的实际用水量应通过统计全年水表计量的情况计算得出。

包含住宅、旅馆、办公、商店等不同功能区域的综合性建筑，各功能区域按相应建筑类型参评。评价时可按各自用水量的权重，采用加权法计算非传统水源利用率的要求。

本条中的非传统水源利用措施主要指生活杂用水，包括用于绿化浇灌、道路冲洗、洗车、冲厕等的非饮用水，但不含冷却水补水和水景补水。

②其他类型建筑按下列规则分别评分并累计：

绿化灌溉、道路冲洗、洗车用水采用非传统水源的用水量占其总用水量的比例不低于80%，得7分；

冲厕采用非传统水源的用水量占其总用水量的比例不低于50%，得8分。

非传统水源的用水量占其总用水量的比例指采用非传统水源的用水量占相应的生活杂用水总用水量的比例。

设计评价查阅相关设计文件、当地相关主管部门的许可、非传统水源利用计算书；运行评价查阅相关竣工图纸、设计说明，查阅用水计量记录、计算书及统计报告、非传统水源水质检测报告，并现场核实。

（11）冷却水补水使用非传统水源，评价总分值为8分，根据冷却水补水使用非传统水源的量占总用水量的比例按表3-13的规则评分。

表3-13 冷却水补水使用非传统水源的评分规则

冷却水补水使用非传统水源的量占总用水量比例 R_m	得分
$10\% \leq R_m < 30\%$	4
$30\% \leq R_m < 50\%$	6
$R_m \geq 50\%$	8

使用非传统水源替代自来水作为冷却水补水水源时，其水质指标应满足《采暖空调系统水质》（GB/T 29044—2012）中规定的空调冷却水的水质要求。

从全年来看，冷却水用水时段与我国大多数地区的降水高峰时段基本一致，因此收集雨水处理后用于冷却水补水，从水量平衡上容易达到吻合。雨水的水质要优于生活污废水，处理成本较低、管理相对简单，具有较好的成本效益，值得推广。

冷却水的补水量以年补水量计，设计阶段冷却塔的年补水量可按照《民用建筑节水设计标准》（GB 50555—2010）执行。

设计评价查阅相关设计文件、冷却水补水量及非传统水源利用的水量平衡计算书；运行评价查阅相关竣工图纸、设计说明、计算书，查阅用水计量记录、计算书及统计报告、非传统水源水质检测报告，并现场核实。

（12）结合雨水利用设施进行景观水体设计，景观水体利用雨水的补水量大于其水体蒸发量的 60%，且采用生态水处理技术保障水体水质，评价总分值为 7 分，并按下列规则分别评分并累计：

①对进入景观水体的雨水采取控制面源污染的措施，得 4 分；

②利用水生动、植物进行水体净化，得 3 分。

景观水体的补水没有利用雨水或雨水利用量不满足要求时，本条不得分。

《民用建筑节水设计标准》（GB 50555—2010）中强制性条文第 4.1.5 条规定，"景观用水水源不得采用市政自来水和地下井水"；《住宅建筑规范》（GB 5036891—2015）第 4.4.3 条规定，"人工景观水体的补充水严禁使用自来水"；因此设有水景的项目，水体的补水只能使用非传统水源，或在取得当地相关主管部门的许可后，利用临近的河、湖水。有景观水体，但利用临近的河、湖水进行补水的，本条不得分。

自然界的水体（河、湖、塘等）大都是由雨水汇集而成，结合场地的地形地貌汇集雨水，用于景观水体的补水，是节水和保护、修复水生态环境的最佳选择，因此设置本条的目的是鼓励将雨水控制利用和景观水体设计有机地结合起来。景观水体的补水应充分利用场地的雨水资源，不足时再考虑其他非传统水源的使用。

缺水地区和降水量少的地区应谨慎考虑设置景观水体，景观水体的设计应通过技术经济可行性论证确定规模和具体形式。设计阶段应做好景观水体补水量和水体蒸发量逐月的水量平衡，确保满足本条的定量要求。

本条要求利用雨水提供的补水量大于水体蒸发量的 60%，亦即采用除雨水外的其他水源对景观水体补水的量不得大于水体蒸发量的 40%，设计时应做好景观水体补水和水体蒸发的水量平衡，在雨季和旱季降水差异较大时，可以通过水位或水面面积的变化来调节补水量的富余和不足，也可设计旱溪或干塘等来适应降水量的季节性变化。景观水体的补水管应单独设置水表，不得与绿化用水、道路冲洗用水合用水表。

景观水体的水质应符合国家标准《城市污水再生利用景观环境用水水质》（GB/T 18921—2002）的要求。景观水体的水质保障应采用生态水处理技术，合理控制雨水面源污染，确保水质安全。

设计评价查阅相关设计文件（含景观设计图纸）、水量平衡计算书；运行评价查阅相关竣工图纸、设计说明、计算书，查阅景观水体补水的用水计量记录及统计报告、景观水体水质检测报告，并现场核实。

3.2.6 节材与材料资源利用

1.控制项

（1）不得采用国家和地方禁止和限制使用的建筑材料及制品。

一些建筑材料及制品在使用过程中不断暴露出问题，已被证明不适宜在建筑工程中应用，或者不适宜在某些地区的建筑中使用。绿色建筑中不应采用国家和当地有关主管部门向社会公布禁止和限制使用的建筑材料及制品。

设计评价对照国家和当地有关主管部门向社会公布的限制、禁止使用的建材及制品目录，查阅设计文件，对设计选用的建筑材料进行核查；运行评价对照国家和当地有关主管部门向社会公布的限制、禁止使用的建材及制品目录，查阅工程材料决算材料清单，对实际采用的建筑材料进行核查。

(2)混凝土结构中梁、柱纵向受力普通钢筋应采用不低于 400 MPa 级的热乳带肋钢筋。

抗拉屈服强度达到 400 MPa 级及以上的热乳带肋钢筋，具有强度高、综合性能优的特点，用高强钢筋替代目前大量使用的 335 MPa 级热乳带肋钢筋，可平均节约钢材 12% 以上。高强钢筋作为节材节能环保产品，在建筑工程中被大力推广应用，是加快转变经济发展方式的有效途径，是建设资源节约型、环境友好型社会的重要举措，对推动钢铁工业和建筑业结构调整、转型升级具有重大意义。

为了在绿色建筑中推广应用高强钢筋，本条参考国家标准《混凝土结构设计规范》(GB 50010—2010)中的第 4.2.1 条之规定，对混凝土结构中梁、柱纵向受力普通钢筋提出强度等级和品种要求。

设计评价查阅设计文件，对设计选用的梁、柱纵向受力普通钢筋强度等级进行核查；运行评价查阅竣工图纸，对实际选用的梁、柱纵向受力普通钢筋强度等级进行核查。

(3)建筑造型要素应简约，且无大量装饰性构件。

设置大量的没有功能的纯装饰性构件，不符合绿色建筑节约资源的要求。而使用装饰和功能一体化构件，利用功能构件作为建筑造型的语言，可以在满足建筑功能的前提下表达美学效果，并节约资源。对于不具备遮阳、导光、导风、载物、辅助绿化等作用的飘板、格栅、构架和塔、球、曲面等装饰性构件，应对其造价进行控制。

设计评价查阅设计文件，有装饰性构件的应提供其功能说明书和造价计算书；运行评价查阅竣工图和造价计算书，并现场核实。

2. 评分项

(1)择优选用建筑形体，评价总分值为 9 分。根据国家标准《建筑抗震设计规范》(GB 50011—2010)中规定的建筑形体规则性评分，建筑形体不规则，得 3 分；建筑形体规则，得 9 分。

形体指建筑平面形状和立面、竖向剖面的变化。绿色建筑设计应重视其平面、立面和竖向剖面的规则性对抗震性能及经济合理性的影响，优先选用规则的形体。

建筑设计应根据抗震概念设计的要求明确建筑形体的规则性，抗震概念设计将建筑形体的规则性分为：规则、不规则、特别不规则、严重不规则。建筑形体的规则性应根据现行国家标准《建筑抗震设计规范》(GB 50011—2010)的有关规定进行划分。为实现相同的抗震设防目标，形体不规则的建筑，要比形体规则的建筑耗费更多的结构材料。不规则程度越高，对结构材料的消耗量越多，性能要求越高，不利于节材。本条评分的两个档次分别对应抗震概念设计中建筑形体规则性分级的"规则"和"不规则"；对形体"特别不规则"的建筑和"严重不规则"的建筑，本条不得分。

设计评价查阅建筑图、结构施工图、建筑形体规则性判定报告；运行评价查阅竣工图、建筑形体规则性判定报告，并现场核实。

(2)对地基基础、结构体系、结构构件进行优化设计，达到节材效果，评价分值为 5 分。

在设计过程中对地基基础、结构体系、结构构件进行优化，能够有效地节约材料用量。结构体系指结构中所有承重构件及其共同工作的方式。结构布置及构件截面设计不同，建筑的材料用量也会有较大的差异。

设计评价查阅建筑图、结构施工图和地基基础方案论证报告、结构体系节材优化设计书和结构构件节材优化设计书;运行评价查阅竣工图、有关报告,并现场核实。

(3)土建工程与装修工程一体化设计,评价总分值为10分,并按下列规则评分:

①住宅建筑土建与装修一体化设计的户数比例达到30%,得6分;达到100%,得10分。

②公共建筑公共部位土建与装修一体化设计,得6分;所有部位均土建与装修一体化设计,得10分。

土建和装修一体化设计,要求对土建设计和装修设计统一协调,在土建设计时考虑装修设计需求,事先进行孔洞预留和装修面层固定件的预埋,避免在装修时对已有建筑构件打凿、穿孔。这样既可减少设计的反复,又可保证结构的安全,减少材料消耗,并降低装修成本。

对混合功能建筑,应分别对其住宅建筑部分和公共建筑部分进行评价,本条得分值取两者的平均值。

设计评价查阅土建、装修各专业施工图及其他证明材料;运行评价查阅土建、装修各专业竣工图及其他证明材料。

(4)公共建筑中可变换功能的室内空间采用可重复使用的隔断(墙),评价总分值为5分,根据可重复使用隔断(墙)比例按表3-14的规则评分。

表3-14　可重复使用隔断(墙)比例评分规则

可重复使用隔断(墙)比例 R_{rp}	得分
$30\% \leq R_{rp} < 50\%$	3
$50\% \leq R_{rp} < 80\%$	4
$R_{rp} \geq 80\%$	5

在保证室内工作环境不受影响的前提下,在办公、商店等公共建筑室内空间尽量多地采用可重复使用的灵活隔墙,或采用无隔墙只有矮隔断的大开间敞开式空间,可减少室内空间重新布置时对建筑构件的破坏,节约材料,同时为使用期间构配件的替换和将来建筑拆除后构配件的再利用创造条件。除走廊、楼梯、电梯井、卫生间、设备机房、公共管井以外的地上室内空间均应视为"可变换功能的室内空间",有特殊隔声、防护及特殊工艺需求的空间不计入。此外,作为商业、办公用途的地下空间也应视为"可变换功能的室内空间",其他用途的地下空间可不计入。

可重复使用的隔断(墙)在拆除过程中应基本不影响与之相接的其他隔墙,拆卸后可进行再次利用,如大开间敞开式办公空间内的玻璃隔断(墙)、预制隔断(墙)、特殊节点设计的可分段拆除的轻钢龙骨水泥板或石膏板隔断(墙)和木隔断(墙)等。是否具有可拆卸节点,也是认定某隔断(墙)是否属于可重复使用的隔断(墙)的一个关键点,例如用砂浆砌筑的砌体隔墙不算可重复使用的隔墙。

本条中可重复使用隔断(墙)比例为:实际采用的可重复使用隔断(墙)围合的建筑面积与建筑中可变换功能的室内空间面积的比值。

设计评价查阅建筑、结构施工图及可重复使用隔断(墙)的设计使用比例计算书;运行评价查阅建筑、结构竣工图及可重复使用隔断(墙)的实际使用比例计算书,并现场核实。

(5)采用工业化生产的预制构件,评价总分值为 5 分,根据预制构件用量比例按表 3-15 的规则评分。

表 3-15　预制构件用量比例评分规则

预制构件用量比例 R_{pc}	得分
$15\% \leqslant R_{pc} < 30\%$	3
$30\% \leqslant R_{pc} < 50\%$	4
$R_{pc} \geqslant 50\%$	5

本条鼓励采用工业化方式生产的预制构件设计、建造绿色建筑。本条所指的预制构件包括各种结构构件和非结构构件,如预制梁、预制柱、预制墙板、预制阳台板、预制楼梯、雨棚、栏杆等。在保证安全的前提下,使用工厂化方式生产的预制构件,既能减少材料浪费,又能减少施工对环境的影响,同时可为将来建筑拆除后构件的替换和再利用创造条件。

预制构件用量比例取各类预制构件重量与建筑地上部分重量的比值。

设计评价查阅施工图、工程材料用量概预算清单、计算书;运行评价查阅竣工图、工程材料用量决算清单、计算书。

(6)采用整体化定型设计的厨房、卫浴间,评价总分值为 6 分,并按下列规则分别评分并累计:

①采用整体化定型设计的厨房,得 3 分;

②采用整体化定型设计的卫浴间,得 3 分。

本条鼓励采用系列化、多档次的整体化定型设计的厨房、卫浴间。其中整体化定型设计的厨房是指按人体工程学、炊事操作工序、模数协调及管线组合原则,采用整体设计方法而建成的标准化厨房。整体化定型设计的卫浴间是指在有限的空间内实现洗面、沐浴、如厕等多种功能的独立卫生单元。

设计评价查阅建筑设计或装修设计图或有关说明材料;运行评价查阅竣工图、工程材料用量决算表、施工记录。

(7)选用本地生产的建筑材料,评价总分值为 10 分,根据施工现场 500 km 以内生产的建筑材料重量占建筑材料总重量的比例按表 3-16 的规则评分。

表 3-16　本地生产的建筑材料评分规则

施工现场 500 km 以内生产的建筑材料重量占建筑材料总重量的比例 R_{tm}	得分
$60\% \leqslant R_{tm} < 90\%$	6
$70\% \leqslant R_{tm} < 90\%$	8
$R_{tm} \geqslant 90\%$	10

建材本地化是减少运输过程资源和能源消耗、降低环境污染的重要手段之一。本条鼓励

使用本地生产的建筑材料，提高就地取材制成的建筑产品所占的比例。运输距离指建筑材料的最后一个生产工厂或场地到施工现场的距离。

运行评价核查材料进场记录、本地建筑材料使用比例计算书、有关证明文件。

（8）现浇混凝土采用预拌混凝土，评价分值为10分。

我国大力提倡和推广使用预拌混凝土，其应用技术已较为成熟。与现场搅拌混凝土相比，预拌混凝土产品性能稳定，易于保证工程质量，且采用预拌混凝土能够减少施工现场噪声和粉尘污染，节约能源、资源，减少材料损耗。预拌混凝土应符合现行国家标准《预拌混凝土》（GB/T 14902—2012）的规定。

设计评价查阅施工图及说明；运行评价查阅竣工图、预拌混凝土用量清单、有关证明文件。

（9）建筑砂浆采用预拌砂浆，评价总分值为5分。建筑砂浆采用预拌砂浆的比例达到50%，得3分；达到100%，得5分。

长期以来，我国建筑施工用砂浆一直采用现场拌制砂浆。现场拌制砂浆由于计量不准确、原材料质量不稳定等原因，施工后经常出现空鼓、龟裂等质量问题，工程返修率高。而且，现场拌制砂浆在生产和使用过程中不可避免地会产生大量材料浪费和损耗，污染环境。

预拌砂浆是根据工程需要配制、由专业化工厂规模化生产的，砂浆的性能品质和均匀性能够得到充分保证，可以很好地满足砂浆保水性、合易性、强度和耐久性需求。

预拌砂浆按照生产工艺可分为湿拌砂浆和干混砂浆；按照用途可分为砌筑砂浆、抹灰砂浆、地面砂浆、防水砂浆、陶瓷砖黏结砂浆、界面砂浆、保温板黏结砂浆、保温板抹面砂浆、聚合物水泥防水砂浆、自流平砂浆、耐磨地坪砂浆和饰面砂浆等。

预拌砂浆与现场拌制砂浆相比，不是简单意义的同质产品替代，而是采用先进工艺的生产线拌制，增加了技术含量，产品性能得到显著增强。预拌砂浆尽管单价比现场拌制砂浆高，但是由于其性能好、质量稳定、减少环境污染、材料浪费和损耗小、施工效率高、工程返修率低，可降低工程的综合造价。

预拌砂浆应符合现行标准《预拌砂浆》（GB/T 25181—2010）及《预拌砂浆应用技术规程》（JGJ/T 223—2010）的规定。

设计评价查阅施工图及说明；运行评价查阅竣工图及说明、砂浆用量清单等证明文件。

（10）合理采用高强建筑结构材料，评价总分值为10分，并按下列规则评分：

①混凝土结构：根据400 MPa级及以上受力普通钢筋的比例，按表3-17的规则评分，最高得10分。

表3-17　400 MPa级及以上受力普通钢筋评分规则

400 MPa级及以上受力普通钢筋比例 R_{sb}	得分
30% ≤ R_{sb} < 50%	4
50% ≤ R_{sb} < 70%	6
70% ≤ R_{sb} < 85%	8
R_{sb} ≥ 85%	10

混凝土竖向承重结构采用强度等级不小于 C50 混凝土用量占竖向承重结构中混凝土总量的比例达到 50%，得 10 分。

②钢结构：Q345 及以上高强钢材用量占钢材总量的比例达到 50%，得 8 分；达到 70%，得 10 分。

③混合结构：对其混凝土结构部分和钢结构部分，分别按本条第①款和第②款进行评价，得分取两项得分的平均值。

合理采用高强度结构材料，可减小构件的截面尺寸及材料用量，同时也可减轻结构自重，减小地震作用及地基基础的材料消耗。混凝土结构中的受力普通钢筋，包括梁、柱、墙、板、基础等构件中的纵向受力筋及箍筋。

混合结构指由钢框架或型钢（钢管）混凝土框架与钢筋混凝土筒体所组成的共同承受竖向和水平作用的高层建筑结构。

设计评价查阅结构施工图及计算书；运行评价查阅竣工图、材料决算清单、计算书，并现场核实。

(11)合理采用高耐久性建筑结构材料，评价分值为 5 分。对混凝土结构，其中高耐久性混凝土用量占混凝土总量的比例达到 50%；对钢结构，采用耐候结构钢或耐候型防腐涂料。

高耐久性混凝土指满足设计要求下，性能不低于行业标准《混凝土耐久性检验评定标准》（JGJ/T 193—2009）中抗硫酸盐侵蚀等级 KS90，抗氯离子渗透性能、抗碳化性能及早期抗裂性能Ⅲ级的混凝土。其各项性能的检测与试验方法应符合《普通混凝土长期性能和耐久性能试验方法标准》（GB/T 50082—2009）的规定。

本条中的耐候结构钢须符合现行国家标准《耐候结构钢》（GB/T 4171—2008）的要求；耐候型防腐涂料须符合行业标准《建筑用钢结构防腐涂料》（JG/T 224—2007）中Ⅱ型面漆和长效型底漆的要求。

设计评价查阅建筑及结构施工图、计算书；运行评价查阅建筑及结构竣工图、计算书，并现场核实。

(12)采用可再利用材料和可再循环材料，评价总分值为 10 分，并按下列规则评分：

①住宅建筑中的可再利用材料和可再循环材料用量比例达到 6%，得 8 分；达到 10%，得 10 分。

②公共建筑中的可再利用材料和可再循环材料用量比例达到 10%，得 8 分；达到 15%，得 10 分。

建筑材料的循环利用是建筑节材与材料资源利用的重要内容。本条的设置旨在整体考量建筑材料的循环利用对于节材与材料资源利用的贡献，评价范围是永久性安装在工程中的建筑材料，不包括电梯等设备。

有的建筑材料可以在不改变材料的物质形态情况下直接进行再利用，或经过简单组合、修复后可直接再利用，如有些材质的门、窗等。有的建筑材料需要通过改变物质形态才能实现循环利用，如难以直接回用的钢筋、玻璃等，可以回炉再生产。有的建筑材料则既可以直接再利用又可以回炉后再循环利用，例如标准尺寸的钢结构型材等。以上各类材料均可纳入本条范畴。

建筑中采用的可再循环建筑材料和可再利用建筑材料，可以减少生产加工新材料带来的资源、能源消耗和环境污染，具有良好的经济、社会和环境效益。

设计评价查阅工程概预算材料清单和相关材料使用比例计算书，核查相关建筑材料的使用情况；运行评价查阅工程决算材料清单、计算书和相应的产品检测报告，核查相关建筑材料的使用情况。

（13）使用以废弃物为原料生产的建筑材料，评价总分值为5分，并按下列规则评分：

①采用一种以废弃物为原料生产的建筑材料，其占同类建材的用量比例达到30%，得3分；达到50%，得5分。

②采用两种及以上以废弃物为原料生产的建筑材料，每一种用量比例均达到30%，得5分。

以废弃物为原料生产的建筑材料是指在满足安全和使用性能的前提下，使用废弃物等作为原材料生产出的建筑材料，其中废弃物主要包括建筑废弃物、工业废料和生活废弃物。

在满足使用性能的前提下，鼓励利用建筑废弃混凝土，生产再生骨料，制作成混凝土砌块、水泥制品或配制再生混凝土；鼓励利用工业废料、农作物秸秆、建筑垃圾、淤泥为原料制作成水泥、混凝土、墙体材料、保温材料等建筑材料；鼓励以工业副产品石膏制作成石膏制品；鼓励使用生活废弃物经处理后制成的建筑材料。

为保证废弃物使用量达到一定比例，本条要求以废弃物为原料生产的建筑材料重量占同类建筑材料总重量的比例不小于30%。以废弃物为原料生产的建筑材料，应满足相应的国家或行业标准的要求。

运行评价查阅工程决算材料清单、以废弃物为原料生产的建筑材料检测报告和废弃物建材资源综合利用认定证书等证明材料，核查相关建筑材料的使用情况和废弃物掺量。

（14）合理采用耐久性好、易维护的装饰装修建筑材料，评价总分值为5分，并按下列规则分别评分并累计：

①合理采用清水混凝土，得2分；

②采用耐久性好、易维护的外立面材料，得2分；

③采用耐久性好、易维护的室内装饰装修材料，得1分。

为了保持建筑物的风格、视觉效果和人居环境，装饰装修材料在一定使用年限后会进行更新替换。如果使用易沾污、难维护及耐久性差的装饰装修材料，则会在一定程度上增加建筑物的维护成本，且施工也会带来有毒有害物质的排放、粉尘及噪声等问题。使用清水混凝土可减少装饰装修材料用量。

本条重点对外立面材料的耐久性提出了要求，详见表3－18。

表3－18　外立面材料耐久性要求

分类		耐久性要求
外墙涂料		采用水性氟涂料或耐候性相当的涂料
建筑幕墙	玻璃幕墙	明框、半隐框玻璃幕墙的铝型材表面处理符合《铝及铝合金阳极氧化膜与有机聚合物膜》(GB/T 8013.1—1013.3)规定的耐候性等级的最高级要求。硅酮结构密封胶耐候性优于标准要求
	石材幕墙	根据当地气候环境条件，合理选用石材含水率和耐冻融指标，并对其表面进行防护处理
	金属板幕墙	采用氟碳制品，或耐久性相当的其他表面处理方式的制品
	人造板幕墙	根据当地气候环境条件，合理选用含水率、耐冻融指标

对建筑室内所采用耐久性好、易维护的装饰装修材料应提供相关材料证明所采用材料的耐久性。

运行评价查阅建筑竣工图纸、材料决算清单、材料检测报告或有关证明材料，并现场核实。

3.2.7　室内环境质量

1. 控制项

（1）主要功能房间的室内噪声级应满足现行国家标准《民用建筑隔声设计规范》（GB 50118—2010）中的低限要求。

噪声控制对象包括室内自身声源和来自室外的噪声。室内噪声源一般为通风空调设备、日用电器等；室外噪声源则包括来自于建筑其他房间的噪声（如电梯噪声、空调设备噪声等）和来自建筑外部的噪声（如周边交通噪声、社会生活噪声、工业噪声等）。本条所指的低限要求，与国家标准《民用建筑隔声设计规范》（GB 50118—2010）中的低限要求规定对应，如该标准中没有明确室内噪声级的低限要求，即对应该标准规定的室内噪声级的最低要求。

设计评价查阅相关设计文件、环评报告或噪声分析报告；运行评价查阅相关竣工图、室内噪声检测报告。

（2）主要功能房间的外墙、隔墙、楼板和门窗的隔声性能应满足现行国家标准《民用建筑隔声设计规范》（GB 50118—2010）中的低限要求。

外墙、隔墙和门窗的隔声性能指空气声隔声性能；楼板的隔声性能除了空气声隔声性能外，还包括撞击声隔声性能。本条所指的围护结构构件的隔声性能的低限要求，与国家标准《民用建筑隔声设计规范》（GB 50118—2010）中的低限要求规定对应，如该标准中没有明确围护结构隔声性能的低限要求，即对应该标准规定的隔声性能的最低要求。

设计评价查阅相关设计文件、构件隔声性能的实验室检验报告；运行评价查阅相关竣工图、构件隔声性能的实验室检验报告，并现场核实。

（3）建筑照明数量和质量应符合现行国家标准《建筑照明设计标准》（GB 50034—2013）的规定。

室内照明质量是影响室内环境质量的重要因素之一，良好的照明不但有利于提升人们的工作和学习效率，更有利于人们的身心健康，减少各种职业疾病。良好、舒适的照明要求在参考平面上具有适当的照度水平，避免眩光，显色效果良好。各类民用建筑中的室内照度、眩光值、一般显色指数等照明数量和质量指标应满足现行国家标准《建筑照明设计标准》（GB 50034—2013）的有关规定。

设计评价查阅相关设计文件、计算分析报告；运行评价查阅相关竣工图、计算分析报告、现场检测报告，并现场核实。

（4）采用集中供暖空调系统的建筑，房间内的温度、湿度、新风量等设计参数应符合现行国家标准《民用建筑供暖通风与空气调节设计规范》（GB 50736—2012）的规定。

通风以及房间的温度、湿度、新风量是室内热环境的重要指标，应满足现行国家标准《民用建筑供暖通风与空气调节设计规范》（GB 50736—2012）中的有关规定。

设计评价查阅相关设计文件；运行评价查阅相关竣工图、室内温湿度检测报告、新风机组竣工验收风量检测报告、二氧化碳浓度检测报告，并现场核实。

（5）在室内设计温、湿度条件下，建筑围护结构内表面不得结露。

房间内表面长期或经常结露会引起霉变，污染室内的空气，应加以控制。在南方的梅雨季节，空气的湿度接近饱和，要彻底避免发生结露现象非常困难，不属于本条控制范畴。另外，短时间的结露并不至于引起霉变，所以本条控制"在室内设计温、湿度"这一前提条件下不结露。

设计评价查阅相关设计文件；运行评价查阅相关竣工图，并现场核实。

（6）屋顶和东、西外墙隔热性能应满足现行国家标准《民用建筑热工设计规范》GB 50176的要求。

屋顶和东西外墙的隔热性能，对于建筑在夏季时室内热舒适度的改善，以及空调负荷的降低，具有重要意义。

设计评价查阅围护结构热工设计说明等图纸或文件，以及计算分析报告；运行评价查阅相关竣工文件，并现场核实。

（7）室内空气中的氨、甲醛、苯、总挥发性有机物、氡等污染物浓度应符合现行国家标准《室内空气质量标准》（GB/T 18883—2003）的有关规定。

国家标准《民用建筑工程室内环境污染控制规范》（GB 50325—2010）第6.0.4条规定，民用建筑工程验收时必须进行室内环境污染物浓度检测；并对其中氡、甲醛、苯、氨、总挥发性有机物等五类物质污染物的浓度限量进行了规定。

本条在此基础上进一步要求建筑运行满一年后，氨、甲醛、苯、总挥发性有机物、氡5类空气污染物浓度应符合现行国家标准《室内空气质量标准》（GB/T 18883—2003）中的有关规定，详见表3-19。

表 3-19　室内空气质量标准

污染物	标准值	备注
氨（NH_3）	≤0.20 mg/m^3	1 h 均值
甲醛（HCHO）	≤0.10 mg/m^3	1 h 均值
苯（C_6H_6）	≤0.11 mg/m^3	1 h 均值
总挥发性有机物（TVOC）	≤0.60 mg/m^3	8 h 均值
氡（^{222}Rn）	≤400 Bq/m^3	年平均值

运行评价查阅室内污染物检测报告，并现场核实。

2. 评分项

（1）主要功能房间室内噪声级，评价总分值为6分。噪声级达到现行国家标准《民用建筑隔声设计规范》（GB 50118—2010）中的低限标准限值和高要求标准限值的平均值，得3分；达到高要求标准限值，得6分。

国家标准《民用建筑隔声设计规范》（GB 50118—2010）将住宅、办公、商业、医院等建筑主要功能房间的室内允许噪声级分"低限标准"和"高要求标准"两档列出。对于《民用建筑隔声设计规范》（GB 50118—2010）中的一些只有唯一室内噪声级要求的建筑（如学校），本条认定该室内噪声级对应数值为低限标准，而高要求标准则在此基础上降低5 dB（A）。需要指出，对于不同星级的旅馆建筑，其对应的要求不同，需要一一对应。

设计评价查阅相关设计文件、环评报告或噪声分析报告；运行评价查阅相关竣工图、室内噪声检测报告。

（2）主要功能房间的隔声性能良好，评价总分值为9分，并按下列规则分别评分并累计：

①构件及相邻房间之间的空气声隔声性能达到现行国家标准《民用建筑隔声设计规范》（GB 50118—2010）中的低限标准限值和高要求标准限值的平均值，得3分；达到高要求标准限值，得5分；

②楼板的撞击声隔声性能达到现行国家标准《民用建筑隔声设计规范》（GB 50118—2010）中的低限标准限值和高要求标准限值的平均值，得3分；达到高要求标准限值，得4分。

国家标准《民用建筑隔声设计规范》（GB 50118—2010）将住宅、办公、商业、旅馆、医院等类型建筑的墙体、门窗、楼板的空气声隔声性能以及楼板的撞击声隔声性能分"低限标准"和"高要求标准"两档列出。居住建筑、办公、旅馆、商业、医院等建筑宜满足《民用建筑隔声设计规范》（GB 50118—2010）中围护结构隔声标准的低限标准要求，但不包括开放式办公空间。对于《民用建筑隔声设计规范》（GB 50118—2010）只规定了构件的单一空气隔声性能的建筑，本条认定该构件对应的空气隔声性能数值为低限标准限值，而高要求标准限值则在此基础上提高5 dB。本条采取同样的方式定义只有单一楼板撞击声隔声性能的建筑类型，并规定高要求标准限值为低限标准限值降低10 dB。对于《民用建筑隔声设计规范》（GB 50118—2010）没有涉及的类型建筑的围护结构构件隔声性能可对照相似类型建筑的要求评价。

设计评价查阅相关设计文件、构件隔声性能的实验室检验报告；运行评价查阅相关竣工图、构件隔声性能的实验室检验报告，并现场核实。

（3）采取减少噪声干扰的措施，评价总分值为4分，并按下列规则分别评分并累计：

①建筑平面、空间布局合理，没有明显的噪声干扰，得2分。

②采用同层排水或其他降低排水噪声的有效措施，使用率不小于50%，得2分。

解决民用建筑内的噪声干扰问题首先应从规划设计、单体建筑内的平面布置考虑。这就要求合理安排建筑平面和空间功能，并在设备系统设计时就考虑其噪声与振动控制措施。变配电房、水泵房等设备用房的位置不应放在住宅或重要房间的正下方或正上方。此外，卫生间排水噪声是影响正常工作生活的主要噪声，因此鼓励采用包括同层排水、旋流弯头等有效措施加以控制或改善。

设计评价查阅相关设计文件；运行评价查阅相关竣工图，并现场核实。

（4）公共建筑中的多功能厅、接待大厅、大型会议室和其他有声学要求的重要房间进行专项声学设计，满足相应功能要求，评价分值为3分。

多功能厅、接待大厅、大型会议室、讲堂、音乐厅、教室、餐厅和其他有声学要求的重要功能房间的各项声学设计指标应满足有关标准的要求。

专项声学设计应将声学设计目标在相关设计文件中注明。

设计评价查阅相关设计文件、声学设计专项报告；运行评价查阅声学设计专项报告、检测报告，并现场核实。

（5）建筑主要功能房间具有良好的户外视野，评价分值为3分。对居住建筑，其与相邻建筑的直接间距超过18 m；对公共建筑，其主要功能房间能通过外窗看到室外自然景观，无明显视线干扰。

窗户除了有自然通风和天然采光的功能外，还起到沟通内外的作用，良好的视野有助于居住者或使用者心情舒畅，提高效率。

对于居住建筑，主要判断建筑间距。根据国外经验，当两幢住宅楼居住空间的水平视线距离不低于18 m时即能基本满足要求。对于公共建筑，本条主要评价在规定的使用区域，主要功能房间都能看到室外自然环境，没有构筑物或周边建筑物造成明显视线干扰。对于公共建筑，非功能空间包括走廊、核心筒、卫生间、电梯间、特殊功能房间，其余的为功能房间。

设计评价查阅相关设文件；运行评价查阅相关竣工图，并现场核实。

（6）主要功能房间的采光系数满足现行国家标准《建筑采光设计标准》（GB 50033—2013）的要求，评价总分值为8分，并按下列规则评分：

①居住建筑：卧室、起居室的窗地面积比达到1/6，得6分；达到1/5，得8分；

②公共建筑：根据主要功能房间采光系数满足现行国家标准《建筑采光设计标准》（GB 50033—2013）要求的面积比例，按表3-20的规则评分，最高得8分。

表3-20　公共建筑主要功能房间采光评分规则

面积比例 R_A	得分
$60\% \leqslant R_A < 65\%$	4
$65\% \leqslant R_A < 70\%$	5
$70\% \leqslant R_A < 75\%$	6
$75\% \leqslant R_A < 80\%$	7
$R_A \geqslant 80\%$	8

充足的天然采光有利于居住者的生理和心理健康，同时也有利于降低人工照明能耗。各种光源的视觉试验结果表明，在同样照度的条件下，天然光的辨认能力优于人工光，从而有利于人们工作、生活、保护视力和提高劳动生产率。

设计评价查阅相关设计文件、计算分析报告；运行评价查阅相关竣工图、计算分析报告、检测报告，并现场核实。

（7）改善建筑室内天然采光效果，评价总分值为14分，并按下列规则分别评分并累计：

①主要功能房间有合理的控制眩光措施，得6分；

②内区采光系数满足采光要求的面积比例达到60%，得4分；

③根据地下空间平均采光系数不小于0.5%的面积与首层地下室面积的比例，按表3-21的规则评分，最高得4分。

表 3 – 21　地下空间采光评分规则

面积比例 R_A	得分
$5\% \leqslant R_A < 10\%$	1
$10\% \leqslant R_A < 15\%$	2
$15\% \leqslant R_A < 20\%$	3
$R_A \geqslant 20\%$	4

天然采光不仅有利于照明节能，而且有利于增加室内外的自然信息交流，改善空间卫生环境，调节空间使用者的心情。建筑的地下空间和大进深的地上室内空间，容易出现天然采光不足的情况。通过反光板、棱镜玻璃窗、天窗、下沉庭院等设计手法或采用导光管技术，可以有效改善这些空间的天然采光效果。

设计评价查阅相关设计文件、采光计算报告；运行评价查阅相关竣工图、采光计算报告、天然采光检测报告，并现场核实。

(8) 采取可调节遮阳措施，降低夏季太阳辐射得到的热量，评价总分值为 12 分。外窗和幕墙透明部分中，有可控遮阳调节措施的面积比例达到 25%，得 6 分；达到 50%，得 12 分。

可调遮阳措施包括活动外遮阳设施、永久设施(中空玻璃夹层智能内遮阳)、固定外遮阳加内部高反射率可调节遮阳等措施。对没有阳光直射的透明围护结构，不计入面积计算。

设计评价查阅相关设计文件、产品说明书、计算书；运行评价查阅相关竣工图、产品说明书、计算书，并现场核实。

(9) 供暖空调系统末端现场可独立调节，评价总分值为 8 分。供暖、空调末端装置可独立启停的主要功能房间数量比例达到 70%，得 4 分；达到 90%，得 8 分。

本条强调室内热舒适的调控性，包括主动式供暖空调末端的可调性及个性化的调节措施，总的目标是尽量地满足用户改善个人热舒适的差异化需求。对于集中供暖空调的住宅，比较容易达到要求。对于采用供暖空调系统的公共建筑，应根据房间、区域的功能和所采取的系统形式，合理设置可调末端装置。

设计评价查阅相关设计文件、产品说明书；运行评价查阅相关竣工图、产品说明书，并现场核实。

(10) 优化建筑空间、平面布局和构造设计，改善自然通风效果，评价总分值为 13 分，并按下列规则评分：

①居住建筑：按下列两项的规则分别评分并累计。

a. 通风开口面积与房间地板面积的比例在夏热冬暖地区达到 10%，在夏热冬冷地区达到 8%，在其他地区达到 5%，得 10 分；

b. 设有明卫，得 3 分。

主要通过通风开口面积与房间地板面积的比值进行简化判断。此外，卫生间是住宅内部的一个空气污染源，卫生间开设外窗有利于污浊空气的排放。

②公共建筑：根据在过渡季典型工况下主要功能房间平均自然通风换气次数不小于 2 次/h 的面积比例，按表 3 – 22 的规则评分，最高得 13 分。

表 3 – 22 公共建筑过渡季典型工况下主要功能房间自然通风评分规则

面积比例 R_R	得分
$60\% \leqslant R_R < 65\%$	6
$65\% \leqslant R_R < 70\%$	7
$70\% \leqslant R_R < 75\%$	8
$75\% \leqslant R_R < 80\%$	9
$80\% \leqslant R_R < 85\%$	10
$85\% \leqslant R_R < 90\%$	11
$90\% \leqslant R_R < 95\%$	12
$R_R \geqslant 95\%$	13

主要针对不容易实现自然通风的公共建筑(例如大进深内区、由于别的原因不能保证开窗通风面积满足自然通风要求的区域)进行了自然通风优化设计或创新设计,保证建筑在过渡季典型工况下平均自然通风换气次数大于 2 次/h(按面积计算)。对于高大空间,主要考虑 3 m 以下的活动区域)。本款可通过以下两种方式进行判断:

a. 在过渡季节典型工况下,自然通风房间可开启外窗净面积不得小于房间地板面积的 4%,建筑内区房间若通过邻接房间进行自然通风,其通风开口面积应大于该房间净面积的 8%,且不应小于 2.3 m²(数据源自美国 ASHRAE 标准 62.1)。

b. 对于复杂建筑,必要时需采用多区域网络法进行多房间自然通风量的模拟分析计算。

设计评价查阅相关设计文件、计算书、自然通风模拟分析报告;运行评价查阅相关竣工图、计算书、自然通风模拟分析报告,并现场核实。

(11)气流组织合理,评价总分值为 7 分,并按下列规则分别评分并累计:

①重要功能区域供暖、通风与空调工况下的气流组织满足热环境设计参数要求,得 4 分;

重要功能区域指的是主要功能房间,高大空间(如剧场、体育场馆、博物馆、展览馆等),以及对于气流组织有特殊要求的区域。

本条要求供暖、通风或空调工况下的气流组织应满足功能要求,避免冬季热风无法下降,气流短路或制冷效果不佳,确保主要房间的环境参数(温度、湿度分布,风速,辐射温度等)达标。公共建筑的暖通空调设计图纸应有专门的气流组织设计说明,提供射流公式校核报告,末端风口设计应有充分的依据,必要时应提供相应的模拟分析优化报告。对于住宅,应分析分体空调室内机位置与起居室床的关系是否会造成冷风直接吹到居住者、分体空调室外机设计是否形成气流短路或恶化室外传热等问题;对于土建与装修一体化设计施工的住宅,还应校核室内空调供暖时卧室和起居室室内热环境参数是否达标。设计评价主要审查暖通空调设计图纸,以及必要的气流组织模拟分析或计算报告。运行阶段检查典型房间的抽样实测报告。

②避免卫生间、餐厅、地下车库等区域的空气和污染物串通到其他空间或室外活动场所,得 3 分。

要求卫生间、餐厅、地下车库等区域的空气和污染物避免串通到室内别的空间或室外活动场所。住区内尽量将厨房和卫生间设置于建筑单元(或户型)自然通风的负压侧,防止厨房或卫生间的气味因主导风反灌进入室内,而影响室内空气质量。同时,可以对不同功能房间保证一定压差,避免气味散发量大的空间(比如卫生间、餐厅、地下车库等)的气味或污染物串入到室内别的空间或室外主要活动场所。卫生间、餐厅、地下车库等区域如设置机械排风,应保证负压,还应注意其取风口和排风口的位置,避免短路或污染。运行评价需现场核查或检测。

设计评价查阅相关设计文件、气流组织模拟分析报告;运行评价查阅相关竣工图、气流组织模拟分析报告或检测报告,并现场核实。

(12)主要功能房间中人员密度较高且随时间变化大的区域设置室内空气质量监控系统,评价总分值为 8 分,并按下列规则分别评分并累计:

①对室内的二氧化碳浓度进行数据采集、分析,并与通风系统联动,得 5 分;

②实现室内污染物浓度超标实时报警,并与通风系统联动,得 3 分。

人员密度较高且随时间变化大的区域,指设计人员密度超过 0.25 人/m^2,设计总人数超过 8 人,且人员随时间变化大的区域。二氧化碳检测技术比较成熟、使用方便,但甲醛、氨、苯、VOC 等空气污染物的浓度监测比较复杂,使用不方便,而有些简便方法却不成熟,受环境条件变化影响大。对二氧化碳,要求检测进、排风设备的工作状态,并与室内空气污染监测系统关联,实现自动通风调节。对甲醛、颗粒物等其他污染物,要求可以超标实时报警。

本条包括对室内的要求二氧化碳浓度监控,即应设置与排风联动的二氧化碳检测装置,当传感器监测到室内 CCV 浓度超过一定量值时,进行报警,同时自动启动排风系统。室内 CCV 浓度的设定量值可参考国家标准《室内空气中二氧化碳卫生标准》(GB/T 17094—1997)(2000 mg/m^3)等相关标准的规定。

设计评价查阅相关设计文件;运行评价查阅相关竣工图、运行记录,并现场核实。

(13)地下车库设置与排风设备联动的一氧化碳浓度监测装置,评价分值为 5 分。

地下车库空气流通不好,容易导致有害气体浓度过大,对人体造成伤害。有地下车库的建筑,车库设置与排风设备联动的一氧化碳检测装置,超过一定的量值时需报警,并立刻启动排风系统。所设定的量值可参考国家标准《工作场所有害因素职业接触限值》(GBZ2.1—2007)(一氧化碳的短时间接触容许浓度上限为 30 mg/m^3)等相关标准的规定。

设计评价查阅相关设计文件;运行评价查阅相关竣工图、运行记录,并现场核实。

3.2.8　施工管理

1.控制项

(1)应建立绿色建筑项目施工管理体系和组织机构,并落实各级责任人。

项目部成立专门的绿色建筑施工管理组织机构,完善管理体系和制度建设,根据预先设定的绿色建筑施工总目标,进行目标分解、实施和考核活动。比选优化施工方案,制定相应施工计划并严格执行,要求措施、进度和人员落实,实行过程和目标双控。项目经理为绿色施工第一责任人,负责绿色施工的组织实施及目标实现,并指定绿色建筑施工各级管理人员和监督人员。

本条的评价方法为查阅该项目组织机构的相关制度文件,在施工过程中各种主要活动的可证明记录,包括可证明时间、人物、事件的纸质和电子文件、影像资料等。

（2）施工项目部应制定施工全过程的环境保护计划，并组织实施。

建筑施工过程是对工程场地的一个改造过程，不但改变了场地的原始状态，而且对周边环境造成影响，包括水土流失、土壤污染、扬尘、噪声、污水排放、光污染等。为了有效减小施工对环境的影响，应制定施工全过程的环境保护计划，明确施工中各相关方应承担的责任，将环境保护措施落实到具体责任人；实施过程中开展定期检查，保证环境保护目标的实现。

本条的评价方法为查阅环境保护计划书、施工单位 ISO 14001 文件、环境保护实施记录文件(包括责任人签字的检查记录、照片或图像等)、可能有的当地环保局或建委等有关主管部门对环境影响因子如扬尘、噪声、污水排放评价的达标证明。

（3）施工项目部应制定施工人员职业健康安全管理计划，并组织实施。

建筑施工过程中应加强对施工人员的健康安全保护。建筑施工项目部应编制"职业健康安全管理计划"，并组织落实，保障施工人员的健康与安全。

本条的评价方法为查阅职业健康安全管理计划、施工单位 OHSAS 8000 职业健康与安全体系文件、现场作业危险源清单及其控制计划、现场作业人员个人防护用品配备及发放台账，必要时核实劳动保护用品或器具进货单。

（4）施工前应进行设计文件中绿色建筑重点内容的专项会审。

施工建设将绿色设计转化成绿色建筑。在这一过程中，参建各方应对设计文件中绿色建筑重点内容正确理解与准确把握。施工前由参建各方进行专业会审时，应对保障绿色建筑性能的重点内容逐一进行。

本条的评价方法为运行评价查阅各专业设计文件专项会审记录。设计评价预审时，查阅各专业设计文件说明。

2. 评分项

（1）采取洒水、覆盖、遮挡等降尘措施，评价分值为 6 分。

施工扬尘是最主要的大气污染源之一。施工中应采取降尘措施，降低大气总悬浮颗粒物浓度。施工中的降尘措施包括对易飞扬物质的洒水、覆盖、遮挡，对出入车辆的清洗、封闭，对易产生扬尘施工工艺的降尘措施等。在工地建筑结构脚手架外侧设置密目防尘网或防尘布，具有很好的扬尘控制效果。

本条的评价方法为查阅降尘计算书、降尘措施实施记录。

（2）采取有效的降噪措施。在施工场界测量并记录噪声，满足现行国家标准《建筑施工场界环境噪声排放标准》(GB 12523—2011)的规定，评价分值为 6 分。

施工产生的噪声是影响周边居民生活的主要因素之一，也是居民投诉的主要对象。国家标准《建筑施工场界环境噪声排放标准》(GB 12523—2011)对噪声的测量、限值作出了具体的规定，是施工噪声排放管理的依据。为了减低施工噪声排放，应该采取降低噪声和噪声传播的有效措施，包括采用低噪声设备，运用吸声、消声、隔声、隔振等降噪措施，降低施工机械噪声。

本条的评价方法为查阅降噪计划书、场界噪声测量记录。

（3）制定并实施施工废弃物减量化、资源化计划，评价总分值为 10 分，并按下列规则分别评分并累计：

①制定施工废弃物减量化、资源化计划，得 3 分；

②可回收施工废弃物的回收率不小于 80%，得 3 分；

③根据每 10000 m² 建筑面积的施工固体废弃物排放量，按表 3 - 23 的规则评分，最高得 4 分。

表 3 - 23　施工固体废弃物排放量评分规则

每 10000 m² 建筑面积的施工固体废弃物排放量 SW_c	得分
350 t < SW_c ≤ 400 t	1
300 t < SW_c ≤ 350 t	3
SW_c ≤ 300 t	4

目前建筑施工废弃物的数量很大，堆放或填埋均占用大量的土地；对环境产生很大的影响，包括建筑垃圾的淋滤液渗入土层和含水层，破坏土壤环境，污染地下水，有机物质发生分解产生有害气体，污染空气；同时建筑施工废弃物的产出，也意味着资源的浪费。因此减少建筑施工废弃物产出，涉及节地、节能、节材和保护环境这样一个可持续发展的综合性问题。施工废弃物减量化应在材料采购、材料管理、施工管理的全过程实施。施工废弃物应分类收集、集中堆放，尽量回收和再利用。

建筑施工废弃物包括工程施工产生的各类施工废料，有的可回收，有的不可回收，不包括基坑开挖的渣土。

本条的评价方法为查阅建筑施工废弃物减量化、资源化计划，建筑施工废弃物回收单据，各类建筑材料进货单，各类工程量结算清单，统计计算的每 10000 m² 建筑面积的施工固体废弃物排放量。

（4）制定并实施施工节能和用能方案，监测并记录施工能耗，评价总分值为 8 分，并按下列规则分别评分并累计：

①制定并实施施工节能和用能方案，得 1 分；

②监测并记录施工区、生活区的能耗，得 3 分；

③监测并记录主要建筑材料、设备从供货商提供的货源地到施工现场运输的能耗，得 3 分；

④监测并记录建筑施工废弃物从施工现场到废弃物处理/回收中心运输的能耗，得 1 分。

施工过程中的用能，是建筑全寿命期能耗的组成部分。由于建筑结构、高度、所在地区等的不同，建成每平方米建筑的用能量有显著的差异。施工中应制定节能和用能方案，提出建成每平方米建筑能耗目标值，预算各施工阶段用电负荷，合理配置临时用电设备，尽量避免多台大型设备同时使用。合理安排工序，提高各种机械的使用率和满载率，降低各种设备的单位耗能。做好建筑施工能耗管理，包括现场耗能与运输耗能。为此应该做好能耗监测、记录，用于指导施工过程中的能源节约。竣工时提供施工过程能耗记录和建成每平方米建筑实际能耗值，为施工过程的能耗统计提供基础数据。

记录主要建筑材料运输耗能，是指有记录的建筑材料占所有建筑材料重量的 85% 以上。

本条的评价方法为查阅施工节能和用能方案，用能监测记录，统计计算的建成每平方米建筑能耗值，有关证明材料。

（5）制定并实施施工节水和用水方案，监测并记录施工水耗，评价总分值为8分，并按下列规则分别评分并累计：

①制定并实施施工节水和用水方案，得2分；

②监测并记录施工区、生活区的水耗数据，得4分；

③监测并记录基坑降水的抽取量、排放量和利用量数据，得2分。

施工过程中的用水，是建筑全寿命期水耗的组成部分。由于建筑结构、高度、所在地区等的不同，建成每平方米建筑的用水量有显著的差异。施工中应制定节水和用水方案，提出建成每平方米建筑水耗目标值。为此应该做好水耗监测、记录，用于指导施工过程中的节水。竣工时提供施工过程水耗记录和建成每平方米建筑实际水耗值，为施工过程的水耗统计提供基础数据。

基坑降水抽取的地下水量大，要合理设计基坑开挖，减少基坑水排放。配备地下水存储设备，合理利用抽取的基坑水。记录基坑降水的抽取量、排放量和利用量数据。对于洗刷、降尘、绿化、设备冷却等用水来源，应尽量采用非传统水源。具体包括工程项目中使用的中水、基坑降水、工程使用后收集的沉淀水以及雨水等。

本条的评价方法为查阅施工节水和用水方案，统计计算的用水监测记录，建成每平方米建筑水耗值，有关证明材料。

（6）减少预拌混凝土的损耗，评价总分值为6分。损耗率降低至1.5%，得3分；降低至1.0%，得6分。

对不使用预拌混凝土的项目，本条不参评。减少混凝土损耗、降低混凝土消耗量是施工中节材的重点内容之一。我国各地方的工程量预算定额，一般规定预拌混凝土的损耗率是1.5%，但在很多工程施工中超过了1.5%，甚至达到了2%~3%，因此有必要对预拌混凝土的损耗率提出要求。本条参考有关定额标准及部分实际工程的调查数据，对损耗率分档评分。

本条的评价方法为运行评价查阅混凝土用量结算清单、预拌混凝土进货单，统计计算的预拌混凝土损耗率。设计评价预审时，查阅减少损耗的措施计划。

（7）采取措施降低钢筋损耗，评价总分值为8分，并按下列规则评分：

①80%以上的钢筋采用专业化生产的成型钢筋，得8分；

②根据现场加工钢筋损耗率，按表3-24的规则评分，最高得8分。

表3-24 现场加工钢筋损耗率评分规则

现场加工钢筋损耗率 LR_{sb}	得分
$3.0\% < LR_{sb} \leqslant 4.0\%$	4
$1.5\% < LR_{sb} \leqslant 3.0\%$	6
$LR_{sb} \leqslant 1.5\%$	8

对不使用钢筋的项目，本条得8分。钢筋是混凝土结构建筑的大宗消耗材料。钢筋浪费是建筑施工中普遍存在的问题，设计、施工不合理都会造成钢筋浪费。我国各地方的工程量预算定额，根据钢筋的规格不同，一般规定的损耗率为2.5%~4.5%。根据对国内施工项目

的初步调查,施工中实际钢筋浪费率约为 6%。因此有必要对钢筋的损耗率提出要求。

专业化生产是指将钢筋用自动化机械设备按设计图纸要求加工成钢筋半成品,并进行配送的生产方式。钢筋专业化生产不仅可以通过统筹套裁节约钢筋,还可减少现场作业、降低加工成本、提高生产效率、改善施工环境和保证工程质量。

本条参考有关定额及部分实际工程的调查数据,对现场加工钢筋损耗率分档评分。

本条的评价方法为运行评价查阅专业化生产成型钢筋用量结算清单、成型钢筋进货单,统计计算的成型钢筋使用率,现场钢筋加工的钢筋工程量清单、钢筋用量结算清单,钢筋进货单,统计计算的现场加工钢筋损耗率。设计评价预审时,查阅采用专业化加工的建议文件,如条件具备情况、有无加工厂、运输距离等。

(8)使用工具式定型模板,增加模板周转次数,评价总分值为 10 分。根据工具式定型模板使用面积占模板工程总面积的比例按表 3 - 25 的规则评分。

表 3 - 25　工具式定型模板使用率评分规则

工具式定型模板使用面积占模板工程总面积的比例 R_{sf}	得分
50% ≤ R_{sf} < 70%	6
70% ≤ R_{sf} < 85%	8
R_{sf} ≥ 85%	10

建筑模板是混凝土结构工程施工的重要工具。我国的木胶合板模板和竹胶合板模板发展迅速,目前两者与钢模板已成三足鼎立之势。

散装、散拆的木(竹)胶合板模板施工技术落后,模板周转次数少,费工费料,造成资源的大量浪费。同时,废模板形成大量的废弃物,对环境造成负面影响。

工具式定型模板,采用模数制设计,可以通过定型单元,包括平面模板、内角模板、外角模板以及连接件等,在施工现场拼装成多种形式的混凝土模板。它既可以一次拼装,多次重复使用;又可以灵活拼装,随时变化拼装模板的尺寸。定型模板的使用,提高了周转次数,减少了废弃物的产出,是模板工程绿色技术的发展方向。

本条用定型模板使用面积占模板工程总面积的比例进行分档评分。

本条的评价方法为查阅模板工程施工方案,定型模板进货单或租赁合同,模板工程量清单,以及统计计算的定型模板使用率。

(9)实施设计文件中绿色建筑重点内容,评价总分值为 4 分,并按下列规则分别评分并累计:

①进行绿色建筑重点内容的专项交底,得 2 分;

②施工过程中以施工日志记录绿色建筑重点内容的实施情况,得 2 分。

施工是把绿色建筑由设计转化为实体的重要过程,为此施工单位应进行专项交底,落实绿色建筑重点内容。

本条的评价方法为查阅施工单位绿色建筑重点内容的交底记录、施工日志。

(10)严格控制设计文件变更,避免出现降低建筑绿色性能的重大变更,评价分值为 4 分。

绿色建筑设计文件经审查后，在建造过程中往往可能需要进行变更，这样有可能使绿色建筑的相关指标发生变化。本条旨在强调，在建造过程中严格执行审批后的设计文件，若在施工过程中出于整体建筑功能要求，对绿色建筑设计文件进行变更，但不显著影响该建筑绿色性能，其变更可按照正常的程序进行。设计变更应存留完整的资料档案，作为最终评审时的依据。

本条的评价方法为查阅各专业设计文件变更文件、洽商记录、会议纪要、施工日志记录。

（11）施工过程中采取相关措施保证建筑的耐久性，评价总分值为8分，并按下列规则分别评分并累计：

①对保证建筑结构耐久性的技术措施进行相应检测并记录，得3分；

②对有节能、环保要求的设备进行相应检验并记录，得3分；

③对有节能、环保要求的装修装饰材料进行相应检验并记录，得2分。

建筑使用寿命的延长意味着更好地节约能源资源。建筑结构耐久性指标，决定着建筑的使用年限。施工过程中，应根据绿色建筑设计文件和有关标准的要求，对保障建筑结构耐久性相关措施进行检测。检测结果是竣工验收及绿色建筑评价时的重要依据。

对绿色建筑的装修装饰材料、设备，应按照相应标准进行检测。

本条规定的检测，可采用实施各专业施工、验收规范所进行的检测结果。也就是说，不必专门为绿色建筑实施额外的检测。

本条的评价方法为查阅建筑结构耐久性施工专项方案和检测报告，有关装饰装修材料、设备的进场检验记录和有关的检测报告。

（12）实现土建装修一体化施工，评价总分值为14分，并按下列规则分别评分并累计：

①工程竣工时主要功能空间的使用功能完备，装修到位，得3分；

②提供装修材料检测报告、机电设备检测报告、性能复试报告，得4分；

③提供建筑竣工验收证明、建筑质量保修书、使用说明书，得4分；

④提供业主反馈意见书，得3分。

实践中，可由建设单位统一组织建筑主体工程和装修施工，也可由建设单位提供菜单式的装修做法由业主选择，统一进行图纸设计、材料购买和施工。在选材和施工方面尽可能采取工业化制造，具备稳定性、耐久性、环保性和通用性的设备和装修装饰材料，从而在工程竣工验收时室内装修一步到位，避免破坏建筑构件和设施。

本条的评价方法为运行评价查阅主要功能空间竣工验收时的实景照片及说明、装修材料、机电设备检测报告、性能复试报告、建筑竣工验收证明、建筑质量保修书、使用说明书、业主反馈意见书。设计评价预审时，查阅土建装修一体化设计图纸、效果图。

（13）工程竣工验收前，由建设单位组织有关责任单位，进行机电系统的综合调试和联合试运转，结果符合设计要求，评价分值为8分。

随着技术的发展，现代建筑的机电系统越来越复杂。本条强调系统综合调试和联合试运转的目的，就是让建筑机电系统的设计、安装和运行达到设计目标，保证绿色建筑的运行效果。主要内容包括制定完整的机电系统综合调试和联合试运转方案，对通风空调系统、空调水系统、给排水系统、热水系统、电气照明系统、动力系统的综合调试过程以及联合试运转过程。建设单位是机电系统综合调试和联合试运转的组织者，根据工程类别、承包形式，建设单位也可以委托代建公司和施工总承包单位组织机电系统综合调试和联合试运转。

本条的评价方法为运行评价查阅设计文件中机电系统的综合调试和联合试运转方案、技术要点、施工日志、调试运转记录。设计评价预审时，查阅设计方提供的综合调试和联合试运转技术要点文件。

3.2.9　运营管理

1. 控制项

（1）应制定并实施节能、节水、节材、绿化管理制度。

物业管理机构应提交节能、节水、节材与绿化管理制度，并说明实施效果。节能管理制度主要包括节能方案、节能管理模式和机制、分户分项计量收费等。节水管理制度主要包括节水方案、分户分类计量收费、节水管理机制等。耗材管理制度主要包括维护和物业耗材管理。绿化管理制度主要包括苗木养护、用水计量和化学药品的使用制度等。

本条的评价方法为查阅物业管理机构节能、节水、节材与绿化管理制度文件，日常管理记录，并现场核查。

（2）应制定垃圾管理制度，合理规划垃圾物流，对生活废弃物进行分类收集，垃圾容器设置规范。

建筑运行过程中产生的生活垃圾有家具、电器等大件垃圾，有纸张、塑料、玻璃、金属、布料等可回收利用垃圾，有剩菜剩饭、骨头、菜根菜叶、果皮等厨余垃圾，有含有重金属的电池、废弃灯管、过期药品等有害垃圾，还有装修或维护过程中产生的渣土、砖石和混凝土碎块、金属、竹木材等废料。首先，根据垃圾处理要求等确立分类管理制度和必要的收集设施，并对垃圾的收集、运输等进行整体的合理规划，合理设置小型有机厨余垃圾处理设施。其次，制定包括垃圾管理运行操作手册、管理设施、管理经费、人员配备及机构分工、监督机制、定期的岗位业务培训和突发事件的应急处理系统等内容的垃圾管理制度。最后，垃圾容器应具有密闭性能，其规格和位置应符合国家有关标准的规定，其数量、外观色彩及标志应符合垃圾分类收集的要求，并置于隐蔽、避风处，与周围景观相协调，坚固耐用，不易倾倒，防止垃圾无序倾倒和二次污染。

本条的评价方法为运行评价查阅建筑、环卫等专业的垃圾收集、处理设施的竣工文件，垃圾管理制度文件，垃圾收集、运输等的整体规划，并现场核查。设计评价预审时，查阅垃圾物流规划、垃圾容器设置等文件。

（3）运行过程中产生的废气、污水等污染物应达标排放。

需要通过合理的技术措施和排放管理手段，杜绝建筑运行过程中相关污染物的不达标排放。相关污染物的排放应符合现行标准《大气污染物综合排放标准》（GB 16297—1996）、《锅炉大气污染物排放标准》（GB 13271—2014）、《饮食业油烟排放标准》（GB 18483—2001）、《污水综合排放标准》（GB 8978—1996）、《医疗机构水污染物排放标准》（GB 18466—2005）、《污水排入城镇下水道水质标准》（GB/T 31962—2015）、《社会生活环境噪声排放标准》（GB 22337—2008）、《制冷空调设备和系统减少卤代制冷剂排放规范》（GB/T 26205—2010）等的规定。

本条的评价方法为查阅污染物排放管理制度文件，项目运行期排放废气、污水等污染物的排放检测报告，并现场核查。

（4）节能、节水设施应工作正常，且符合设计要求。

绿色建筑设置的节能、节水设施，如热能回收设备、地源/水源热泵、太阳能光伏发电设备、太阳能热水设备、遮阳设备、雨水收集处理设备等，均应工作正常，才能使预期的目标得以实现。

本条的评价方法是查阅节能、节水设施的竣工文件、运行记录，并现场核查设备系统的工作情况。

（5）供暖、通风、空调、照明等设备的自动监控系统应工作正常，且运行记录完整。

需对绿色建筑的上述系统及主要设备进行有效的监测，对主要运行数据进行实时采集并记录；并对上述设备系统按照设计要求进行自动控制，通过在各种不同运行工况下的自动调节来降低能耗。对于建筑面积 2×10^4 m^2 以下的公共建筑和建筑面积 1×10^6 m^2 以下的住宅区公共设施的监控，可以不设建筑设备自动监控系统，但应设简易有效的控制措施。

本条的评价方法是运行评价查阅设备自控系统竣工文件、运行记录，并现场核查设备及其自控系统的工作情况。设计评价预审时，查阅建筑设备自动监控系统的监控点数。

2. 评分项

（1）物业管理机构获得有关管理体系认证，评价总分值为 10 分，并按下列规则分别评分并累计：

①具有 ISO 14001 环境管理体系认证，得 4 分；

②具有 ISO 9001 质量管理体系认证，得 4 分；

③具有现行国家标准《能源管理体系要求》（GB/T 23331—2012）的能源管理体系认证，得 2 分。

物业管理机构通过 ISO 14001 环境管理体系认证，是提高环境管理水平的需要，可达到节约能源、降低消耗、减少环保支出、降低成本的目的，减少由于污染事故或违反法律、法规所造成的环境风险。

物业管理具有完善的管理措施，定期进行物业管理人员的培训。ISO 9001 质量管理体系认证可以促进物业管理机构质量管理体系的改进和完善，提高其管理水平和工作质量。

《能源管理体系要求》（GB/T 23331—2012）是在组织内建立起完整有效的、形成文件的能源管理体系，注重过程的控制，优化组织的活动、过程及其要素，通过管理措施，不断提高能源管理体系持续改进的有效性，实现能源管理方针和预期的能源消耗或使用目标。

本条的评价方法为查阅相关认证证书和相关的工作文件。

（2）节能、节水、节材、绿化的操作规程、应急预案完善且有效实施，评价总分值为 8 分，并按下列规则分别评分并累计：

①相关设施的操作规程在现场明示，操作人员严格遵守规定，得 6 分；

②节能、节水设施运行具有完善的应急预案，得 2 分。

节能、节水、节材、绿化管理制度是指导操作管理人员工作的指南，应挂在各个操作现场的墙上，促使操作人员严格遵守，以有效保证工作的质量。

可再生能源系统、雨废水回用系统等节能、节水设施的运行维护技术要求高，维护的工作量大，无论是自行运维还是购买专业服务，都需要建立完善的管理制度及应急预案。日常运行中应做好记录。

本条的评价方法为查阅相关管理制度、操作规程、应急预案、操作人员的专业证书、节能节水设施的运行记录，并现场核查。

（3）实施能源资源管理激励机制，管理业绩与节约能源资源、提高经济效益挂钩，评价总分值为 6 分，并按下列规则分别评分并累计：

①物业管理机构的工作考核体系中包含能源资源管理激励机制，得 3 分；

②与租用者的合同中包含节能条款，得 1 分；

③采用合同能源管理模式，得 2 分。

管理是运行节约能源、资源的重要手段，必须在管理业绩上与节能、节约资源情况挂钩。因此要求物业管理机构在保证建筑的使用性能要求、投诉率低于规定值的前提下，实现其经济效益与建筑用能系统的耗能状况、水资源和各类耗材等的使用情况直接挂钩。采用合同能源管理模式更是节能的有效方式。

本条的评价方法为查阅物业管理机构的工作考核体系文件、业主和租用者以及管理企业之间的合同。

（4）建立绿色教育宣传机制，编制绿色设施使用手册，形成良好的绿色氛围，评价总分值为 6 分，并按下列规则分别评分并累计：

①有绿色教育宣传工作记录，得 2 分；

③向使用者提供绿色设施使用手册，得 2 分；

③相关绿色行为与成效获得公共媒体报道，得 2 分。

在建筑物长期的运行过程中，用户和物业管理人员的意识与行为，直接影响绿色建筑的目标实现，因此需要坚持倡导绿色理念与绿色生活方式的教育宣传制度，培训各类人员正确使用绿色设施，形成良好的绿色行为与风气。

本条的评价方法为查阅绿色教育宣传的工作记录与报道记录，绿色设施使用手册。

（5）定期检查、调试公共设施设备，并根据运行检测数据进行设备系统的运行优化，评价总分值为 10 分，并按下列规则分别评分并累计：

①具有设施设备的检查、调试、运行、标定记录，且记录完整，得 7 分；

②制定并实施设备能效改进方案，得 3 分。

保持建筑物与居住区的公共设施设备系统运行正常，是绿色建筑实现各项目标的基础。机电设备系统的调试不仅限于新建建筑的试运行和竣工验收，而应是一项持续性、长期性的工作。因此，物业管理机构有责任定期检查、调试设备系统，标定各类检测器的准确度，根据运行数据或第三方检测的数据，不断提升设备系统的性能，提高建筑物的能效管理水平。

本条的评价方法是查阅相关设备的检查、调试、运行、标定记录，以及能效改进方案等文件。

（6）对空调通风系统进行定期检查和清洗，评价总分值为 6 分，并按下列规则分别评分并累计：

①制定空调通风设备和风管的检查和清洗计划，得 2 分；

②实施前款中的检查和清洗计划，且记录保存完整，得 4 分。

随着国民经济的发展和人民生活水平的提高，中央空调与通风系统已成为许多建筑中的一项重要设施。对于使用空调可能会造成疾病转播（如军团菌、非典等）的认识也不断提高，从而深刻意识到了清洗空调系统，不仅可省系统运行能耗、延长系统的使用寿命，还可保证室内空气品质，降低疾病产生和传播的可能性。空调通风系统清洗的范围应包括系统中的换热器、过滤器，通风管道与风口等，清洗工作符合《空调通风系统清洗规范》（GB 19210—

2003）的要求。

本条的评价方法是查阅物业管理措施、清洗计划和工作记录。

（7）非传统水源的水质和用水量记录完整、准确，评价总分值为4分，并按下列规则分别评分并累计：

①定期进行水质检测，记录完整、准确，得2分；

②用水量记录完整、准确，得2分。

使用非传统水源的场合，其水质的安全性十分重要。为保证合理使用非传统水源，实现节水目标，必须定期对使用的非传统水源的水质进行检测，并对其水质和用水量进行准确记录。所使用的非传统水源应满足现行国家标准《城市污水再生利用城市杂用水水质标准》（GB/T 18920—2002）的要求。非传统水源的水质检测间隔不应大于1个月，同时，应提供非传统水源的供水量记录。

本条的评价方法为运行评价查阅非传统水源的检测、计量记录。设计评价预审时，查阅非传统水源的水表设计文件。

（8）智能化系统的运行效果满足建筑运行与管理的需要，评价总分值为12分，并按下列规则分别评分并累计：

①居住建筑的智能化系统满足现行行业标准《居住区智能化系统配置与技术要求》（CJ/T 174—2003）的基本配置要求，公共建筑的智能化系统满足现行国家标准《智能建筑设计标准》（GB/T 50314—2006）的基础配置要求，得6分；

②智能化系统工作正常，符合设计要求，得6分。

通过智能化技术与绿色建筑其他方面技术的有机结合，可望有效提升建筑的综合性能。由于居住建筑/居住区和公共建筑的使用特性与技术需求差别较大，故其智能化系统的技术要求也有所不同，但系统设计上均要求达到基本配置。此外，还对系统工作运行情况也提出了要求。居住建筑智能化系统应满足《居住区智能化系统配置与技术要求》（CJ/T 174—2003）的基本配置要求，主要评价内容为居住区安全技术防范系统、住宅信息通信系统、居住区建筑设备监控管理系统、居住区监控中心等。

公共建筑的智能化系统应满足《智能建筑设计标准》（GB/T 50314—2006）的基础配置要求，主要评价内容为安全技术防范系统、信息通信系统、建筑设备监控管理系统、安（消）防监控中心等。国家标准《智能建筑设计标准》（GB/T 50314—2006）以系统合成配置的综合技术功效对智能化系统工程标准等级予以了界定，绿色建筑应达到其中的应选配置（即符合建筑基本功能的基础配置）的要求。

本条的评价方法是运行评价查阅智能化系统竣工文件、验收报告及运行记录，并现场核查。设计评价预审时，查阅安全技术防范系统、信息通信系统、建筑设备监控管理系统、监控中心等设计文件。

（9）应用信息化手段进行物业管理，建筑工程、设施、设备、部品、能耗等档案及记录齐全，评价总分值为10分，并按下列规则分别评分并累计：

①设置物业管理信息系统，得5分；

②物业管理信息系统功能完备，得2分；

③记录数据完整，得3分。

信息化管理是实现绿色建筑物业管理定量化、精细化的重要手段，对保障建筑的安全、舒适、高效及节能环保的运行效果,提高物业管理水平和效率,具有重要作用。采用信息化手段建立完善的建筑工程及设备、能耗监管、配件档案及维修记录是极为重要的。要求相关的运行记录数据均为智能化系统输出的电子文档。应提供至少一年的用水量、用电量、用气量、用冷热量的数据,作为评价的依据。

本条的评价方法为查阅针对建筑物及设备的配件档案和维修的信息记录,能耗分项计量和监管的数据,并现场核查物业管理信息系统。

(10)采用无公害病虫害防治技术,规范杀虫剂、除草剂、化肥、农药等化学品的使用,有效避免对土壤和地下水环境的损害,评价总分值为6分,并按下列规则分别评分并累计:

①建立和实施化学品管理责任制,得2分;

②病虫害防治用品使用记录完整,得2分;

③采用生物制剂、仿生制剂等无公害防治技术,得2分。

无公害病虫害防治是降低城市及社区环境污染、维护城市及社区生态平衡的一项重要举措。对于病虫害,应坚持以物理防治、生物防治为主,化学防治为辅,并加强预测预报。因此,一方面要提倡采用生物制剂、仿生制剂等无公害防治技术,另一方面规范杀虫剂、除草剂、化肥、农药等化学品的使用,防止环境污染,促进生态可持续发展。

本条的评价方法为查阅化学品管理制度文件、病虫害防治用品的进货清单与使用记录,并现场核查。

(11)栽种和移植的树木一次成活率大于90%,植物生长状态良好,评价总分值为6分,并按下列规则分别评分并累计:

①工作记录完整,得4分;

②现场观感良好,得2分。

对绿化区做好日常养护,保证新栽种和移植的树木有较高的一次成活率。发现危树、枯死树木应及时处理。

本条的评价方法为查阅绿化管理制度、工作记录,并现场核实和用户调查。

(12)垃圾收集站(点)及垃圾间不污染环境,不散发臭味,评价总分值为6分,并按下列规则分别评分并累计:

①垃圾站(间)定期冲洗,得2分;

②垃圾及时清运、处置,得2分;

③周边无臭味,用户反映良好,得2分。

重视垃圾收集站点与垃圾间的景观美化及环境卫生问题,用以提升生活环境的品质。垃圾站(间)设冲洗和排水设施,并定期进行冲洗、消杀;存放垃圾能及时清运,并做到垃圾不散落、不污染环境、不散发臭味。本条所指的垃圾站(间),还应包括生物降解垃圾处理房等类似功能间。

本条的评价方法为运行评价现场考察,必要时开展用户抽样调查。设计评价评审时,查阅垃圾收集站点、垃圾间等冲洗、排水设施设计文件。

(13)实行垃圾分类收集和处理,评价总分值为10分,并按下列规则分别评分并累计:

①垃圾分类收集率达到90%,得4分;

②可回收垃圾的回收比例达到90%,得2分;

③对可生物降解垃圾进行单独收集和合理处置,得2分;

④对有害垃圾进行单独收集和合理处置，得2分。

垃圾分类收集就是在源头将垃圾分类投放，并通过分类的清运和回收使之分类处理或重新变成可用资源，减少垃圾的处理量，减少运输和处理过程中的成本。除要求垃圾分类收集率外，还分别对可回收垃圾、可生物降解垃圾（有机厨余垃圾）提出了明确要求。需要说明的是，对有害垃圾必须单独收集、单独运输、单独处理，这是《环境卫生设施设置标准》（CJJ 27—2015）的强制性要求。

本条的评价方法为查阅垃圾管理制度文件、各类垃圾收集和处理的工作记录，并进行现场核查，必要时开展用户抽样调查。

3.2.10 提高与创新

1. 一般规定

（1）绿色建筑评价时，应按本章规定对加分项进行评价。加分项包括性能提高和创新两部分。

绿色建筑全寿命期内各环节和阶段，都有可能在技术、产品选用和管理方式上进行性能提高和创新。为鼓励性能提高和创新，在各环节和阶段采用先进、适用、经济的技术、产品和管理方式，本次修订增设了相应的评价项目。比照"控制项"和"评分项"，本标准中将此类评价项目称为"加分项"。

本次修订增设的加分项内容，有的在属性分类上属于性能提高，如采用高性能的空调设备、建筑材料、节水装置等，鼓励采用高性能的技术、设备或材料；有的在属性分类上属于创新，如建筑信息模型（BIM）、碳排放分析计算、技术集成应用等，鼓励在技术、管理、生产方式等方面的创新。

（2）加分项的附加得分为各加分项得分之和。当附加得分大于10分时，应取为10分。

考虑到与绿色建筑总得分要求的平衡，以及加分项对建筑"四节一环保"性能的贡献，本标准对加分项附加得分做了不大于10分的限制。附加得分与加权得分相加后得到绿色建筑总得分，作为确定绿色建筑等级的最终依据。某些加分项是对前面章节中评分项的提高，符合条件时，加分项和相应评分项可都得分。

2. 加分项

（1）围护结构热工性能比国家现行相关建筑节能设计标准的规定高20%，或者供暖空调全年计算负荷降低幅度达到15%，评价分值为2分。

围护结构的热工性能提高，对于绿色建筑的节能与能源利用影响较大，而且也对室内环境质量有一定影响。为便于操作，参照国家有关建筑节能设计标准的做法，分别提供了规定性指标和性能化计算两种可供选择的达标方法。

设计评价查阅相关设计文件、计算分析报告；运行评价查阅相关竣工图、计算分析报告，并现场核实。

（2）供暖空调系统的冷、热源机组能效均优于现行国家标准《公共建筑节能设计标准》（GB 50189—2015）的规定以及现行有关国家标准能效节能评价值的要求，评价分值为1分。对电机驱动的蒸气压缩循环冷水（热泵）机组，直燃型和蒸汽型溴化锂吸收式冷（温）水机组，单元式空气调节机、风管送风式和屋顶式空调机组，多联式空调（热泵）机组，燃煤、燃油和燃气锅炉，其能效指标比现行国家标准《公共建筑节能设计标准》（GB 50189—2015）规定值的提高或降低幅度满足表3-26的要求；对房间空气调节器和家用燃气热水炉，其能效等级满足现行有关国家标准规定的1级要求。

表3-26 冷、热源机组能效指标比现行国家标准《公共建筑节能设计标准》
（GB 50189—2015）的提高或降低幅度

机组类型		能效指标	提高或降低幅度
电机驱动的蒸气压缩循环冷水（热泵）机组		制冷性能系数（COP）	提高12%
溴化锂吸收式冷水机组	直燃型	制冷、供热性能系数（COP）	提高12%
	蒸汽型	单位制冷量蒸汽耗量	降低12%
单元式空气调节机、风管送风式和屋顶式空调机组		能效比（EER）	提高12%
多联式空调（热泵）机组		制冷综合性能系数［IPLV（C）］	提高16%
锅炉	燃煤	热效率	提高6%
	燃油燃气	热效率	提高4%

对于住宅或小型公建中采用分体空调器、燃气热水炉等其他设备作为供暖空调冷热源的情况（包括同时作为供暖和生活热水热源的热水炉），可以《房间空气调节器能效限定值及能效等级》（GB 12021.3—2010）、《转速可控型房间空气调节器能效限定值及能源效率等级》（GB 21455—2013）、《家用燃气快速热水器和燃气采暖热水炉能效限定值及能效等级》（GB 20665—2015）等现行有关国家标准中的能效等级1级作为判定本条是否达标的依据。

设计评价查阅相关设计文件；运行评价查阅相关竣工图、主要产品型式检验报告，并现场核实。

（3）采用分布式热电冷联供技术，系统全年能源综合利用率不低于70%，评价分值为1分。

分布式热电冷联供系统为建筑或区域供电、供冷、供热（包括供热水），实现能源的梯级利用。在应用分布式热电冷联供技术时，必须进行科学论证，从负荷预测、系统配置、运行模式、经济和环保效益等多方面对方案做可行性分析，严格以热定电，系统设计满足相关标准的要求。

设计评价查阅相关设计文件、计算分析报告（包括负荷预测、系统配置、运行模式、经济和环保效益等方面；运行评价查阅相关竣工图、主要产品型式检验报告、计算分析报告，并现场核实。

（4）卫生器具的用水效率均达到国家现行有关卫生器具用水效率等级标准规定的1级，评价分值为1分。

绿色建筑鼓励选用更高节水性能的节水器具。目前我国已对部分用水器具的用水效率制定了相关标准，如：《水嘴用水效率限定值及用水效率等级》（GB 25501—2010）、《坐便器用水效率限定值及用水效率等级》（GB 25502—2010）、《小便器用水效率限定值及用水效率等级》（GB 28377—2012）、《淋浴器用水效率限定值及用水效率等级》（GB 28378—2012）、《便器冲洗阀用水效率限定值及用水效率等级》(GB 28379—2012)，今后还将陆续出台其他用水器具的标准。在设计文件中要注明对卫生器具的节水要求和相应的参数或标准。卫生器具有用水效率相关标准的，应全部采用，方可认定达标。

设计评价查阅相关设计文件、产品说明书；运行评价查阅相关竣工图、产品说明书、产品节水性能检测报告，并现场核实。

(5)采用资源消耗少和环境影响小的建筑结构，评价分值为1分。

当主体结构采用钢结构、木结构，或预制构件用量比例不小于60%时，本条可得分。对于其他情况，尚需经充分论证后方可得分。

设计评价查阅相关设计文件、计算分析报告；运行评价查阅竣工图、计算分析报告，并现场核实。

(6)对主要功能房间采取有效的空气处理措施，评价分值为1分。

主要功能房间主要包括间歇性人员密度较高的空间或区域(如会议室)，以及人员经常停留的空间或区域(如办公室等)。空气处理措施包括在空气处理机组中设置中效过滤段，在主要功能房间设置空气净化装置等。

设计评价查阅暖通空调专业设计图纸和文件空气处理措施报告；运行评价查阅暖通空调专业竣工图纸、主要产品型式检验报告、运行记录、室内空气品质检测报告等，并现场检查。

(7)室内空气中的氨、甲醛、苯、总挥发性有机物、氡、可吸入颗粒物等污染物浓度不高于现行国家标准《室内空气质量标准》(GB/T 18883—2003)规定限值的70%，评价分值为1分。

以TVOC浓度为例，英国BREEAM新版文件的要求不大于30 mg/m³，比我国现行国家标准要求(不大于600 mg/m³)更为严格。甲醛浓度也是如此，多个国家的绿色建筑标准要求均在50~60 pg/m³的水平，也比我国现行国家标准要求(不大于0.10 mg/m³)严格。进一步提高对于室内环境质量指标要求的同时，也适当考虑了我国当前的大气环境条件和装修材料工艺水平，因此，将现行国家标准规定值的70%作为室内空气品质的更高要求。

运行评价查阅室内污染物检测报告(应依据相关国家标准进行检测)，并现场检查。

(8)建筑方案充分考虑建筑所在地域的气候、环境、资源，结合场地特征和建筑功能，进行技术经济分析，显著提高能源资源利用效率和建筑性能，评价分值为2分。

通过对建筑设计方案的优化，降低建筑建造和运营成本，提高绿色建筑性能水平。例如，建筑设计充分体现我国不同气候区对自然通风、保温隔热等节能特征的不同需求，建筑形体设计等与场地微气候结合紧密，应用自然采光、遮阳等被动式技术优先的理念，设计策略明显有利于降低空调、供暖、照明、生活热水、通风、电梯等的负荷需求，提高室内环境质量，减少建筑用能时间或促进运行阶段的行为节能，等等。

设计评价查阅相关设计文件、分析论证报告；运行评价查阅相关竣工图、分析论证报告，并现场核实。

(9)合理选用废弃场地进行建设，或充分利用尚可使用的旧建筑，评价分值为1分。

我国城市可建设用地日趋紧缺，对废弃地进行改造并加以利用是节约集约利用土地的重要途径之一。利用废弃场地进行绿色建筑建设，在技术难度、建设成本方面都需要付出更多努力和代价。因此，应对优先选用废弃地的建设理念和行为进行鼓励。本条所指的废弃场地主要包括裸岩、石砾地、盐碱地、沙荒地、废窑坑、废旧仓库或工厂弃置地等。绿色建筑可优先考虑合理利用废弃场地，采取改造或改良等治理措施，对土壤中是否含有有毒物质进行检测与再利用评估，确保场地利用不存在安全隐患、符合国家相关标准的要求。

尚可使用的旧建筑系指建筑质量能保证使用安全的旧建筑，或通过少量改造加固后能保证使用安全的旧建筑。虽然目前多数项目为新建，且多为净地交付，项目方很难有权选择利用旧建筑。但仍需对利用尚可使用的旧建筑的行为予以鼓励，防止大拆大建。对于从技术经济分析角度不可行，但出于保护文物或体现风貌而留存的历史建筑，由于有相关政策或财政资金支持，因此不在本条中得分。

设计评价查阅相关设计文件、环评报告、旧建筑使用专项报告；运行评价查阅相关竣工图、环评报告、旧建筑使用专项报告、检测报告，并现场核实。

(10)应用建筑信息模型(BIM)技术，评价总分值为 2 分。在建筑的规划设计、施工建造和运行维护阶段中的一个阶段应用，得 1 分；在两个或两个以上阶段应用，得 2 分。

建筑信息模型(BIM)是建筑业信息化的重要支撑技术。BIM 是在 CAD 技术基础上发展起来的多维模型信息集成技术。BIM 是集成了建筑工程项目各种相关信息的工程数据模型，能使设计人员和工程人员对各种建筑信息做出正确的应对，实现数据共享并协同工作。

BIM 技术支持建筑工程全寿命期的信息管理和利用。在建筑工程建设的各阶段支持基于 BIM 的数据交换和共享，可以极大地提升建筑工程信息化整体水平，工程建设各阶段、各专业之间的协作配合可以在更高层次上充分利用各自资源，有效地避免由于数据不通畅带来的重复性劳动，大大提高整个工程的质量和效率，并显著降低成本。

设计评价查阅规划设计阶段的 BIM 技术应用报告；运行评价查阅规划设计、施工建造、运行维护阶段的 BIM 技术应用报告。

(11)进行建筑碳排放计算分析，采取措施降低单位建筑面积碳排放强度，评价分值为 1 分。

建筑碳排放计算及其碳足迹分析，不仅有助于帮助绿色建筑项目进一步达到和优化节能、节水、节材等资源节约目标，而且有助于进一步明确建筑对我国温室气体减排的贡献量。经过多年的研究探索，我国也有了较为成熟的计算方法和一定量的案例实践。在计算分析基础上，再进一步采取相关节能减排措施降低碳排放，做到有的放矢。绿色建筑作为节约资源、保护环境的载体，理应将此作为一项技术措施同步开展。

建筑碳排放计算分析包括建筑固有的碳排放量和标准运行工况下的资源消耗碳排放量。设计阶段的碳排放计算分析报告主要分析建筑的固有碳排放量，运行阶段主要分析在标准运行工况下建筑的资源消耗碳排放量。

设计评价查阅设计阶段的碳排放计算分析报告，以及相应措施；运行评价查阅设计、运行阶段的碳排放计算分析报告，以及相应措施的运行情况。

(12)采取节约能源资源、保护生态环境、保障安全健康的其他创新，并有明显效益，评价总分值为 2 分。采取一项，得 1 分；采取两项及以上，得 2 分。

对于不在前面绿色建筑评价指标范围内，但在保护自然资源和生态环境、节能、节材、节水、节地、减少环境污染与智能化系统建设等方面实现良好性能的项目进行引导，通过各类项目对创新项的追求以提高绿色建筑技术水平。

当某项目采取了创新的技术措施，并提供了足够证据表明该技术措施可有效提高环境友好性，提高资源与能源利用效率，实现可持续发展或具有较大的社会效益时，可参与评审。

项目的创新点应较大地超过相应指标的要求，或达到合理指标但具备显著降低成本或提高工效等优点。本条未列出所有的创新项内容，只要申请方能够提供足够相关证明，并通过专家组的评审即可认为满足要求。

设计评价时查阅相关设计文件、分析论证报告及相关证明材料；运行评价时查阅相关竣工图、分析论证报告及相关证明材料，并现场核实。

3.3 绿色建筑申报管理

3.3.1 申请评价方的相关工作

绿色建筑注重全寿命期内能源资源节约与环境保护的性能，申请评价方应对建筑全寿命期内各个阶段进行控制，综合考虑性能、安全性、耐久性、经济性、美观等因素，优化建筑技术、设备和材料选用，综合评估建筑规模、建筑技术与投资之间的总体平衡，并按本标准的要求提交相应分析、测试报告和相关文件。

3.3.2 绿色建筑评价机构的相关工作

绿色建筑评价机构应按照本标准的有关要求审查申请评价方提交的报告、文档，并在评价报告中确定等级。对申请运行评价的建筑，评价机构还应组织现场考察，进一步审核规划设计要求的落实情况以及建筑的实际性能和运行效果。

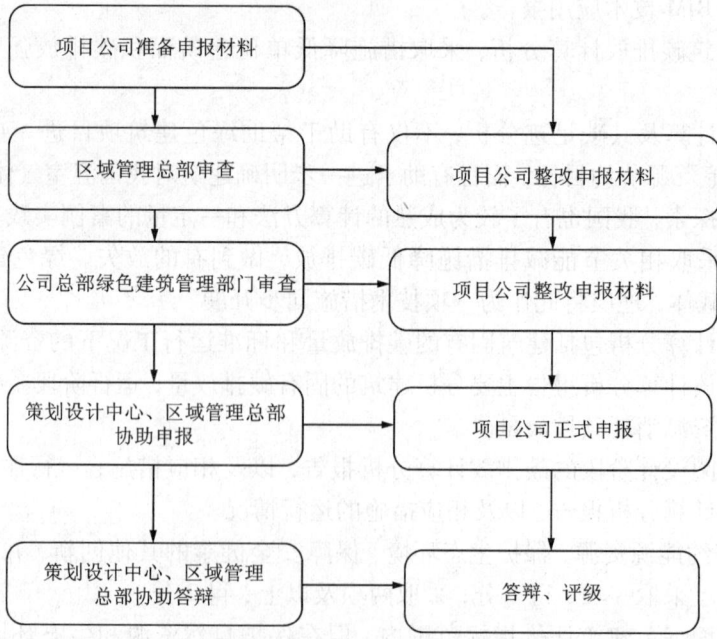

图3-1 三星级或国外评价体系绿色建筑申报管理流程

3.3.3 三星级绿色建筑申报管理流程

图3-1给出了国内某房地产公司申请国际、三星级绿色建筑认证（美国LEED认证、日

本 CASBEE 认证、英国 BREEAM 认证和三星设计和运营认证)的管理流程。申报工作应按照分级报审、内部审查的原则进行。项目公司负责具体申报工作,区域管理总部负责审查,公司总部绿色建筑管理部门负责审批。

3.3.4　一星、二星级绿色建筑申报管理流程

图 3 - 2 给出了国内某房地产公司申请一星、二星级绿色建筑认证的管理流程。这些级别的绿色建筑申报一般由各区域管理总部审批。项目公司负责具体申报工作,区域管理总部负责审批。

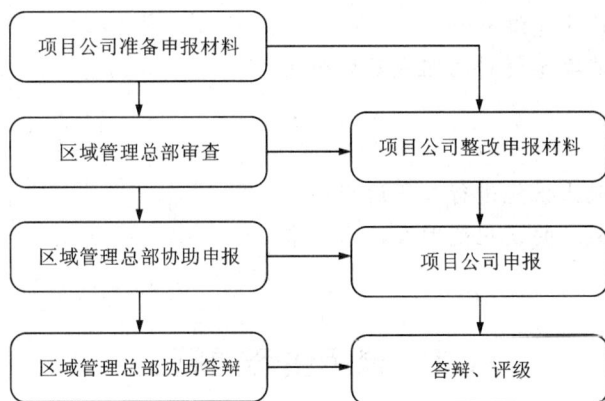

图 3 - 2　一星、二星级绿色建筑申报管理流程

习　题

1. 试说明绿色建筑各评价指标的权重。
2. 简述节能与能源利用的控制项与评分项。
3. 简述节水与水资源利用的控制项与评分项。
4. 简述节材与材料资源利用的控制项与评分项。
5. 简述室内环境质量的控制项与评分项。
6. 简述施工管理的控制项与评分项。
7. 简述运营管理的控制项与评分项。

第 4 章　绿色建筑材料
——绿色新型混凝土

【知识目标】

1. 熟悉和了解绿色生态混凝土；
2. 熟悉各种绿色混凝土材料的组成及配合比。

【能力目标】

1. 能利用绿色混凝土性能进行工程运用；
2. 能区别各种混凝土的使用范围及使用要求。

4.1　绿色生态混凝土

4.1.1　绿色生态混凝土的含义

清洁、安宁、宜人的环境，是全人类共同的愿望，是人类可持续发展的基本要求。然而，生活在"混凝土森林"中的人类在享受现代文明的同时，也在遭遇由于制造混凝土给大自然所带来的环境恶化问题，如植被破坏、水土流失、粉尘与废气弥漫、雾霾笼罩等。生态材料的概念 1993 年最早在日本出现，1995 年日本又提出了生态混凝土概念。所谓绿色生态混凝土，指一类特种混凝土，具有特殊的结构与表面特性，能减小环境负荷，与生态环境相协调，并能为环保作出贡献。自从 20 世纪 80 年代后期以来，绿色生态环境友好型混凝土逐渐形成一门独立学科。由日本学者定义的"Environmentally Friendly Concrete"译成中文，可以是"生态混凝土"、"环境友好型混凝土"、"环保型混凝土"、"绿色混凝土"等。尽管其名称各不相同，但是其实质都是从生态角度出发，协调混凝土在生产、使用等过程中与自然环境物质和能量的交换，改善人类与生态环境之间的关系，满足可持续发展的要求。具体来说，绿色生态混凝土的含义包括以下内容：

（1）减轻混凝土材料对环境的负荷。在混凝土的生产和使用过程中节省资源和能源，并且向环境排放的废弃物较少，例如利用工业废渣、建筑垃圾等制备的混凝土、节能型混凝土、高耐久性混凝土等。

（2）协调人类在生产实践中与自然环境之间物质和能量的交换，符合可持续发展的要求。能够适应生物生长、调节生态平衡、美化环境景观，例如透水或排水性混凝土、生物适应型混凝土、绿化和景观混凝土等。

（3）以人为中心，拓宽混凝土的功能，为人类创造身心相宜的自然环境起积极作用，能与自然生态系统协调共生，为实现人类与自然的协调起积极作用，例如植被型混凝土、海洋生物保护型混凝土等。

20 世纪 90 年代我国提出了"绿色高性能混凝土"的概念，其与生态混凝土在内涵上相似，但"绿色"的重点在于"无害"，而"生态"强调的是直接"有益"于生态环境。

4.1.2 绿色生态混凝土的特性和应用

有着连续孔隙的多孔混凝土是绿色生态混凝土的主要种类，多孔混凝土较大的孔隙率赋予它优异的绿色环保功能，其结构模型见图 4－1。如对于透水混凝土，水与空气能够很容易通过或存在于其连续通道内，能将雨水迅速渗入地表，同时将水流中的污染微粒沉淀下来，起到净化水质的作用，又能吸声降噪，增加车辆行驶及路人行走的安全性和舒适性；对于植被绿化混凝土，植物光合作用可以净化大气，减少污染，减少城市的热岛效应，并能有效地控制水土的流失，护堤护坡，带来巨大的经济、景观等效益。而其他非多孔生态混凝土，亦有各自不同的特性，为生态环保开辟了新途径。如电磁屏蔽混凝土，通过防止建筑内部电磁信号的泄露和外部的电磁干扰、吸收，从而达到对人们身体的防护，且对军事、经济等涉及国家利益的机密进行有效保护的重要作用；自洁净混凝土、抗菌混凝土等，都以各自的自洁净和抗菌性能等特性，为生态环保做出了极大的贡献。

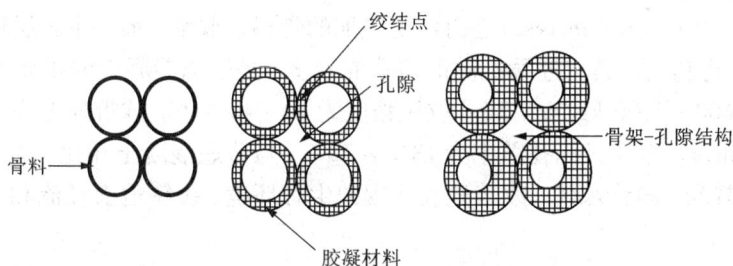

图 4－1 多孔混凝土的理想结构模型

生态混凝土的优点有很多，但也存在一些问题。如多孔生态混凝土中普遍存在强度比普通混凝土低、耐久性差等缺陷；目前的非多孔混凝土中，每种电磁屏蔽混凝土只能屏蔽一个波段的电磁波，抗菌混凝土也只能针对单一的菌类等问题。这些都急需要广大学者和研究人员研究解决。

4.1.3 绿色生态混凝土与海绵城市

随着经济社会的快速发展，城市化进程不断加快，城市发展过程中面临的雨水径流污染、洪涝灾害、水资源匮乏等突出共性问题日益严重。为从源头缓解城市内涝、削减城市径流污染负荷、节约水资源、保护和改善城市生态环境，国家提出了建设"海绵城市"的新理念，提倡构建低影响开发(LID)雨水系统。海绵城市是指城市能够像海绵一样，在适应环境变化和应对自然灾害等方面具有良好的"弹性"，下雨时吸水、蓄水、渗水、净水，需要时将蓄存的水"释放"并加以利用。海绵城市建设应遵循生态优先等原则，将自然途径与人工措施相结合，在确保城市排水防涝安全的前提下，最大限度地实现雨水在城市区域的积存、渗透和净化,促进雨水资源的利用和生态环境保护。在海绵城市建设过程中,应统筹自然降水、地表水和地下水的系统性,协调给水、排水等水循环利用各环节,并考虑其复杂性和长期性。

海绵城市的建设途径主要有对城市原有生态系统的保护、生态恢复和修复、低影响开发等三个方面。除采用生态手段尽可能恢复、提升城市滞纳雨水的能力外,最重要的是通过绿色屋顶、下凹式绿地、雨水花园、植被浅沟、绿色街道、生态湿地、透水铺装、雨水调蓄池等低影响技术措施,强化雨水的积存、渗透和净化。据此可以看出,生态混凝土中的透水混凝土、绿色混凝土、净水混凝土等,一定会在海绵城市的建设中大显身手,为新型城镇化建设提供重要建筑原料保障。

本章将从原料、配比、特性、研究现状及存在的问题等,重点介绍透水混凝土和绿色混凝土与生态混凝土的关系,并简要介绍电磁屏蔽混凝土、透水混凝土、吸音混凝土、海洋生物相容混凝土等其他生态混凝土,穿插概述生态混凝土在海绵城市建设中发挥的重要作用。

4.2 透水混凝土

4.2.1 透水混凝土简介

1.透水混凝土的定义

透水混凝土(Pervious Concrete)是由特定级配的骨料、水泥、水、外加剂和掺合料等按特定比例经特殊工艺制成的具有连续孔隙的多孔混凝土,是生态混凝土的重要品种之一。其表观密度一般为 $1600 \sim 2100 \text{ kg/m}^3$, 28 d 抗压强度为 $10 \sim 40$ MPa, 抗折强度为 $2 \sim 7$ MPa, 透水系数为 $1 \sim 20$ mm/s。有效目标孔隙率为 18% ~ 22%,与普通混凝土相比,透水混凝土具有透气、透水、吸声降噪、净化水体、改善地表土壤的生态环境、缓解地表径流和城市热岛效应等优良使用性能。

在可持续发展与维护生态平衡等思想的指导下,欧美、日韩等一些发达国家在 50 多年前就开始对透水混凝土进行研究与开发。并且已将其广泛应用于道路工程、园林工程和环境工程等多个领域,取得了良好的社会、环境和生态效应。而在我国,透水混凝土的研究起步虽晚,但也进行了一些开创性的研究。在其应用方面,透水混凝土已经在北京奥林匹克公园、上海世博园、深圳大学生运动会体育场等很多实际工程中得到应用,其优良的透水性能和质朴美观的视觉效果,成为工程应用领域中的一个亮点。

2.透水混凝土的分类

目前,用于道路和地面的透水混凝土主要有三种类型。

1)水泥透水混凝土

它以较高强度的硅酸盐水泥为胶结材料、单一级配的粗骨料、不用或少用细骨料配制混凝土。混凝土拌合物较干硬,压力成型后形成具有连通孔隙的混凝土。硬化混凝土的内部含有 15% ~ 25% 的孔隙,表观密度低于普通混凝土,通常为 $1700 \sim 2200 \text{ kg/m}^3$。抗压强度为 $15 \sim 35$ MPa,抗折强度为 $3 \sim 5$ MPa。这种混凝土制作简单,适于用量大的道路铺装。但由于孔隙较多,改善和提高强度、耐磨性、抗冻性是难点。

2)高分子透水混凝土

采用单一粒级的骨料,以沥青或高分子树脂为胶结材料的透水混凝土。与前者相比,它具有强度高、成本高的特点。同时由于有机胶结材料耐候性差，在大气环境的作用下容易老化，且具有温度敏感性，当温度升高时，容易软化流淌，使透水性受到影响。

3）烧结透水制品

以粒状的瓷砖、长石、高岭土、黏土等矿物和浆体拌合，压制成胚体，经高温烧结而成，具有多孔结构。该类透水性材料强度高、耐磨性好、耐久性优良。但烧结过程需要消耗能量，成本高，使用于用量较小的高档地面。

3. 透水混凝土的性能表征

透水混凝土的性能表征主要是强度和透水系数。透水混凝土是采用特定的配集料、水泥净浆、增强减水剂和水等原材料，经过特定工艺制成的多孔隙的混凝土。透水混凝土作用力是通过骨料之间的胶结点传递的，这种受力特点完全不同于普通混凝土。由于这种受力特点，透水混凝土强度比普通混凝土的强度要低很多。评定透水混凝土的一个重要指标，就是透水系数，即单位时间内通过单位面积的水的体积。目前，对透水系数的测定方法大致分为两大类：定水头法和落水头法。国内透水砖的标准中要求测量透水砖的透水系数采用定水头法，也称作常水头法。

4.2.2 透水混凝土的材料组成及配合比

1. 材料组成

1）水泥

水泥作为透水混凝土的主要黏结材料，可有效提高混凝土的强度。水泥应有较高的强度，还要具有干缩性和水化热较小的特性，因此，一般选用42.5R和52.5R的普通硅酸盐水泥。水泥浆的用量以刚好能够完全包裹骨料的表面、形成一种均匀的水泥浆膜为标准。因为水泥用量过多不仅会降低透水性、增加成本，还会增大混凝土收缩量，易出现裂缝，并降低混凝土强度。

2）粗骨料

作为混凝土的骨架材料，其粒径应视混凝土结构的厚度、强度、透水性而定。透水混凝土与普通混凝土相比，其骨料级配比较特殊，特意采用级配不连续或单一级配的骨料，使堆积骨料中含有大量的孔隙，实现混凝土的透水性。骨料可以采用普通碎石，也可以采用浮石、陶粒等轻骨料，甚至也可用废弃的碎砖、混凝土等。骨料粒径不宜过大，一般为5~20 mm较好。骨料粒径越小，堆积孔隙率越大且颗粒间的接触点越多，配制的混凝土强度越高。表4-1列出几个国家推荐的透水混凝土路面的骨料级配。

表4-1 几个国家推荐的透水混凝土路面的骨料级配

英国	筛孔/mm		14	10	6.3	3.3	0.075
	通过率/%		100	90~100	45~95	10~20	2~5
法国	筛孔/mm	25	19	12.5	6.3	3	0.075
	通过率/%	100	90	40	25	20	4
南非	筛孔/mm		13	10	6.73	3.36	0.074
	通过率/%		100	90~100	40~45	22~28	3~5

日	筛孔/mm		13	5	2.5	1.25	
本	通过率/%		100	50 ~ 100	8 ~ 25	0 ~ 6	

3）矿物掺料

由于包裹骨料的水泥浆层较薄，水泥凝胶体与骨料之间的过渡区所占比重较大，水泥硬化体内部含有较多的毛细孔和微裂缝，因此，水泥凝胶体的强度及胶结能力较低。掺入平均粒径为 0.1 ~ 1.2 μm 的矿物细掺料（如硅灰、粉煤灰）可以提高水泥的胶结强度。

4）外加剂

可以掺加适量的增强减水剂来减少用水量，改善混凝土拌合物的流动性，有助于混凝土成形合易性及强度的提高。根据混凝土的实际用途，还可以添加一定量的着色剂。

2. 配合比设计

1）配合比的设计原则

配合比的设计原则是将骨料颗粒表面用一层薄水泥浆包裹，并将骨料颗粒互相黏结起来，形成一个整体，使之既具有一定强度，又能确保骨料间存在一定的孔隙。1 m³ 透水混凝土中的骨料、水泥及水的用量之和为 1600 ~ 2100 kg，根据这个原则，可以初步确定透水混凝土的配合比。透水混凝土的配合比设计目前还没有成熟的方法。例如，上海世博会工程未对透水系数提出具体要求，只是在保证透水混凝土工程所要求达到的强度下，确定透水混凝土的透水性能即可。

2）骨料用量

1 m³ 混凝土所用的骨料总量取骨料紧密堆积密度值，主要采用粗骨料，细骨料量控制在 20% 以内。

3）水泥用量

在保证最佳用水量的前提下，适当增加水泥用量，能够增加骨料周围水泥浆层的稠度和厚度，有效地提高透水混凝土的强度。但水泥用量过大会使浆体增多，减少孔隙率，降低透水性。水泥用量受骨料的粒径影响，如果骨料粒径较小、比表面积较大，则应适当增加水泥用量。通常透水混凝土的水泥用量为 300 ~ 400 kg/m³。

4）水胶比

水胶比是指用水量与总胶凝材料（水泥 + 掺合料）质量之比。水胶比既影响透水混凝土的强度，又影响其透水性。透水混凝土的水胶比一般是随着水泥用量的增加而减小，但只是在一个较小的范围内波动。对特定的骨料和水泥用量，有一个最佳水胶比，此时透水混凝土具有最大的抗压强度。水胶比小于最佳值时，水泥浆难以均匀地包裹所有的骨料颗粒，工作度变差，达不到适当的密度，不利于强度的提高。反之，水胶比过大，产生离析，水泥浆从骨料颗粒上淌下，形成不均匀的混凝土组织，既不利于透水，也不利于强度的提高。一般透水混凝土的水胶比介于 0.25 ~ 0.35。最佳水胶比通常有两种确定方法：

（1）在骨料、水泥用量一定的情况下，从小到大选定几组不同的水胶比分别拌制混凝土，测出抗压强度，绘制 W/C - f 曲线，求出最大抗压强度所对应的水胶比，即为最佳水胶比。

（2）在实际工作中常常根据经验来判定水胶比是否合适。取一些拌合好的混凝土拌合物进行观察，如果水泥浆在骨料颗粒表面包裹均匀，没有水泥浆下沉现象，而且颗粒有类似金属的光泽，则说明水胶比较为合适。

5）通过工作性检验配合比是否合适

透水混凝土拌合物比较干硬，一般采用维勃稠度指标来衡量，在 10 ~ 20 s 比较合适。初步计算配合比后，试拌、测定拌合物工作度，可验证配合比设计是否合理。

维勃稠度法采用维勃稠度仪测定。其方法是：开始在坍落度筒中按规定方法装满拌合物，提起坍落度筒，在拌合物试体顶面放一透明圆盘，开启振动台，同时用秒表计时，当振动到透明圆盘的底面被水泥浆布满的瞬间停止计时，并关闭振动台。由秒表读出的时间即为该混凝土拌合物的维勃稠度值，精确至 1 s。

6）强度与透水性的关系

透水混凝土与普通混凝土相比孔隙较多，骨料与浆体的接触面积明显比普通混凝土小，可以称作点接触，因此其强度比较低。由此可见，孔隙的多少影响着透水混凝土的强度：孔隙多，接触点就少，强度就低；孔隙少，接触点就多，强度就高。但是孔隙少了，连通孔势必减少，混凝土的透水性受到影响，这就有悖于透水混凝土的本意了。因此，在设计配合比的时候，既要考虑获得较大的透水性，又要考虑满足较高的强度。配制合易性良好的聚合物改性浆体，可以大幅度提高骨料与浆体的界面强度而又不影响透水性，这是一个两全其美的方法。

4.2.3　透水混凝土的性能

1. 工作性能

透水混凝土为干硬性混凝土，坍落度趋近于零。工作性严重影响着透水混凝土的成本和质量，是决定施工操作难易，工程质量好坏的重要因素之一。因此，良好的工作性是对新拌透水混凝土最基本的要求。研究表明：水泥浆数量、砂率及组成材料的性质是影响透水混凝土工作性的主要因素。在透水混凝土中，水泥浆体用量少、水胶比小的特点使其具有较好的黏聚性，而无泌水、离析现象，但因此降低了流动性。砂率变化是骨料的总表面积和孔隙率发生变化的主要因素，在混凝土中加入一定量的砂子能有效提高其强度和流动性，但是砂率过大会降低孔隙率影响其使用性能。通过免振捣多孔混凝土的工作性评价指标——富余浆量比，考察级配、灰集比、水灰比及砂率 4 个影响因素，以富余浆量比指标进行正交设计试验，得出了获得较好工作性的最佳组合：水胶比为 0.57，灰积比为 1:10，砂率为 0。

2. 力学性能

由于透水混凝土特有的骨架孔隙结构，使水泥浆体对骨料的黏结面积减少，骨料间的接触点减少，混凝土内部总的黏结力和机械咬合力均有所降低。为了改善透水混凝土的力学性能，研究人员对此做了大量的研究工作。东南大学的霍亮在试验中采用 0.25 的水胶比，配制出的透水混凝土 28 d 抗压强度高达 35 MPa，完全能够达到 C30 混凝土的承载标准，高于一般透水砖的承载力。而对于外加剂及掺合料在透水混凝土中的作用，日本的研究人员依据 ASTM 对透水混凝土的最佳配制条件进行研究，指出使用 1% 的高效减水剂（SP）可以有效减小水胶比，提高透水混凝土的屈服应力和塑性黏度。此外，透水混凝土的力学性能还受成型方式、压力大小、养护方法的影响。

3. 透水性能

透水混凝土的孔隙率为 15% ~ 25%，从而能够使透水速率达到 31.18 ~ 51.96 L/(m·h)，远远高于最有效的降水在最优秀的排水配置下的排出速率。城市人行道、公园绿地道路铺设后，有效增加了地面入渗率，减少了地面积水，减轻了城市防汛排水压力，不会出现 2012 年 7 月 21 日北京积水 2.5 m 深的境况。据研究，透水混凝土 7 d 和 28 d 的渗透系数和孔隙率的关系分别是 $K_{7d} = 0.179P^{1.427}$ 和 $K_{28d} = 0.138P^{1.515}$。

4. 抗冻融性

透水性混凝土结构本身有较大的孔隙，透水速率达 1 mm/s，不会处于饱水的状态。因此比一般混凝土路面拥有更强的抗冻融能力，不会受冻融影响而断裂。

5. 耐久性

透水混凝土的耐用耐磨性能优于沥青混凝土，接近于普通水泥混凝土，避免了一般透水砖存在的使用年限短、不经济等缺点。使用寿命可长达 30 年。

4.2.4 透水混凝土的意义

透水混凝土在实际应用中作为海绵城市的渗透系统，与截污净化系统、储存利用系统、径流峰值调节系统、开放空间多功能调蓄等，组成低影响开发雨水技术的综合系统，可有效减少地表水径流量，减轻暴雨对城市运行的影响，对海绵城市的建设具有重要意义。

1. 改善地面植物的生长条件，调整生态平衡

使用透水性路面及制品有助于改善地面植物的生长条件，调整生态平衡，具体表现在以下三个方面。

(1)透水性路面改善城市树木生长的土壤环境。使用透水混凝土提高了土壤的透气、透水性，使土壤有效养分含量明显增加，提高了土壤养分的利用率；改善了水分供应状况，提高了土壤含水率，节约灌溉用水；此外还能降低土壤温度、盐分含量和 pH。

(2)改善城市生态环境，提高绿化效益。使用透水混凝土提高了近地面的湿度，降低了气温和地面湿度并减少蒸发量，对于改善城市燥热现象及减轻其对园林绿化树木的危害都起了良好的作用。

(3)加强了城市树木的生理生化作用。具体表现为树木叶片含水率及干物重增加，叶片叶绿素含量增加，树木根系分布范围扩大，根系生长量增加，树木胸径增粗、生长加快，达到了增加绿化量，提高绿化效益的目的。

2. 减轻排水系统负担，防止城市河流河水泛滥，减轻公共水域的污染

透水混凝土路面作为一种新型路面工艺，能够通过渗透和补充地下水来保护预开发径流。透水性路面通过降低和减少溢流等方法减少径流量和高峰流速，将由于径流负荷过大造成的河堤冲刷减小到最低限度，减轻冲刷和地面径流造成的污染。

3. 保护地下水资源

地下水是城市供水水源的重要补充，深层地下水因其质优并含有对人体有益的微量元素而受到欢迎和被普遍利用。由于国内外一些城市过量开采地下水，导致地下水资源日益匮乏，而透水混凝土因其具有渗透和过滤的功能，对地下水的净化和补充发挥着积极的作用。

4. 改善道路行车条件，减轻路面的滑动力

降落于透水性路面上的雨水很快通过孔隙渗透完，因此可以分散车轮下方的压力和流

量，这样车轮下方不可能在表面水膜中产生静水压力，排除了车轮滑行的可能性。在此情况下，车轮与路面之间的摩擦系数与干燥情况下的摩擦系数几乎相等。

4.2.5　透水混凝土的应用与在我国的发展方向

1. 透水混凝土的应用

2008 年我国举办的北京奥运会取得了巨大成功，与主运动场相邻的北京奥林匹克公园在建设中，透水混凝土主要应用在门区广场、停车场内车辆通行道路、景观、花坛间行人通道等部位，集公园入口、售票管理用房、服务、设备用房，门区广场、停车场于一体，共 9 个门区，建筑面积约 8000 m^2，广场、停车场透水混凝土铺装面积约 11.7×10^5 m^2。透水混凝土在奥林匹克森林公园得到了较大面积的成功应用，经过检测达到了 C25 混凝土设计强度等级的较高强度，透水系数达到 3.9 mm/s，孔隙率达到 24%。抗冻融大于 50 次冻融循环。

透水砖路面逐渐在许多道路工程中得到应用，例如北京的"二七"剧场路东侧路段、三里河路东侧路段、西三环南路西侧路段、奥林匹克公园内的景观大道、丰台体育场等。一方面是利用透水砖来补偿地下水，减缓解决城市热岛效应，另一方面是为了收集雨水。

2. 存在的问题与发展方向

(1) 目前透水混凝土的性能标准设计、测量方法、施工和验收没有标准规范，现用得最多的是日本"环保型混凝土研究委员会"于 1998 年提出的《多孔混凝土性能试验方法草案》，制定出适合我国透水混凝土材料的规范，对研制出来的各种透水混凝土材料及制品能准确评定其性能指标显得尤其重要。

(2) 根据实际情况，例如瞬间小暴雨，将会有大量的雨水积存，通过透水混凝土渗透确实是一个变水位的过程，因此采用变水位来表征透水混凝土的透水系数与实际情况较符合，并且还有像初始水面采用不同的高度对采用变水位测得透水系数有一定变化等因素的影响，所以如何更加真实准确地反映透水混凝土的透水系数需要进一步研究。

(3) 在透水混凝土的配合比设计研究方面仍不足，主要是影响透水混凝土性能指标的因素较多，不能像考虑普通混凝土强度用以水胶比为单因素的函数计算，如何综合考虑较多影响透水混凝土因素的配合比设计方法需做大量研究。

(4) 透水混凝土路面材料在实际使用中粉尘、垃圾和污物随着雨水渗透到透水混凝土的孔隙中去，孔隙率下降，时间一长将会部分甚至完全堵塞有透水作用的孔隙而使其功能失效，这直接关系到透水混凝土路面材料的使用耐久性。由于清扫困难，现行的手段为用大功率吸尘器吸出垃圾和污物，但成本较高，效果亦差。因此需要对如何防止透水混凝土路面材料孔隙被堵塞，及日久使用后透水性能的恢复技术展开研究。

(5) 关于透水混凝土及其制品的性能指标和测试方法，我国目前尚无正式的标准规范。

(6) 透水混凝土路面是个完整的系统，路面的透水实用功能及作用不仅仅取决于透水混凝土的透水速度和透水率，还取决于整个系统的设计、构造、每层材料的性能。如何充分体现透水混凝土生态环保的价值还需要进行大量的研究。

(7) 透水混凝土路面的铺设必须有与之相配套的透水性路基，为此与之相配套路基结构的设计尚需要展开大量研究。

(8) 按常规方法配制的透水混凝土，水泥浆体与骨料颗粒之间的胶结强度较低，在车辆的停滞剪切作用下，处于表层的骨料颗粒很容易脱落，而使道路表面凹凸不平，如何解决这一问题有待研究。

（9）透水混凝土及其性能测试均是在常态下进行的，而在严寒、温差大等环境较恶劣地区及对混凝土腐蚀性较大、耐久性要求较高的海港等条件下的适用性及性能指标变化需要做大量研究。

（10）以水泥作为胶凝材料的透水混凝土具有耐酸、耐碳化性差，渗透水呈强碱性会污染地下水，水透过时，会溶出游离石灰，对土壤中微生物生存环境产生影响。于是，用像高强、耐酸、无污染的不饱和环氧树脂等胶凝材料替代水泥配制透水混凝土有待于进一步研究。

4.3 绿化混凝土

4.3.1 绿化混凝土概述

混凝土作为人类使用量最大的建设材料，除了要满足人们的需求外，更应注重混凝土技术与环境的结合，降低环境负荷、改善环境，走可持续发展的道路。绿化混凝土是生态混凝土的一种，是混凝土生态材料化的新材料。它将在未来的土木工程及城市建设中起着举足轻重的作用。在国外，日本2000年成立了绿化混凝土协会，推动了绿化混凝土的研究。美国及欧洲发达国家自20世纪末也相继开展了生态混凝土的研究和开发。我国绿化混凝土开发和应用受到越来越多的重视。2014年10月我国提出了建设"海绵城市"的新理念，提倡构建低影响开发（LID）雨水系统。而绿化混凝土作为实现海绵城市不可或缺的建筑材料一定会在我国得到大力的研究和推广。

人类正面临着地球环境问题的严峻挑战，地域性的生态环境问题和全球性的生态环境问题都与水泥混凝土技术密切相关。另外，人类的发展观正从被动转变为能动，即认识自然、模仿自然、享受自然的发展观。20世纪后期提出的"人居环境"概念，标志着人类对待自然的态度从根本上发生了转变。绿化混凝土正是模仿自然的实践，其目的是实现人和自然的和谐相处。为丰富人居环境的内容创造更多的自然空间，有效减少和降低水泥混凝土给环境带来的负面影响，保护生态环境，绿化混凝土是人类科学研究势在必行的任务和挑战。它是一种可以种植绿化植物、护坡植物等的混凝土，在保持其原有功能优势的前提下，增加了生态功能，如绿化、保土、换能等，促进人与自然的和谐发展。

1. 绿化混凝土的定义

绿化混凝土又称植物相容型生态混凝土、绿色生态混凝土、植被生态混凝土、植被混凝土和种植混凝土等，是指以一定孔径、一定孔隙率的特制混凝土为骨架，在混凝土孔隙内充填植物生长所需的物质，植物根系生长于孔隙内或穿透混凝土生长于下层土壤中的一类混凝土或混凝土制品。此类混凝土或混凝土制品是植物与混凝土通过混凝土孔隙内的植物生长基有机结合而成的新型混凝土。

2. 绿化混凝土的类型

1）孔洞型绿化混凝土

在普通混凝土板上预留大孔洞，为绿色植物生长提供空间，并在其内填充适于植物生长的土壤。从形式看，它只是将植物与混凝土块进行简单的拼凑，绿化面积小，不能单独地定义一种新型混凝土。

2）随机多孔型绿化混凝土

随机多孔型绿化混凝土又称生态多孔型混凝土、多孔连续型混凝土，是将无砂混凝土作为植物生长基体，并在孔隙内充填植物生一长所需的物质，植物根系深入或穿过无砂混凝土至被保护土中。根据其孔洞为随机分布的结构特征，将其命名为随机多孔型绿化混凝土。这种绿化混凝土的护砌及播种性能较好，可使安全护砌与环境绿化有机结合起来，再造由水与草共同构成的水环境；降低护砌材料表面温度 5～6℃，减少热岛效应；增加护砌材料表面透水透气性，提高湿热交换能力；维护水生态链，增加河流自我净化能力；减少因开采砂石对山林及河道的破坏；减少水泥用量，相应减少二氧化碳排放量。多用于堤坝防护工程。其关键技术是孔隙内的盐碱性水环境改造、特定生长环境下植物生长所需元素的配置、植物生长环境及规律。

3）孔洞型多层绿化混凝土

孔洞型多层绿化混凝土的上层为孔洞型多孔混凝土板，底层为凹槽型，上层与底层复合，中间形成有一定空间的培土层。这种绿化混凝土往往用于城市楼的阳台、园墙顶部墙体上部等。孔洞型绿化混凝土构件制作相对简单，受混凝土盐碱性胁迫影响小，大部分可绿化面积较少，一般能达到 8%～20%。

目前，绿化混凝土主要用于城市的道路两侧及中央隔离带、水边护坡、楼顶、停车场等部位，不仅可以增加城市的绿色空间、调节人们的生活环境和情绪，而且能够吸收噪声和粉尘，对城市气候的生态平衡也起到积极作用，是一种符合可持续发展原则、与自然协调、具有环保意义的混凝土材料。

作为海绵城市低影响开发建设的重要途径，绿色屋顶、下凹式绿地、雨水花园、植被浅沟、绿色街道、生态湿地等，都需要大量使用各种绿化混凝土才能实现。

4.3.2 绿化混凝土的基本组成、特性及应用

1. 绿化混凝土的基本组成

1）孔洞型绿化混凝土块体材料

孔洞型绿化混凝土块体制品的实体部分与传统的混凝土材料相同，只是在块体材料的形状上设计了一定比例的孔洞，为绿色植被的生长提供一个空间。在进行施工时，将这些绿化混凝土块体材料拼装铺筑在地面上，使之有一部分面积与土壤相连，形成部分开放的地面，在孔洞之间可以生长绿色植被，这样可增加城市的绿色面积。这种孔洞型绿化混凝土块体材料适用于停车场、城市道路两侧树木之间。但是这种地面的连续性较差，且只能预制成制品进行现场拼装，不适合大面积、大坡度、连续型地面的绿化。目前这种产品在我国已逐渐开始推广应用。

2）随机多孔型绿化混凝土

随机多孔型绿化混凝土是以现浇多孔混凝土作为骨架结构，内部存在着一定量的连通孔隙，为混凝土表面的绿色植物提供根部生长、吸取养分的空间。这种混凝土由多孔混凝土骨架、保水性填充材料和表层客土三个要素组成。

（1）多孔混凝土骨架。

由粗骨料和少量的水泥浆体或砂浆构成，是绿化混凝土的骨架部分。一般要求混凝土的孔隙率达到 18%～30%，且要求孔隙尺寸大、孔隙连通，有利于为植的根部提供足够的生长

空间，并且将肥料等填充在孔隙中，为植物的生长提供养分。

由于孔内的比表面积较大，可以在较短的龄期内溶出混凝土内部的氢氧化钙，从而降低混凝土的碱性，有利于植物的生长。为了促进碱性物质的快速溶出，可在使用前放置一段时间，利用自然碳化降低碱度，也可以掺入适量的高炉矿渣等掺和料，利用火山灰与水泥水化产物的二次水化减少内部氢氧化钙的含量，也可以用树脂类胶凝材料代替水泥浆，达到降低碱度的目的。

（2）保水性填充材料。

在多孔混凝土的孔隙内填充保水性的材料和肥料，植物的根部生长深入到这些填充材料内，从这些保水性填充材料中吸取生长所必需的养分和水分。如果绿化混凝土的下部是自然的土壤，孔隙内所填充的保水性填充材料完全能够把土壤中的水分和养分吸收进来，供孔内植物生长所用。在多孔混凝土的孔隙内填充的保水性填充材料，一般是由各种土壤的颗粒、无机的人工土壤以及吸水性的高分子材料配制而成。

（3）表层客土。

在绿化混凝土的表面铺设一薄层客土，是为植物种子发芽提供空间，防止混凝土硬化体内的水分蒸发过快，并供给植物发芽后初期生长所需的养分。为了防止表面客土的流失，通常在土壤中拌入适量的黏结剂，并采用喷射施工的方法将土壤浆体喷贴在混凝土的表面。

这种多孔连续型绿化混凝土，比较适合于大面积、现场施工的绿化工程，尤其适用于大型土木工程之后的景观修复等。由于基体混凝土具有一定的强度和连续性，同时在孔隙中能够生长绿色植物，所以这种绿化混凝土技术实现了人与自然的和谐、统一。

3）孔洞型多层结构绿化混凝土块体材料

孔洞型多层结构绿化混凝土块体制品，是一种采用多孔混凝土并施加孔洞、多层板复合制成的绿化混凝土块体材料。

多层结构绿化混凝土块体材料的上层为孔洞型多孔混凝土板，在多孔混凝土板上均匀地设置直径大约为 10 mm 的孔洞，多孔混凝土板本身的孔隙率一般为 20% 左右，其强度大约为10 MPa；底层是具有很小且少的多孔混凝土板，孔径及孔隙率小于上层板，常做成凹槽形。上层与底层复合，中间形成一定空间的培土层。上层均布的小孔洞为植物生长孔，中间的培土层填充土壤及肥料，蓄积水分，为植物提供生长所需的营养和水分。这种绿化混凝土制品多数应用在城市楼房的阳台、院墙顶部等不与土壤直接相连的部位，这样可以增加城市的绿色空间，美化环境。

4.3.3 绿化混凝土配合比设计

孔洞型绿化混凝土块体及孔洞型多层结构绿化混凝土块体的配合比设计与制作方法，与普通混凝土及其制品基本相同，因此这里不再重复介绍。表 4-2 中列出了几种环保型绿化混凝土的配合比参考值，可以供施工中配制这种绿化混凝土时参考选用。

表 4 – 2　环保型绿化混凝土的配合比参考值

骨料粒径/mm	材料用量/(kg·m⁻³)					
	水泥	骨料	水	粗骨料比例	水胶比	骨浆比
10～20	259	1546	93	0.88	0.36	5.97
20～31.5	200	1544	94	0.83	0.47	7.72
31.5～40	182	1106	86	0.78	0.47	6.08

多孔连续型绿化混凝土以透水性混凝土作为基本骨架,其配合比设计方法如下所述。

1. 多孔混凝土配合比设计分析

1) 设计要求

多孔混凝土的使用功能要求和结构特点,要求其配合比设计应考虑到孔隙率、渗透系数及强度三个方面,如何保证这三个指标达到要求是配合比设计的关键。

(1) 孔隙率和透水系数。

虽然多孔混凝土应用范围广泛,且不同的应用对孔隙率的大小有不同的要求,但都是在利用其自身多孔、透水、透气性好的特点,所以,在进行配合比设计时应首先保证多孔混凝土具有所要求的通透性,通常用透水系数来表征。多孔混凝土的孔隙率包括总孔隙率和连通孔隙率,它们和透水系数之间具有一定的相关性,通过试验已推导出孔隙率和透水系数之间的关系为:

$$k = 0.20n_0 - 2.76 \quad (R_2 = 0.86) \tag{4-1}$$

$$k = 0.12n_e - 0.73 \quad (R_2 = 0.94) \tag{4-2}$$

式中,k——渗透系数;

　　　n_0——总孔隙率;

　　　n_e——连通孔隙率。

由式(4–1)和式(4–2)可以看出,孔隙率越高,透水系数越大,其间存在线性关系,而透水系数在配合比设计时并不方便直接作为目标参数,所以配合比设计时应把孔隙率作为目标参数代替透水系数。虽然连通孔隙率与透水系数相关性好,但考虑到配合比设计时连通孔隙率不能直接反映出来,所以采用总孔隙率作为目标设计参数。

(2) 孔隙率和强度。

对于混凝土来说,在材料相同的条件下,强度和孔隙率是相互矛盾的,孔隙率高,则混凝土强度低,反之,混凝土越密实,其强度就越高;而多孔混凝土的使用功能要求在多孔混凝土配合比设计时一般要首先满足孔隙率。在必须保证所要求的孔隙率的情况下,通过加大胶结材料的用量来增加混凝土强度的方法显然是不可行的。所以多孔混凝土配合比设计时,应首先保证其孔隙率,然后通过改变胶结材料的强度和骨料粒径来满足强度要求。

2) 设计思路

根据多孔混凝土结构特征,可以认为单位体积混凝土的表观体积由骨料紧密堆积而成。因此配合比设计的原则是将骨料颗粒表面用胶结材料包裹,并将骨料颗粒互相黏结起来,形成一个整体,具有一定的强度,而不需要将骨料之间的孔隙填充密实。单位体积多孔混凝土的质量应为单位体积骨料的质量和胶结材料质量之和,这样可以初步确定多孔混凝土的配合比设计思路，即首先根据设计要求确定选用的材料，并测试选用材料的基本性能，再确定单位体积混凝土中骨料的用量，然后根据骨料的表观密度和设计要求的孔隙率确定胶结材料用量，根据成型工艺的要求确定水胶比，从而确定单位体积水泥用量和拌合水用量。

2. 原材料一般要求

1) 对水泥的要求

绿化混凝土所用的透水性混凝土，在选择水泥时应尽量选择碱性低的水泥，可以选用硅酸盐水泥、普通硅酸盐水泥，也可以用矿渣硅酸盐水泥、粉煤灰硅酸盐水泥或快硬水泥。为了提高混凝土的强度，可掺加适量的混合材料（如硅灰），一般应选用强度为 32.5 MPa 以上的水泥。无论选用何种水泥，均需要降低游离石灰的溶出，以不对植物生长产生影响的同时也不使耐久性下降为宜。为此，最好选用硅酸二钙（C_2S）含量少的水泥，或者选用掺加火山灰质混合材料的水泥。

2) 对骨料的要求

骨料级配是控制透水性混凝土的重要指标。如果骨料级配不良，则堆积骨架中含有大量的孔隙，透水系数大但强度降低，使混凝土制品容易损坏；如果骨料级配良好，虽然其强度比较高，但渗透性不能满足绿化混凝土的要求。因此，配制多孔连续型绿化混凝土所用的骨料，不仅要求其级配适宜，而对骨料的自身强度（抗压强度、抗拉强度、抗折强度）、颗粒形状（针状、片状含量）、含泥量等都有一定要求。

为了使植物能够在混凝土孔隙内生根发芽并穿透至土层，要合理选择骨料的粒径，保证绿化混凝土有一定的孔隙率、表面空隙率。如果表面空隙率过小，虽然混凝土强度较好，对地面防护效果较好，但植物生长材料不容易填充，草的成活率低；如果表面空隙率过大，混凝土中容易产生直贯性孔隙，植物的生长环境较好，但混凝土强度较低，影响混凝土对地面的防护功能。

由以上可知，配制多孔连续型混凝土所用的粗骨料，应当选用粒径为 10～20 mm 或 20～31.5 mm 的单一粒级碎石，其质量技术指标应符合《建筑用卵石、碎石》（GB/T 14685—2011）中的要求。配制多孔连续型混凝土所用的细骨料，应当选用质地坚硬、杂质较小、级配适宜的中砂，其质量技术指标应符合国家标准《建筑用砂》（GB/T 14684—2011）中的要求。

3) 对掺合料的要求

掺合料的使用，一方面是废渣再利用，另一方面是降低混凝土中碱度的作用，一般采取复掺的方式，即两种及以上的掺合料同时使用。

4) 对外加剂的要求

配制多孔连续型混凝土所用的外加剂，主要包括高效减水剂和增强剂。外加剂的作用是，一方面降低水泥用量，节约资源、降低混凝土中碱含量；另一方面在保持一定稠度或干湿度的前提下，提高颗粒间的黏结强度，进而提高制品的整体力学性能和耐磨性能。也可采用 pH 为酸性的外加剂，以降低胶材碱度。

3. 配合比确定

1) 骨料用量的确定

单位体积多孔混凝土的骨料用量按下式计算：

$$W_G = \rho_{Gc} \cdot \alpha \tag{4-3}$$

式中，W_G——单位体积多孔混凝土骨料用量，kg/m³；

ρ_{Gc}——骨料的紧密堆积密度，kg/m^3；

α——折减系数，碎石取 0.98。

2）胶结材料用量的确定

由于单位体积多孔混凝土体积 = 胶结材浆体体积 + 骨料体积 + 目标孔隙体积，所以单位体积多孔混凝土中水泥浆体的用量可按下式计算：

$$W_J = (1 - W_G/\rho_G - R_{VOID}) \times \rho_J \qquad (4-4)$$

式中，W_J——单位体积多孔混凝土胶结浆体用量，kg/m^3；

ρ_G——骨料的表观密度，kg/m^3；

R_{VOID}——目标孔隙率；

ρ_J——胶结浆体的密度，kg/m^3。

参照砂浆质量密度测试方法，注意水胶比的影响。

3）胶材用量和拌合水用量的确定

确定了水胶比，便可以确定单位体积多孔混凝土中胶材以及拌合水的用量，按下式计算：

$$W_C = W_J/(1 + W/C) \qquad (4-5)$$

式中，W_C——单位体积多孔混凝土胶材用量，kg/m^3；

W/C——水胶比。

$$W_W = W_J \times (W/C) \qquad (4-6)$$

式中，W_W——单位体积多孔混凝土拌合水用量，kg/m^3。

此绿化混凝土配合比计算方法简明、实用，适合作为绿化混凝土的基础配合比。但在实际应用中要注意以下问题：

（1）水胶比的确定。由于绿化混凝土结构形式不同于普通混凝土的结构形式，致使绿化混凝土的水胶比具有一定的独立性，衡量水胶比适宜程度的标准是其对骨料的包裹程度，即要使骨料间接触点充分胶结，又不能使胶结浆发生过度沉浆。所以一方面需有个水胶比的指导范围，另一方面更需要通过绿化混凝土的试拌确定工程配合比。水胶比的指导的范围为：水胶比使胶结浆体流动度为 160 ~ 200 mm，此时绿化混凝土能够较好的成型，其中 160 ~ 180 mm 时适合振动成型，振动有利于浆体均匀地包裹在集料表面；流动度为 180 ~ 200 mm 时多孔混凝土应采用压制成型而不宜采用振动方法成型，振动会使浆体沉降而造成底部孔隙堵塞。同时兼顾水胶比对绿化混凝土强度的影响。

（2）骨料级配的确定。骨料的粒形、级配直接影响到骨料空隙率，并一定程度上影响到绿化混凝土的强度。应根据目标孔隙率确定骨料的级配。因为绿化混凝土由骨料、胶结材料浆体和孔洞组成，如果骨料空隙率与绿化混凝土孔隙率值之间相差过大，则胶结材料浆体用量就会增大，而胶结材料浆体不可能均匀包裹骨料，此时必然会产生降低有效孔径、增大混凝土碱含量、降低连通孔隙率、浪费资源等不利影响；如果骨料空隙率与绿化混凝土孔隙率值之间相差过小，则胶结材料浆体用量将减少，绿化混凝土强度会受到影响。所以应使骨料空隙率与绿化混凝土孔隙率相适应。

（3）骨浆比。骨浆比（G/C）是指骨料用量（G）与水泥用量（C）的比例。选择合理的骨浆比，能保证绿化混凝土具有相互贯通的孔隙，以利于植物根系的生长，并具有良好的耐久性，可防护地面不被草根膨胀而导致破坏。

配制试验证明：当水泥用量一定时，增大骨浆比（G/C），骨料颗粒周围包裹的水泥浆厚度减薄，从而增加了混凝土的孔隙率，但透水性混凝土的强度减小；当水泥用量一定时，减小骨浆比（G/C），骨料颗粒周围包裹的水泥浆厚度增大，透水性混凝土的强度提高，但其孔隙率减小，透水性能降低。

另外，小粒径骨料具有较大的比表面积，为保持水泥浆体在骨料表面的合理厚度，小粒径骨料的骨浆比（G/C）应适当比大粒径的小一些。通常透水性混凝土的骨浆比（G/C）应控制在 3~6。

也有人认为用胶面比的概念更为科学，具体原因如下：第一，胶骨比不具有类比性。因为不同骨料间表观密度相差较大，不可避免地引起胶骨比值间相差较大，不同胶骨比数据间没有可比性，其只适用于同一均匀试验样品的定性分析。第二，同一试验胶骨比也不一定具有可比性。如骨料粒径均匀性较差，两份骨料间虽然质量相同，但空隙率不一定相同、骨料表面积不一定相同，将导致胶骨比所对应的数据没有可比性。第三，胶骨比为现象，而本质为胶面（骨料表面积）比。因胶骨比变化，所引起的影响，只能用骨料单位表面积上胶材用量的变化来解释，所以使用胶面比的概念更为科学。同时，使用胶面比的概念的前提假设是全部胶材均匀包裹骨料。

4.3.4 绿化混凝土的技术性能

绿化混凝土的技术性能如何，决定是否符合环保型绿化混凝土的要求。绿化混凝土的主要技术性能主要包括植物生长功能、混凝土抗压强度、胶凝材料的种类、表层客土和耐久性能等。

1. 植物生长功能

植物生长功能是环保型绿化混凝土的最基本性能，最核心的问题是为植物的生长提供可能。为了实现混凝土的植物生长功能，首先就必须使混凝土内部具有一定的空间，能充填适合植物生长的材料。因此，绿化混凝土应在孔隙率、贯通性、最小厚度和有效孔径等方面满足基本要求。

1）绿化混凝土的孔隙率

绿化混凝土的孔隙率是植物生长功能的重要指标，一定的孔隙为植物提供了必要的生长空间；一定的连通孔，可使植物根系间彼此交差，增强防水护坡功能，并可使植物根系穿透混凝土，从混凝土下的土壤中吸收养分。为此，日本生态混凝土护岸工法规定，对以植生为主的护坡绿化混凝土，孔隙率为21%~30%；对于承受流水严重冲刷的护岸绿化混凝土，孔隙率为18%~21%。

2）绿化混凝土的贯通性

贯通性是指绿化混凝土孔隙间相互贯通程度，它决定着植物根系的发育扩展及获得养分补给的能力。但是，绿化混凝土又不能有直贯型的孔洞，以免造成土壤的流失。经过试验证明，不产生直贯孔洞的条件为：

$$D \leqslant 0.37h \tag{4-7}$$

式中，D——混凝土中骨料的平均粒径，mm；

h——混凝土构件的厚度，mm。

3）绿化混凝土的最小厚度

绿化混凝土的最小厚度(h_{min})是保障植物根系最小生长空间的指标。当混凝土下为岩石、不可耕种土壤、有防渗要求时，其最小厚度(h_{min})可按下式计算

$$h_{min} \geqslant 100/(Kb) \tag{4-8}$$

式中：h_{min}——绿化混凝土构件的最小厚度，mm；

　　K——绿化混凝土的孔隙率，%；

　　b——充填系数，一般为 0.80 ~ 0.90。

根据土壤学原理，不同植物对生长基础厚度的要求不同，对一般土壤而言，草本植物所需土层生存最小厚度为 60 mm，生长最小厚度为 100 mm。所以可根据绿化混凝土中有效土层厚度确定绿化混凝土的厚度。

4)绿化混凝土的有效孔径

有效孔径是指绿化混凝土的表观平均孔径，体现绿化混凝土可充填营养土能力，直接影响植物根系的发育。绿化混凝土的有效孔径可用下式计算：

$$d = 0.26D \tag{4-9}$$

绿化混凝土的有效孔径不宜过小，一般控制在 8 ~ 10 mm 为宜。

2. 抗压强度

绿化混凝土的抗压强度大小，与普通水泥混凝土基本相同，主要取决于灰骨比、骨料品种、骨料粒径、骨料级配及振捣程度等。由于绿化混凝土要求具有较高的孔隙率，所以其抗压强度比较低，一般基体混凝土的抗压强度仅为 2.0 ~ 20 MPa。当软基上的绿化混凝土的厚度小于 150 mm 时，较大的抗压强度指标并无实际意义，此时绿化混凝土的承载能力主要取决于骨料间的黏结度。

3. 胶凝材料的种类

工程试验和实践证明，用普通硅酸盐配制的混凝土水化之后，其 pH 为 12 ~ 14，植物难以生长，这是长期以来绿化混凝土未能在我国推广应用的主要原因。用高炉 B、C 型水泥配制的绿化混凝土，其表面的 pH 为 9 左右，如果孔隙内充填上 pH 为 5.5 ~ 6.5 的苔藓类土，使混凝土孔隙内的 pH 为 7 ~ 8，这样植物则可以生长。

在配制绿化混凝土胶凝材料方面[32]，我国有关专家进行了深入研究和大量试验，通过对普通硅酸盐或复合硅酸盐水泥孔隙内碱性水环境的形成与表现形式的试验和分析，结合化学、物理、农艺、结构、土壤化学、生物化学等方式，根据研究中提出的元素形态转变、离子动态平衡、分子筛效应等理论，采用特定的改性剂等十几种方法，不仅使硅酸盐水泥混凝土孔隙内水环境的 pH 保持在 7.0 ~ 7.5 范围内，而且也增加了缓冲容量，将有害元素转化为有利于植物生长和提高混凝土耐久性的材料。

4. 表层客土

表层客土铺设于绿化混凝土表面，形成植被初期生长的空间，提供植被初期生长的养分、水分和防止混凝土表面过热影响植物生长，并在植物具备水土保护前减少绿化混凝土内水分蒸发、防止其下部的绿化混凝土填充材料流失。所以表层客土的主要功能表现为为植物提供营养和为绿化混凝土提供强度保护。在一般情况下，表层客土的厚度为 3 ~ 6 cm。绿化混凝土必须提供可行的播种、补种、复种作业条件，并使各种适宜植物能够发芽生长。

为达到以上各项要求，绿化混凝土应具有附土性、滞土性和保土性等特性。

(1)附土性。附土性是指绿化混凝土表面附着土壤的能力。绿化混凝土的表面应具有较

大的粗糙度，必要时也可在其表面敷设三维植被网。

（2）滞土性。滞土性是指绿化混凝土表面滞留土壤的能力。为达到具有一定的滞留性，可以采用凹面复合多孔型绿化混凝土、加高方块边框滞土。

（3）保土性。保土性是指绿化混凝土保留孔隙内充填土的能力。绿化混凝土自身的反滤保土能力可按下式计算：

$$D/d_{s0} = 9 \sim 20 \tag{4-10}$$

式中：D——混凝土中骨料的平均粒径，mm；

d_{s0}——被保护土的特征粒径，mm。

对于 $d_{s0} < 1$ mm 的被保护土，在铺设厚度较大（一般超过 300 mm）时，可采用不同级配的骨料分层进行浇筑，或者在底层铺设高纤度（孔径 $d_s > 10 \sim 15$）土工布。

（4）表层客土的选择。类填充土型表层客土。顾名思义，类填充土型表层客土的组成成分与绿化混凝土填充土相同，只是各成分间用量有所变化，以体现各自的功能与作用。使用此材料作为表层客土的优点是由于其组成成分与填充土相同，节省了采购成本、节约了相应的管理费用、减少了生产环节等。但应用时一定要注意，非经试验验证，两种材料不可使用相同配合比。敷设型绿化混凝土，其可作为合格的表层客土使用。

4.3.5 耐久性能

1. 抗冻融性能

由于绿化混凝土具有较多、较大的孔隙，孔隙内能储存比较多的水分，所以用于寒冷地区的绿化混凝土要进行抗冻性试验。目前还没有专门针对绿化混凝土的抗冻融性能评价方法，只能参照普通混凝土抗冻融性能试验方法。国际上采用美国材料与试验协会法（水中冻结水中融解法）和 ASTM C666B 法（气中冻结水中融解法）等抗冻性试验方法进行冻融循环试验。普通混凝土抗冻试验分为慢冻法和快冻法。慢冻法采用的试验条件是气冻水融法，该条件适用于并非长期与水接触或不是直接浸泡在水中的工程，其试验条件与该类工程的实际使用条件比较相符。快冻法采用的试验条件是水冻水融，适用于水工、港口工程。所以可根据绿化混凝土的使用环境选择抗冻试验方法[33]。但由于绿化混凝土的骨料间黏结形式为点黏结，骨料容易脱落，所以不建议采用质量损失率来评价抗冻性能；同时由于绿化混凝土为孔洞结构，测其相对动弹模量是否可靠还不明确。在此情况下，用抗压强度损失率是唯一相对准确的方法，但快冻法又没有抗压强度损失率的要求。所以应尽快建立、完善针对绿化混凝土抗冻性的试验方法和评价指标。

2. 抗流水侵蚀性能

流水的侵蚀作用主要表现为接触性溶蚀破坏。由于水泥的水化产物都属碱性且不同程度地溶解于水，只有在液相石灰浓度超过水化产物各自极限浓度的条件下，这些水化产物才稳定存在。但是，绿化混凝土的孔隙多、接触面大，在使用环境中长期与流水接触，混凝土中的 $Ca(OH)_2$ 首先被溶解。随着 $Ca(OH)_2$ 的溶蚀，水泥的其他水化产物便会水解生成 $Ca(OH)_2$，以补充水泥石中的 $Ca(OH)_2$ 含量。由于绿化混凝土是点黏结，结构稳定性相对较差。在多孔混凝土内部，水化产物的溶解速率与水的硬度和流速相关。

3. 抗碳化（中性化）性能

土壤中的 CO_2 主要来自于微生物的代谢和分解、有机质腐烂、植被生长过程中根的活动以及地下水。土壤气相部分中 CO_2 含量高达 0.74% ~ 9.74%（体积百分数），是空气中 CO_2 含量（0.03%，体积百分数）的几十甚至数百倍。胶结材料在长期碳化作用下，中性化程度越来越高，会因为化学成分变化而失去稳定性。因此，CO_2 对多孔植被混凝土的碳化作用不可忽视。

4. 抗酸侵蚀性能

绿化混凝土的填充土壤呈弱酸性，其酸来源于腐殖质中的有机酸、土壤中微生物的氧化还原反应以及为调节土壤 pH 和肥力而加入的酸性无机盐和聚合物。土壤的酸性物质在土壤溶液中解离出 H^+，与从水泥石中溶出的 $Ca(OH)_2$ 发生中和反应。一方面使水泥石碱度急剧降低，水化硅酸钙和水化铝酸钙失去稳定性而水解、溶出，导致混凝土强度不断下降。另一方面其生成的腐蚀产物稳定性差，易被溶解，又加速了腐蚀进程。所以在使绿化混凝土具有适合植物生长的酸碱度的前提下，如何保证绿化混凝土的稳定性也是需要考虑的问题。

5. 耐干湿循环性能

水泥制品在含有较多无机盐的环境中都会产生由干湿循环引起的循环结晶腐蚀破坏，绿化混凝土也不例外。由于绿化混凝土孔隙多，表面积大，长期与土壤等含盐量高的物质接触，若在使用环境中常年遭受盐溶液的干湿交替作用，则盐溶液的干湿循环作用将是影响绿化混凝土结构稳定性的重要因素。尤其在护岸工程中处于水位变动区，将同时受到干湿循环、冻融、水侵等多种因素的影响。

6. 抗微生物侵蚀

破坏混凝土的主要微生物来自雨水、河水与污水。多孔植被混凝土的孔隙环境呈低碱性，为微生物提供生存和繁衍的必要条件。微生物对多孔植被混凝土的腐蚀破坏，主要是通过微生物代谢产物来实现。代谢有机碳化物的好氧异养菌、真菌等通过利用有机物产生酸来破坏混凝土。参与氮代谢的反硝化菌和硝化菌，产生亚硝酸和硝酸加速混凝土的中性化。参与硫循环的硫酸盐还原菌把水中的硫酸盐还原成硫化物，接着硫化物硫化菌氧化产生硫酸，破坏混凝土。

7. 抗盐侵蚀

土壤中含有大量对混凝土有破坏作用的硫酸盐、氯盐和镁盐等。土壤溶液中 Mg^{2+}、SO_4^{2-}、Cl^- 的浓度一般都在 0.001 mol/L 以上，有些甚至可达到 0.1 ~ 1.0 mol/L。在盐腐蚀环境中，水泥石的各种组分都不稳定，可与有害离子发生一系列的物理和化学反应，导致混凝土劣化和破坏。此外，盐溶液的干湿交替作用加速了各种有害离子在胶结材层中的渗透，使盐侵蚀的破坏更严重。

8. 抗冲刷性能

根据《水工混凝土试验规程》（SL 352—2006）采用混凝土抗含砂水流冲刷试验（圆环法）测试绿化混凝土的抗冲性，此方法用于比较混凝土在含砂水流冲刷条件下的抗冲磨性能。抗冲刷指标以抗冲磨强度表示，抗冲磨强度是混凝土单位面积上被磨损单位质量所需要的时间。此试验可对护岸绿化混凝土进行相关测试，但由于绿化混凝土的点黏结结构，其脱落形式的块体脱落，评价指标应不同于普通混凝土。

9. 穿透稳定性能

穿透稳定性是植被混凝土所特有的性能指标，指植被从混凝土内部生长后植被混凝土抵抗膨胀破坏的能力。所以在工程应用前，应对预种植植物对绿化混凝土的膨胀破坏性能进行试验，再确定是否适合大范围种植。

4.3.6 多孔植被混凝土耐久性评价标准

目前尚无多孔植被混凝土耐久性的评价标准，对其耐久性的评价应针对多孔植被混凝土在应用中所遭受的典型环境因素作用而展开。抗冻性是影响多孔植被混凝土护坡结构稳定和安全的首要因素。抗冻性的测试采用普通混凝土的抗冻性试验方法，其中，采用慢冻试验法的多孔植被混凝土，能达到300次冻融循环而不被破坏，而采用快速冻融法试验，冻融循环次数仅能达到50次左右。这是由于快速冻融试验时，多孔植被混凝土孔隙中的水结冰膨胀，在试件中产生无法释放的膨胀应力，使混凝土产生冻胀破坏。慢冻法试验时，多孔植被混凝土孔隙总是处于气冻状态，不存在孔隙水的冻胀作用，结果往往显示多孔植被混凝土具有较高的抗冻性。应模拟实际情况进行抗冻试验，不可忽略孔隙土壤对多孔植被混凝土抗冻性的影响。另外，流水的侵蚀是一个持续渐变的过程，通过试验考察多孔植被混凝土在不同流速下，混凝土动弹模量、质量的变化规律以及 $Ca(OH)_2$ 的溶出速度。目前这方面的研究数据较少，仅能表明混凝土中的 $Ca(OH)_2$ 会随着水的透过而溶出，并随水流速度的加快而加快，混凝土的动弹模量及质量也随着 $Ca(OH)_2$ 的溶蚀而降低。

多孔植被混凝土受碳化作用影响非常明显。从短期来看，胶结材料的碳化对多孔植被混凝土是有利的，28 d 强度也没有明显变化，而长期的碳化作用影响目前尚无研究报道。对于酸侵蚀、盐侵蚀、盐溶液的干湿循环作用以及微生物侵蚀，这些方面的研究尚未开展。多孔植被混凝土在使用过程中受到各种环境因素的综合作用，因此对多孔植被混凝土的耐久性评价应综合考虑各个因素的作用，且根据其实际工程情况及地域、气候特点选择评价重点。北方寒冷地区以抗冻性为首要评价指标，而南方暖湿地区更应重视抗流水侵蚀；干旱区域不可忽视抗盐侵蚀，而湿润地区要注意抗酸侵蚀。评价方法则以多孔混凝土的强度比、质量损失和动弹性模量损失为主要评价指标，以多孔植被混凝土的成分变化为参考指标，如测定水泥石的 CaO 含量，一旦 CaO 的损失率超过一定限值就认定混凝土发生破坏，以及通过对化学腐蚀产物的直观分析、化学分析和 X 射线衍射分析，根据腐蚀产物的色泽、分布及化学成分中元素和矿物形态的变化来判定腐蚀的类型和程度。同时，不忽视工程实地调查，以调查结果作为修正因素。

4.3.7 绿化混凝土的应用以及我国的发展方向

1. 绿化混凝土的应用

绿化混凝土具有保护环境、改善生态条件、基本保持其作为结构材料作用的三大功能。能用于城市的道路两侧及中央隔离带、楼顶、停车场等部位，可增加城市的绿色空间，调节人们的生活情绪，同时能够吸收噪声和粉尘，对城市气候的生态平衡起着积极作用。它还能用于水利护坡，不仅可以解决护岸防冲问题，还可以使岸坡绿化，减少热岛效应，把混凝土护坡与绿化完美地结合起来，使混凝土与自然生态和谐相处。截止到2001年，在日本全国河道护岸的施工面积 211000 m² 中，采用绿化混凝土的约为 40000 m²，约占 19%。绿化混凝土的应用在我国也逐年增多，北京、浙江、安徽、吉林、上海、天津等地已经开始使用绿化混凝土。

2003 年上海引进日本绿化混凝土技术，在嘉定区西江的河道整治工程中选择 500 m 长的河道进行了试验，该工程护坡坡度为 1:2.50，在高 1.80~3.20 m 的斜坡范围内铺设绿化混凝土预制块，绿化混凝土上的客土厚度为 2~3 cm。在常水位以上的区域播种白三叶、狗牙根和结缕草；在常水位以下栽种千屈菜和黄昌蒲，喷播后 7~10 d，草发芽变绿，2 个月后，水生植物开花。施工 1 年后，绿化混凝土的表面长出了大量的野生杂草，试验取得了成功。

吉林省于 2001 年 5 月在梅海河口市城区防洪堤坝的迎水面进行了绿化植生混凝土砌护试验。试验区域长 909 m、宽 5.4 m，面积约为 4 908.6 m²。区域内构件采用六角形，对边距为 52 cm，厚度为 10 cm。播种 2 个月后，最长的植草草叶为 6~8 cm，混凝土板被草根穿透。在经过一场大雪后，植生混凝土表面仍有草生长，表明植生混凝土抗冻性能好于地面，更有益于植物生长。2002 年，吉林省长春市净月旅游开发区溪流河堤防工程在多年平均枯水位以上部分铺设了绿化混凝土块 8000 m²，播种了扁穗冰草和无芒雀麦，生长情况良好。2005 年江苏水利系统对淮河入海水道防护工程铺设绿化混凝土 33000 m²，采用尺寸为内空 1 m × 1 m，宽 15 cm，高 10 cm 的混凝土框格。草以狗牙草、三叶草为主，草皮茂盛。

2. 绿化混凝土发展的方向

我国在绿化混凝土方面研究及技术仍处于实验性阶段，今后还须深入研究。当前对植生混凝土的研究主要存在以下几个问题：

(1)我国还未形成一套统一、合理的植生混凝土配合比设计方法，目前报道的植生混凝土设计方法不系统，具体参数不明确，对空隙率与强度之间的矛盾没有提出合理的解决方案。

(2)透水植生混凝土必须满足孔隙率，强度以及 pH 的要求，因此对材料的选用是较严格的。国内提出一些解决植生混凝土碱度的方案，但对孔隙碱度降低效果并不明显，且对于碱度检测方法没有规范的实验方法。各式各样的植物有各自生长所需的 pH，因此我们必须严格控制混凝土中的 pH，确保植物正常生长。

(3)透水植生混凝土的施工工艺与普通混凝土的一次投料法不同，透水植生混凝土采用"造壳法"：先将骨料倒入搅拌机，加部分水搅拌 30 s，搅拌使碎石表面湿润后，再加粉剂搅拌 30 s，最后加剩余水。1 min 以后加减水剂搅拌，整个搅拌过程确保在 4 min 以上，以保证水泥水化反应的充分进行。研究结果表明，"造壳法"在孔隙率变化不大的情况下，可显著提高混凝土的强度，因此"造壳法"是值得推广的搅拌工艺。绿化植生混凝土的成型方式宜采用压实法，现场施工时采用碾压工艺。

(4)应重视对绿化植生混凝土成型后植物生长和耐久性能问题的研究。不同气候条件地区选用透水性铺面材料时应考虑到各类材料耐候性的差别。我国目前普遍存在路面工程"重建设、轻养护"的不良现象。由于绿化混凝土的强度比混凝土低得多，更易损坏，因此要及时进行检查、维护和维修，使其能够正常发挥功能。

(5)国家应该尽快出台相关绿化植生混凝土的技术规程和使用规范，以指导该新型混凝土材料的推广使用，改善环境。

4.4 其他生态混凝土

4.4.1 净水混凝土

将多孔混凝土或透水混凝土应用于污水处理，依靠其物理、化学以及生物化学作用，达到净水的目的。如果将这种混凝土作为海绵城市低影响开发净水系统的一部分，将会起到意想不到的作用。在水质自然净化的方法中比较注重石子与石子之间接触氧化法，它是在由细菌等形成生物膜的石子与石子之间通过污水，经石子表面的生物膜促进有机物的分解从而使水质净化。

1. 物理净化

净水生态混凝土的孔隙率一般为 15% ~ 35%，孔径从几微米到几毫米，生态混凝土在制备过程中加入的缓释材料也增加了内部的微孔结构，成为很好的过滤材料。使用 5 ~ 13 mm 的碎石为粗骨料制造的多孔混凝土，其厚度为 30 cm 时，与水接触的表面积是普通混凝土的100 倍以上，因此有很好的吸附能力。另有文献表明，污水悬浮物的去除主要与生态混凝土孔结构及净水模块的块数有关。

2. 化学净化

众所周知，石灰是常用的化学净水材料，不但可以调节 pH，而且作为无机混凝剂可使污水中的悬浮物质絮凝沉淀，在澄清的同时也降低了水中污染物质的含量。混凝土组成材料中的水泥在水化过程中，以及混凝土浸泡在水中都会不断地溶释出 $Ca(OH)_2$，从而起到净化作用。混凝土中的层状矿物，层状水泥石矿物中的一些离子能对污水中的阴、阳离子产生离子交换。如生态混凝土中缓慢释放出的镁离子能与污水中铵离子发生离子交换，铵离子被多孔混凝土巨大的表面积吸附，再依靠硝化细菌的生物作用逐步硝化。从生态混凝土上脱离出来的镁离子会与污水中的磷酸根离子反应生成难溶的磷酸氢镁三水化合物：

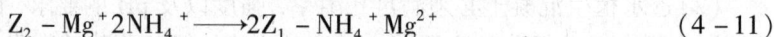

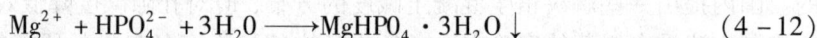

$$Z_2 - Mg + 2NH_4^+ \longrightarrow 2Z_1 - NH_4^+ Mg^{2+} \tag{4-11}$$

$$Mg^{2+} + HPO_4^{2-} + 3H_2O \longrightarrow MgHPO_4 \cdot 3H_2O \downarrow \tag{4-12}$$

在生态混凝土中缓慢释放的铝离子主要形成氢氧化铝胶体，与污水中的悬浮物质絮凝沉淀，达到净水的目的。所以，可在生态混凝土中掺加缓释性净水材料如铝、镁离子，既可阻缓钙离子的溶出，同时可去除污水中氮、磷等营养物质。

3. 生化净化

生态混凝土的多孔结构为微生物提供了适宜的生存环境和空间，在污水处理过程中会附着生长多种微生物从而形成生物膜。生物膜是蓬松的絮状结构，微孔多，表面积大，具有很强的吸附能力。污水在流经生态混凝土过程中。生物膜微生物以吸附和沉积于膜上的有机物为营养物质。将一部分物质转化为细胞物质，进行繁殖生长，成为生物膜中新的活性物质，另一部分物质转化为排泄物，在转化过程中放出能量，供应微生物生长的需要。目前已发现有细菌类(硝化细菌、甲烷菌、脱氮菌等好氧型和厌氧型细菌)，藻类(硅藻类、绿藻类、蓝藻类、涡鞭藻类)，原生动物(根足虫类、轮虫类)，后生动物等多种生物发挥作用。由于在生态混凝土生化净水中微生物起主导作用，所以要求生态混凝土的 pH、系统环境温度能适合微生物的生长，另外也要有尽可能足够的生存空间，即要有足够的比表面积供微生物生长。

国外至今没有对净化水质的混凝土做大量的实际应用，其主要原因是污水中的固体物质沉积在混凝土上，会很快堵塞多孔混凝土的孔隙，使其失去净水功能。我国同济大学从 1997 年开始研究生态混凝土材料，并且成功开发了一套生态混凝土污水处理技术，该技术有如下一些特点：

(1)可大幅度降低建设投资。生态混凝土治理污水技术，主要采用水泥、石子等廉价材料，因此建设投资费用低。据测算，直接建设费用为日处理 1 m^3 水 400 ~ 500 元，即相当于常规处理方法的 1/3 左右。同样处理 25×10^4 m³ 污水，投资仅 1 亿元。

（2）日常运行费用低。采用生态混凝土治理污水技术，除进水泵运转即定期排泥外，运动部件很少，管理操作人员也少，因而运转费用低，而且系统的耐久性好，维护费用低。日常处理和维护费用经测算只有常规处理方法的 1/4 左右。

（3）规模大小比较灵活。可以根据周围环境和实际需要自由设计处理装置的能力。面对我国水污染问题日益严重的现状，该技术为解决水污染问题提供了一种新的技术途径，开拓了生态混凝土材料的应用领域，具有明显的社会经济价值。

4.4.2　电磁屏蔽混凝土

在当今信息技术飞速发展的时代，信息技术的载体计算机网络、信息处理设备、电子通信设备及各种电器设备已在各个行业广泛应用，特别是电子元件小型化、高度集成化以及电子仪器仪表轻量化、高速化和数字化，信号电平小，易受外界电磁干扰而使其动作失误从而带来严重后果，因此必须采取各种有效防护措施，才能保障其不受干扰和瘫痪；从电磁信号泄露失密方面，无论军事部门秘密还是商业部门秘密由于电磁波泄露，都可能会造成极大损失，为此必须采取相应的屏蔽措施，防止电磁信号泄露和被侦测，以预防失密；从预防电磁波污染来讲，屏蔽电磁污染使其限定在一定区域，已成为环保防护最为活跃的研究方面之一。

研究人员通过对混凝土进行改性而得到的一种防护或遮挡电磁波的混凝土，称为电磁屏蔽混凝土。其主要功能是防止建筑内部电磁信号的泄露和外部的电磁干扰。关于电磁屏蔽混凝土的材料组成，日本开发了由金属纤维、碳纤维、有孔玻璃珠和铁粒子混合组成的吸收电磁波混凝土材料，并开发了含烧结铁酸盐集料的稳定吸收电磁波的混凝土材料，其主要使用的材料如下：普通硅酸盐水泥、烧结 Mn－Zn 系铁酸盐（相对密度为 4.8）和 Mg－Zn 系铁酸盐（相对密度为 4.6）破碎后调整粒度的集料、3 mm 长沥青基卷发状碳纤维增强材料、多羧酸盐系减水剂、丙烯酸系树脂乳液和增黏剂。国内外研究电磁屏蔽混凝土多是在混凝土中掺碳或碳纤维，即碳纤维混凝土。碳纤维混凝土是在普通混凝土中，均匀地加入短碳纤维而构成的纤维增强水泥基复合材料，与普通混凝土相比，它不仅抗拉强度高、极限抗拉应变大，而且还具有温度和压力的自感知及电磁屏蔽等特性，是土木工程界新型的功能材料，在大型土木工程结构和基础设施的安全监测，以及电子设备的电磁屏蔽等领域具有广泛的应用前景。

日本通过在混凝土中掺入碳纤维而研制出的预制板已成功地应用在 9 层大楼的屏蔽围护结构上，美国五角大楼在建造过程中也使用了电磁屏蔽混凝土材料。电磁屏蔽多功能混凝土在军事上可用于防护工事，防止核爆炸电磁杀伤、干扰和常规武器（如电磁炸弹、干扰机）杀伤、干扰的电磁屏蔽防护，也可用于军用、民用电磁信号泄露失密的电磁屏蔽防护，民用电磁污染限定在一定范围的电磁防护。在现代城市建设中，高层建筑林立，造成电磁干扰波的多次反射，发生干扰，在将来城市高级商品房的开发上，用电磁屏蔽混凝土薄板内外装饰的兼具电磁污染防护和室内电磁信号泄露失密防护功能的商品房将具有较好的发展潜力。另外，电磁屏蔽多功能混凝土还可用于发射台（电视台、电台）、基站、微波站、EMC 实验室、高压线下建筑物等。据统计，我国有 7000 多个县，每个县至少有一个电视台或电台，全国电视台和电台总数至少在 10000 以上。如果开发出的电磁屏蔽混凝土应用在此方面，也将会带来很大的经济效益。

4.4.3　隔声、吸声混凝土

噪声污染是目前严重的环境污染之一，随着现代工业化程度的不断提高，噪声污染也日益加剧，严重影响人们的身心健康，因此，对噪声的控制迫在眉睫。而机动车交通产生的噪声约占噪声来源的1/3，尤其是高速公路交通流量大、车速快，对道路两侧的居民造成极大的困扰。吸声混凝土就是为了减少交通噪声而开发的，它是以普通硅酸盐水泥为胶结材料，掺加陶粒、膨胀珍珠岩等多孔集料以及纤维、发泡剂等其他外加剂而制得的。目前，主要适用于机场、高速道路、高速铁路两侧、地铁等产生特定噪声的场所。它能明显地降低交通噪声，改善出行环境以及公共交通设施周围的居住环境。

为了防止噪声，一般从抑制噪声源、噪声传递路径、隔声及吸声等几个方面寻求对策。采用多孔、透水的混凝土路面可以降低车辆行驶所产生的噪声，这是从抑制噪声源方面采取的防止措施。而吸声混凝土则是针对已经产生的噪声所采取的隔声、吸声措施。如果采用普通、比较致密的混凝土制作隔声壁，根据重量法则，墙壁的面密度越大，声波越不容易透过，隔声效果越好。但是致密性的混凝土对声波反射率较大。虽然对噪声源外侧降低噪声效果显著，但是内侧噪声仍然很大，对处于噪声源影响范围之内的人来说。仍然难免噪声之苦。

而吸声混凝土具有连续、多孔的内部结构，具有较大的内表面积，与普通的密实混凝土组成复合构造。多孔的吸声混凝土直接暴露面对噪声源，入射的声波一部分被反射，大部分则通过连通孔隙被吸收到混凝土内部，其中有一小部分声波出于混凝土内部的摩擦作用转换成热能。大部分声波透过多孔混凝土层，到达多孔混凝土背后的空气层和密实混凝土板表面再被反射，而大部分被反射的声波从反方向再次通过多孔混凝土向外部发射。在此过程中，与入射的声波具有一定的相位差，由于干涉作用互相抵消一部分，对减小噪声效果明显。这种特性使吸声混凝土在住宅中的某些易于产生噪声的场所也将有应用前景。

多孔吸声混凝土通常暴露在噪声环境下使用，要求吸声混凝土对从低音域到中、高音域频率的声波均具有吸收的能力。同时还要求吸声混凝土具有良好的耐久性、耐火性、施工性和美观性。吸声混凝土所用的原材料通常为普通硅酸盐水泥或早强硅酸盐水泥，骨料在满足吸声板强度要求的前提下，尽量选用施工性良好的轻质骨料，包括天然轻骨料和人造轻骨料，如粉煤灰陶粒、人造沸石为材料制造的轻骨料等，骨料的粒径一般为 2～10 mm。

轻质发泡混凝土也可作为吸声混凝土使用，干容重为 500～900 kg/m³ 的泡沫混凝土，当其抗压强度为 2.5～7.5 MPa 时，泡沫混凝土隔声性能接近 20 dB，加之泡沫混凝土具有耐潮、耐火、强度较高等优点，且比其他吸声材料造价更低，是一种可以大力推广的优质隔音材料。在吸声混凝土中，胶结材料所起的作用很大，通过调整所用胶结材料(水泥浆体)的量和外加剂掺量(外加剂加入工艺以及养护条件也将影响其在水泥基多孔混凝土中的发泡效果)可以提高吸声效果以及其他性能。例如，添加硅粉可以提高强度，掺入聚合物以防止表面剥离，加入碳纤维和铝粉能够提高吸声性。掺入高效减水剂能够确保拌合物的稠度等。由于多孔混凝土吸声板，或多孔混凝土层的厚度、表面粗糙度等因素对所能吸收的声波频率带具有影响，因此吸声板的外形不仅影响其美观性，而且影响其吸声效果。通常吸声板表面要做成凹凸交替的花纹，并且在多孔混凝土板的背后和普通混凝土板之间设置空气层，以提高吸声效果。

4.4.4　湿度调节混凝土

湿度调节混凝土是具有对室内空气进行自动调节功能的生态混凝土。空气湿度过大或过小都会给人们带来不舒适感，在北方冬季取暖期由于建筑物不是采用天然的具有调湿功能的材料(木材、纸制品等)，而是采用混凝土建成的，会使人的皮肤干燥，衣服、计算机易产生静电，家具出现干裂，人们不得不使用加湿器调节室内湿度。

1989 年日本研究出一种湿度调节混凝土(FASC)。该混凝土使用预先加大量水的骨料，搅拌后从骨料中慢慢放出水，使水泥水化。水泥用普通硅酸盐水泥，细骨料用海砂，粗骨料用 5 ~ 10 mm 和 10 ~ 15 mm 两种粒度的粉煤灰陶粒，以表干重量 1:1 混合使用，具有开放空隙，能吸附 25% 重量的水。FASC 混凝土的优点是不结露，其原因是硬化的 FASC 混凝土吸放湿性好。把 FASC 混凝土、砂浆、普通轻混凝土及木材置于 30℃ 恒温变湿(相对湿度由 70% 变到 98%)的室内，结果木材吸湿量最大，其次是 FASC 混凝土，砂浆最小。FASC 24 h 吸湿量是砂浆的 3 倍，是普通轻混凝土的 2 倍。吸湿试验开始后，各试体吸湿 0.19 的时间为砂浆及轻混凝土需 10 min，而木材和 FASC 混凝土需 30 min，说明它和木材同样是不容易结露的材料。另外，在室温 30℃ 时，湿度由 98% 变到 70% 的放湿试验结果放湿量木材最大，其次是 FASC 混凝土，砂浆最小。FASC 混凝土 24 h 的放湿量是砂浆的 3.5 倍，是轻混凝土的 2 倍。

利用特殊工艺烧制并经过表面处理、具有特定孔结构和颗粒特征的陶粒作为释水因子，使其预先储存一定的水分，在混凝土内部相对湿度急剧降低的情况下，毛细管作用使这种材料释放出水分，一方面降低混凝土的自收缩值，另一方面也可缓解膨胀剂由于缺水而难以发生反应产生膨胀的问题。对这种释水因子的颗粒特征、孔结构、表面特性进行有意设计，使其水分释放行为与混凝土内部相对湿度的变化规律协调发展，避免一般的轻质多孔集料水分释放量不足或水分释放速度过快的缺点，从而达到温湿调节的目的。

日本的另一种湿度调节型混凝土，可在不同湿度下可吸附、脱附水蒸气。这种采用混入天然丝光沸石砂浆制作的混凝土板材已在东京、大阪、滨松等城市应用。该自动调节环境湿度的混凝土材料自身即可完成对室内环境湿度的探测，根据需要对其进行调控。这种混凝土材料用于自动调节环境湿度功能的关键组分是沸石粉。其机理为：沸石中的硅酸钙含有 3×10^{-10} ~ 9×10^{-10} m 的孔隙，这些孔隙可以对水分、NO_x 和 SO_x 气体选择性地吸附。通过对沸石种类进行选择，可以制备符合实际应用需要的自动调节环境湿度的混凝土复合材料。它具有如下特点：优先吸附水分；水蒸气压低的地方，其吸湿容量大；吸、放湿与温度相关，温度上升时放湿，温度下降时吸湿。它主要用在对湿度和温度有敏感要求的食品仓库、美术作品收藏室和用于有节能要求的建筑物等。

4.4.5　海洋生物适应型混凝土

海洋生物适应型混凝土，能够营造出适合于生物生长生息的空间或空隙，能够为海藻类生物提供合适的附着表面，并能在混凝土表面增殖，混凝土周围的水质对生物的生长没有不良影响。同时还需考虑混凝土的组成、溶解性、颜色、PH、表面粗糙度、附着性、透光性等因素。此外，混凝土结构物周边的水流、波浪、遮光性等环境条件对生物的生息、聚合物的生息以及聚集等均有影响。

目前开发并已经实际应用的海洋生物适应型混凝土有人工礁石。这种多孔混凝土礁石放置在海洋之中，附着在表面的海藻类数量是普通混凝土块的 2~3 倍，且海藻生长茂盛。此外还有用于淡水域的河床、护岸等混凝土构件，构件的表面做成凹凸不平的形状，使之尽量接近自然状态的河床、河岸的状态，为水中的藻类、植物提供根部附着的场所，为鱼类提供水中生息和避难的场所。在日本，现已有大量的这种人工渔礁，由于在材料上采用了生态、环保、高耐久性的混凝土材料，应用 20 余年的人工渔礁仍完好无损。我国科学家已在辽宁省沿海进行了人工礁石的研究：根据鲍鱼生长特征设计了专用人工礁石，在配制混凝土的过程中，考虑到混凝土中掺入微量元素对海洋中藻类附着非常有利，经多次试验确定了微量元素的含量。同时，考虑到礁石在海洋环境中的耐久性，对工艺制作、配比优化、海岛特殊环境下的养护条件、混凝土在海流冲刷下的长期稳定性等进行了大量研究。

4.4.6 其他混凝土

防菌混凝土是在混凝土中添加杀菌剂如三丁基氧化物和木榴油、二磷酸氧化物和木榴油、氟硅酸及钾盐或锌盐等配制而成的，可防止潮湿或污水环境中混凝土受水中有机物分解、藻类生物、混凝土碳化而使混凝土产生腐蚀或表面污染。在日本还将防藻剂涂在混凝土表面或加入混凝土中，可防止地衣类或蓝藻类菌在混凝土表面的生长，避免建筑物受污染。需要说明的是，防菌混凝土并不能防止所有的细菌和微生物，而是针对某种细菌和微生物，所以某一种防菌混凝土只适用于某一种情况。下水道以及相应潮湿的部位，经常因细菌泛滥引起许多不良后果，在该环境中采用防菌混凝土是十分有效的。

光催化自洁净混凝土采用的光催化剂为二氧化钛，光催化自洁净混凝土的光催化原理实际上就是二氧化钛的光催化原理。因为二氧化钛的禁带宽 3.2 eV，故当它吸收了波长小于或等于 387.5 nm 的光子后，价带中的电子就会被激发到导带，形成带负电的高活性电子，同时在价带上产生带正电的空穴。在电场的作用下，电子与空穴发生分离，迁移到粒子表面的不同位置。热力学理论表明，分布在表面的正电空穴可以将吸附在二氧化钛表面的 OH^- 和 H_2O 分子氧化成 $OH°$ 自由基。顺磁共振研究也证明在水体中，二氧化钛表面确实存在大量的 $OH°$ 自由基。而 $OH°$ 自由基的氧化能力特别强，能氧化大多数的有机污染物及无机污染物，将其最终降解为 CO_2 和 H_2O 等无害物质。

生态环境友好型混凝土种类还有很多，例如能够吸收有害气体的混凝土、能储热的混凝土等。

习 题

1. 简述透水混凝土的材料组成及配合比。
2. 简述绿色混凝土的基本组成、特性及应用。
3. 简述隔声、吸声混凝土的特性。

第 5 章 太阳能与建筑一体化技术

【知识目标】

1. 熟悉太阳能原理；
2. 熟悉与了解太阳能集中热水器系统施工设计工法；
3. 了解太阳能冷暖空调系统应用工法；
4. 熟悉与了解太阳能导光管采光照明施工工法。

【能力目标】

1. 能参与利用太阳能进行简单的建筑一体化设计；
2. 能参与对太阳能与建筑一体化应用案例进行的分析运用。

5.1 太阳能概述

5.3.1 什么是太阳能

太阳自古以来就被认为是万物之主。太阳内部氢聚变成氦的原子核反应，不停地释放出巨大的能量并向宇宙空间辐射，这就是太阳能。太阳能的范围非常大，地球上的风能、水能、海洋温差能、波浪能和生物质能，以及部分潮汐能都来源于太阳。太阳能取之不尽，用之不竭，对环境无污染，不产生公害，被誉为最理想的能源。

太阳能是最重要的基本能源，太阳每秒钟释放出来的能量达 3.73×10^{17} MJ，相当于每秒钟燃烧 1.28×10^8 t 标准煤所释放出来的能量，辐射到地球上的能量只有它的 22 亿分之一，每秒钟照射到地球上的能量相当于 5×10^6 t 标准煤燃烧所释放的能量。如果连续照射 40 min，便可满足全人类一年的能量需求。太阳内部的这种核聚变反应可以维持很长时间，据估计有几十亿至几百亿年，相对于人类的有限生存时间而言，太阳能可以说是取之不尽、用之不竭，也是安全可靠、健康环保的能源。

5.1.2 太阳能原理

太阳能是太阳内部连续不断的核聚变反应过程产生的能量。地球轨道上的平均太阳辐射强度为 1367 kW/m²。地球赤道的周长为 40000 km，从而可计算出，地球获得的能量可达 173000 TW。在海平面上的标准峰值强度为 1 kW/m²，地球表面某一点 24 h 的年平均辐射强度为 0.20 kW/m²，相当于 102000 TW 的能量。人类依赖这些能量维持生存，其中包括所有其他形式的可再生能源(地热能资源除外)，虽然太阳能资源总量相当于现在人类所利用的能源的一万多倍；但太阳能的能量密度低，而且它因地而异，因时而变，这是开发利用太阳能面临的主要问题。太阳能的这些特点会使它在整个能源体系中的作用受到一定的限制。

尽管太阳能辐射到地球大气层的能量仅为其总辐射能量的 22 亿分之一，但已高达173000 TW。地球上的风能、水能、海洋温差能、波浪能和生物质能以及部分潮汐能都来源于太阳；即使是地球上的化石燃料（如煤、石油、天然气等），从根本上说也是远古以来贮存下来的太阳能。所以广义的太阳能所包括的范围非常大，狭义的太阳能则限于太阳辐射能的光热、光电和光化学的直接转换。

太阳能既是一次性能源，又是可再生能源。它资源丰富，可免费使用，又无须运输，对环境无任何污染，为人类创造了一种新的生活形态，使社会及人类进入了一个节约能源、减少污染的时代。建筑是能源消耗大户且也是应用太阳能的重要方面，因此建筑的太阳能技术有着广阔的应用前景与十分重要的技术经济与生态环保意义。

5.1.3 太阳辐射

太阳辐射热是地表大气热过程的主要能源，也是对建筑物影响较大的一个参数。日照和遮阳是建筑设计中最关键的因素，这都是针对太阳辐射的。特别是太阳能建筑的设计，必须仔细考虑可作为能源使用的太阳辐射热。

1. 直射辐射、散射辐射和总辐射

当太阳的射线到达大气层时，其中一部分能量被大气中的臭氧、水蒸气、二氧化碳和尘埃等吸收；另一部分被云层中的尘埃、冰晶、微小水珠及各种气体分子等反射或折射而形成漫反射，这一部分辐射能中的一部分返回到宇宙中去，另一部分到达地面。我们把改变原来方向而到达地面的这部分太阳辐射称为散射辐射，其余未被吸收和散射的太阳辐射能仍按原来的方向，透过大气层直达地面，故称此部分为直射辐射。直射辐射和散射辐射之和称为总辐射。

2. 太阳常数

由于地球以椭圆形轨道绕太阳运行，因此太阳与地球之间的距离不是一个常数，而且一年里每天的日地距离也不一样。众所周知，某一点的辐射强度与距辐射源的距离的平方成反比，这意味着地球大气上方的太阳辐射强度会随日地间距离不同而异。然而，由于日地间距离太大（平均距离为 1.5×10^8 km），所以地球大气层外的太阳辐射强度几乎是一个常数。因此人们就采用太阳常数来描述地球大气层上方的太阳辐射强度。它是指平均日地距离时，在地球大气层上界垂直于太阳辐射的单位表面积上所接受的太阳辐射能。通过各种先进手段测得的太阳常数的标准值为 1353 W/m^2。一年中由于日地距离的变化所引起太阳辐射强度的变化不超过上 3.4%。

3. 理想大气总辐射

理想大气总辐射是指太阳辐射能通过理想大气到达接受面上的太阳辐射能，一般给出水平面上的数值，通常用 I_i 表示。

理想大气又叫"干洁大气"，就其成分而言，除了没有水汽和各种微粒杂质外，与实际大气并无区别。理想大气中使日照削弱的因素是臭氧、氧和二氧化碳的选择性吸收以及空气分子的散射。

4. 大气质量

大气质量是指太阳辐射穿过大气层所通过的路程。大气质量 m 的计算见下式：

$$m = 1/\sin h \tag{5-1}$$

式中，h——太阳的高度角。

5. 辐射换热

由于任何物体都具有发射辐射和对外来辐射吸收反射的能力，所以在空间内任意两个相互分离的物体，彼此间就会产生辐射换热。如果两个物体的温度不同，则较热的物体向外辐射而去的热量比吸收外来辐射而得到的热量多，较冷的物体则相反，这样，在两个物体之间就形成了辐射换热。应注意的是，即使两个物体温度相同，它们也在进行着辐射换热，只是处于动态平衡状态。

两表面的辐射换热量取决于表面的温度，表面发射和吸收的能力，以及它们之间的相互位置。

6. 太阳能量转换方式

1）光能转热能

利用一些物质作为媒介，可以充分吸收太阳能并将其有效地转换成人类可直接或间接使用的热能，如利用太阳能加热水，用于采暖供热。

产生热能的多少取决于采热管的数量与效能，以及热媒的质量。太阳能光热系统由太阳能光热管、支架、控制器等组成。

（1）太阳能光热管：是太阳能光能转换为热能的核心部分，通过光热管将吸收的太阳光使光热管内媒介质升温。

（2）支架：作为固定采热器的设施，或固定于屋面或挂于墙面。

（3）控制器：主要用于控制水温及外源电能的转入。

2）光能转电能

由于一些物质能把光能转换成电能，如硅晶体等半导体就可以通过光把原子内部的电子激发而产生电势能，这种电势能经过特殊装置的处理、储存、输送就能成为人类使用的电能。

产生电能的多少取决于采光板的太阳能电池的采光面积与电池板的光转电质量。太阳能发电系统由太阳能电池组件、太阳能控制器、蓄电池（组）组成。如负载工作电压为交流 220 V，还需要配置相应的逆变器。

（1）太阳能电池组件：太阳能电池组件是太阳能发电系统中的核心部分，其作用是将太阳的辐射能量转换成电能。

（2）太阳能控制器：太阳能控制器的作用是控制整个系统的工作状态，并对蓄电池起到过充电保护、过放电保护的作用。

附加功能：温度补偿、光控开关、时控开关。

（3）蓄电池：蓄电池的作用是在有光照时将太阳能电池板所发出的电能储存起来，在需要的时候再释放出来。采用胶体蓄电池，具有无渗漏、无污染、自放电率低、温度适用范围广、寿命长等一系列特点，有铅酸蓄电池无法比拟的优越性能。

（4）逆变器：太阳能直接输出的一般都是直流电，为能向 AC 220 V 的电器提供电能，需要将太阳能发电系统所发出的直流电转换成交流电，因此需要使用 DC-AC 逆变器。

光伏逆变器具有安装快捷、方便，可靠性高，高频变压技术使之在最小空间内实现最大输出，智能模块管理程序使系统实现最大的功率输出等一系列优点。

3）利用光能照明

太阳光是最好的照明，为了更有效地发挥太阳自然光的照明作用，可通过专用设施将光引入建筑物室内或通过专用光缆将光引入建筑物或构筑物内，这种技术称为光导技术。

5.1.4 我国太阳能资源情况

1. 我国太阳能资源分布特点

我国太阳能资源分布的主要特点为：太阳能的高值中心和低值中心都处在北纬22°~35°这一带，青藏高原是高值中心，四川盆地是低值中心；太阳年辐射总量，西部地区高于东部地区，而且除西藏和新疆两个自治区外，基本上是南部低于北部；由于南方多数地区云雾雨多，在北纬30°~40°地区，太阳能的分布情况与一般的太阳能随纬度而变化的规律相反，太阳能不是随着纬度的增加而减少，而是随着纬度的增加而增加。

2. 我国太阳能资源分布

太阳能资源的分布具有明显的地域性。这种分布特点反映了太阳能资源受气候和地理等条件的制约。根据太阳年辐射量的大小，可将中国划分为四个太阳能资源带。

1）资源丰富带

全年日照时长为2800~3300 h。在每平方米面积上一年内接受的太阳辐射总量大于6700 MJ，比230 kg标准煤燃烧所发出的热量还要多。主要包括宁夏北部、甘肃北部、新疆东南部、青海西部和西藏西部等地，是中国太阳能资源最丰富的地区，与印度和巴基斯坦北部的太阳能资源相当。尤以西藏西部的太阳能资源最为丰富，全年日照时长达2900~3400 h，年辐射总量高达7000~8000 MJ/m²，仅次于撒哈拉大沙漠，居世界第2位。

2）资源较丰富带

全年日照时长为3000~3200 h。在每平方米面积上一年内接受的太阳能辐射总量为5400~6700 MJ，相当于200~300 kg标准煤燃烧所发出的热量。主要包括河北北部、山西北部、内蒙古南部、宁夏南部、甘肃中部、青海东部、西藏东南部和新疆南部等地，为中国太阳能资源较丰富区。

3）资源一般带

全年日照时长为2200~3000 h。在每平方米面积上一年接受的太阳辐射总量为4200~5400 MJ，相当于170~200 kg标准煤燃烧所发出的热量。主要包括山东东南部、河南东南部、河北东南部、山西南部、新疆北部、吉林、辽宁、云南、陕西北部、甘肃东南部、广东南部、福建南部、江苏北部、安徽北部、天津、北京和台湾西南部等地，为中国太阳能资源一般地区。

4）资源缺乏带

全年日照时长为1400~2200 h。在每平方米面积上一年内接受的太阳辐射总量小于4200 MJ，比170 kg标准煤燃烧所发出的热量还要低。主要包括湖南、湖北、广西、江西、浙江、福建北部、广东北部、陕西南部、江苏南部、安徽南部以及黑龙江、台湾东北部等地，是中国太阳能资源缺乏的地区。

一、二、三类地区，年日照时长大于2000 h，年辐射总量高于4200 MJ/m²，是我国太阳能资源丰富或较丰富的地区，面积较大，占全国总面积的2/3以上，具有利用太阳能的良好条件。四类地区虽然太阳能资源条件较差，但如能因地制宜，采用适当的方法和装置，仍有一定的利用价值。

5.2　太阳能与建筑一体化简介

5.2.1　什么是太阳能与建筑一体化

太阳能与建筑一体化是将太阳能利用设施与建筑有机结合，利用太阳能集热器(采光器)替代屋顶覆盖层或替代屋顶保温层，或作为建筑物外墙面既消除了太阳能对建筑物形象的影响，又避免了重复投资，降低了工程成本，是未来太阳能技术发展的方向。其特点为：

(1)把太阳能的利用纳入环境的总体设计，把建筑、技术和美学融为一体，太阳能设施成为建筑的一部分，相互间有机结合，取代了传统太阳能的结构所造成的对建筑的外观形象的影响；

(2)利用太阳能设施完全取代或部分取代屋顶覆盖层，可减少成本，提高效益；

(3)可用于平屋顶或斜屋顶，一般对平屋顶而言用覆盖式，对斜屋顶用镶嵌式。

5.2.2　应用技术适用对象

(1)适用于城建较严格，要求安装规范、美观、不损害市容市貌的单位、集体、小区等。

(2)适用于在建筑设计之初，就将太阳能作为建筑的一部分考虑在内，与建筑一同设计。

(3)适用于各种形式的建筑，例如：住宅小区、高层楼群、别墅等。

(4)单台集体购买统一安装，该种形式主要适合于新建住宅小区和旧房改造。

①对物业管理来说，安装规范，便于管理。

②对开发商来说，可作为本楼盘销售的卖点。

③可单独为某个小区设立售后服务卡，免去用户的后顾之忧。

在 2013 年，国内建筑能耗占全社会总能耗的比重较大，热水、空调和采暖能耗占建筑能耗的 65% 左右，而综合利用太阳能，全面实现太阳能与建筑一体化及太阳能光热光电综合应用一体化，太阳能热水可补充 15% 的建筑能耗，采暖、制冷系统可解决 50% 的建筑能耗，光伏发电可节约 30% 的建筑能耗，就可建成最理想的零能耗房。针对建筑需求提供不同的解决方案。

未来 15 年，国内城市化的进程仍将高速增长，太阳能行业的市场重心将逐步由农村转向城市，随着行业的技术升级不断加快、一体化的标准日益完善，系统集成技术的加快完善，企业的发展新模式的逐步建立，势将产生一批新型的由生产型逐步向技术集成、建筑施工型转变的企业。

5.2.3　太阳能应用发展

1. 数字太阳能

据国家发改委能源局公布的调查数据显示，中国已呈现出成为世界最大可再生能源市场的态势，特别是太阳能热水器运行保有量，2006 年已达 9000 万 m^2，占世界太阳能热水器应用面积的 60% 左右。为实现能源局近期公布的可再生能源发展目标，到 2020 年全国至少需要 1790 亿美元的投资。

数据显示，目前中国约有 8% 的家庭使用太阳能热水器，市场自 1998 年以来，年均增长率维持在 27%。与此相呼应，欧洲太阳能光热技术中心与欧洲太阳能光热产业联合会最近出台的报告称，2006 年，欧洲光热市场以大于 35% 的比率迅猛增长，产量达到 1900 MW。法国、英国和德国是增长速度最快的 3 个国家，以 40%～70% 的比率快速扩张。特别值得一提的是法国，在过去几年中，法国光热产业一直以 50%～100% 的速度增长，计划到 2010 年，年产量从现在的 150 MW 增加到 700 MW。

为向世界呈现"绿色奥运"，青岛奥林匹克帆船中心在奥帆基地内，安装了太阳能和风能路灯共 168 盏。

2. 太阳能充电器

三洋电机于去年底推出可以用太阳光充电的太阳能充电器套装。

使用太阳能电池可以将预先充好的电储藏在该装置内的另一个充电池中，因而可以不受天气影响随时充电。1～2 节五号电池所需的充电时间约为两个半小时。充电器套装里可容纳 4 节五号电池。

5.2.4　建筑应用太阳能的意义

气候变化已成为全球可持续发展面临的最严峻挑战之一。据美国橡树岭实验室研究报告，自 1750 年以来，全球累计排放了 1 万多亿吨二氧化碳，其中发达国家排放约占 80%。因此，在坚持"共同而有区别的责任"原则下，以提高效能、发展清洁能源为核心，以转变发展方式、创新发展机制为关键，以经济社会可持续发展为目标的低碳发展应成为国际社会的共同行动。

我国正处于工业化、城镇化加快发展的重要阶段，发展经济和改善民生的任务十分繁重。我国人口多、气候条件复杂、生态环境脆弱，适应气候变化的任务十分艰巨。与此同时，积极应对气候变化、发展低碳经济，也为我国落实科学发展观、加快转变经济发展方式带来重要机遇。

我国的建筑使用能耗约占全社会总能耗的 28%，随着城乡居民的消费结构从"衣、食"逐步向"住、行"方向升级，建筑耗能将成为未来 20 年主要能源消费的增长点。努力探索把发展绿色建筑作为调整经济结构、转变发展方式、应付气候变化的有效途径。

5.2.5　太阳能技术与激励政策

1. 太阳能的应用类型

从应用类型来看，太阳能技术可分为三种：

1）太阳能发电技术

太阳能发电技术包括太阳能光伏发电和太阳能热发电。太阳能光伏发电技术成熟，不论是离网光伏发电系统还是并网光伏发电系统都有较大规模的应用和实践。20 世纪 90 年代以来，并网光伏发电系统特别是屋顶并网光伏发电系统的开发和成功运行，使其成为分散式发电系统的一个良好选择，欧盟、美国、日本等相继制定了一系列的计划和规划，并颁布了相应的激励政策促进光伏发电技术的推广和应用。屋顶并网发电模式在国外已得到电力部门的认可，预计 50 年后，仅屋顶能源一项就可提供全世界 1/4 的电能。目前，推广应用的主要障碍是发电成本高。

太阳能热发电技术目前尚处于商业化前夕，世界现有的太阳能热发电系统大致有三类：槽式线聚焦系统、塔式系统和碟式系统。近 20 年来，美国、西班牙、澳大利亚等国家相继开展了示范活动，美国、欧盟还制定了"太阳能热发电计划"，以推动其商业化进程。预计 2020 年前后，太阳能热发电将在发达国家实现商业化，并逐步向发展中国家扩展。

2）太阳能热利用技术

太阳能热利用技术其主要的产品为太阳能热水系统。中国、希腊、以色列等国家的太阳能热水系统主要供应生活和洗浴热水，而欧洲、澳大利亚等的太阳热水系统主要是作为辅助热源与常规能源系统联合运行，在供应生活和洗浴热水的同时，还为建筑供暖。我国的太阳热水系统市场已完全商业化运行，而其他国家的太阳热水系统的发展仍依靠政府的补助和优惠政策，尚未实现商业化运行。

3）太阳能空调技术

世界各国都在加紧进行太阳能空调技术的研究，并开始进入实用化示范阶段。由于已经实现商品化的都是大型的溴化锂吸收式制冷机，目前尚只适用于大中型的中央空调。我国目前也在开展此项技术的研发和试点工作。

2. 我国太阳能技术的应用

目前，我国技术成熟，已形成规模化生产的太阳能产品有两种——太阳能光伏发电系统和太阳热水系统。这两种太阳能产品都可安装在建筑上，都是建筑节能的重要手段。

1）太阳能光伏发电

在国际光伏市场蓬勃发展的拉动下，近两年中国的光伏产业发展迅猛，包括晶体硅片、太阳能电池、太阳能电池组件的生产能力都大为增加。2007 年我国太阳能光伏电池年产量 8.2×10^5 kWP，是 2006 年年产量（3.7×10^5 kWP）的 2.2 倍，是 2004 年年产量（5×10^4 kWP）的 16.4 倍。目前，我国的光伏电池产量已超过了德国，成为世界第二大光伏电池生产国。

与蓬勃发展的光伏产业相比，我国光伏产品的应用却非常滞后，2007 年全国光伏电池年安装量仅为 2×10^4 kWP，光伏发电总容量为 10^5 kWP。我国光伏电池年安装量仅占光伏电池产量的 2.5%，97.5% 的光伏电池产品出口国外。

在我国，用于通信、工业、农村以及边远地区的离网光伏发电系统仍是光伏发电应用的主流，并网发电的城市屋顶光伏发电系统和荒漠电站刚刚起步。在国际市场上，并网发电已成为光伏发电应用的主流。

2）太阳能热水系统

我国太阳能热水系统的发展始于 20 世纪 80 年代，经过 30 多年的努力，太阳热水系统已形成系列化、规模化生产，成为世界上最大的太阳能热水系统生产和应用国。到 2007 年，太阳能热水器年产量达 2.3×10^7 m²，运行保有量达 1.08×10^8 m²，为全国 6000 多万家庭提供热水供应，形成了与电热水器和燃气热水器三足鼎立的局面。特别是在农村地区和中小城镇，太阳热水器已经成为改善人民生活质量，全面建设小康的重要技术手段。

为了满足用户的需求和城市景观的要求，太阳能热水器开始向实用、美观和与建筑结合的方向发展，在太阳能热水器行业和建筑行业的共同努力下，建立了一系列的太阳能与建筑结合试点示范项目，太阳能热水器在建筑上的工程化应用提高迅速。

3. 我国的太阳能激励政策

1）太阳能光伏发电

目前我国支持光伏发电的激励政策包括以下三个方面：

一是对边远地区的光伏补贴政策。政府对利用光伏发电解决边远地区居民的用电问题给予补贴，主要的补贴方式有项目补贴、用户补贴和工程补助等，补贴的资金主要来源于中央财政、地方财政和国际援助等资金。我国政府组织的光伏推广项目有：1996—2000年西藏10座无电县光伏电站项目、1997年启动的光明工程、中国政府和世界银行实施的中国可再生能源发展项目（提供光伏用户系统补贴）、2002—2004年送电到乡工程等。

二是光伏技术的研发支持计划。我国政府对光伏产业的技术研发和产业化发展给予了大量的支持，支持的途径主要有：基础研究计划（又称973计划）、高技术研究计划（又称863计划）、攻关计划（2006年改称支撑计划）、产业化计划等。

三是立法与发展规划。《可再生能源法》以及国家能源发展规划，为光伏产业的发展确立了目标。

目前，我国光伏发电项目的上网电价实施一事一议制度。是否实施光伏发电固定上网电价、如何确定合理的光伏发电上网电价水平是目前制定光伏发电激励政策的热点和难点问题。

2）太阳能热利用

我国于2000年和2005年两次对7家太阳能热水器制造企业的技术改造和产业化发展项目提供了补贴。但是，太阳能热水器行业没有列入国家的财政支持。我国对太阳能热水器产品不提供任何补贴，也没有针对太阳能热水器行业的税收优惠政策。

2006年，国家设立可再生能源建筑应用专项资金，对可再生能源建筑的示范项目、关键技术的集成和推广，以及综合能效检测、标识、技术规范标准的验证及完善提供资金支持。太阳能热水器在建筑上的应用是专项资金支持的重点领域之一。

近两年来，特别是在国家发改委和建设部联合召开"2007年全国太阳能热利用大会"后，很多省市地方政府开始实施强制安装政策。目前，实施强制安装政策的有海南省、江苏省、山东省、深圳市、济南市、青岛市、威海市、武汉市、邢台市、秦皇岛市、三门峡市、烟台市、呼和浩特市、南京市等多个省市地方政府。

各个地方政府强制安装的范围多为12层及以下的民用建筑，包括住宅建筑，以及宾馆、餐厅等公共建筑；要求太阳能热水器与建筑同步设计、同步施工、同步验收；要求如不具备太阳能热水器安装条件的，建设单位应当在报建时向政府主管部门申请认定，政府主管部门认定不具备太阳能集热条件的，应当予以公示。但是，目前出台的多数强制安装政策文件，既没有对太阳能保证率的要求，也没有配套的激励政策。邢台市规定对符合标准的太阳能一体化工程项目，给予城市建设配套费减免50%的优惠，每平方米可减免13.3元城市配套费。

住房和城乡建设部科技司2009年在全国范围内推动太阳能热水器强制安装政策的实施，并组织有关专家开展政策研究工作。自2010年以来国家通过多项政策大力鼓励与推进应用太阳能新能源的发展。

4. 国内外发展综述

太阳是一个巨大的能量源，每秒辐射到地球上的能量相当于500万t标准煤，和人类存在的时间相比，太阳能可以说是一种久远和无尽的能源。随着化石燃料（煤、石油和天然气）

的不断开采和消耗，能源的供应越来越紧张，具有丰富来源的太阳能的开发和利用就显得越发重要和紧迫。太阳能作为清洁的可再生能源，越来越受到人们的重视，应用领域也越来越广泛。据统计，我国 2/3 以上国土面积的年日照时间在 2200 h 以上，年辐射总量在 5.02×10^6 kJ/m^2 以上，为太阳能的利用创造了丰富的资源有利条件。根据太阳能的特点和实际应用的需要，目前在建筑节能方面的应用可分为光电转换和光热转换两种形式。

欧盟在太阳能与建筑一体化的研究及应用方面均处于世界领先地位。欧共体 15 国太阳能热水器集热面积正以 35% 的速度递增，2010 年分体式太阳能热水系统总面积达到 $8.155 \times 10^7 \sim 1 \times 10^8$ m^2。主流产品是平板式太阳能热水系统，以分体式双循环承压运行为主。集热器的安装实现了太阳能与建筑的完美结合。建筑一般为尖顶，集热器像天窗一样镶嵌于坡屋面、平铺于屋脊或壁挂于墙体，和建筑融为一体，增加了建筑美观；防水结构设计合理；屋顶承重小；储热水箱在地下室、阁楼或楼梯间隐藏放置；不占室内空间，避免屋顶承重；保温水箱容积比较大，甚至很多家庭使用双水箱；相应的集热器安装面积也较大，从而满足大量的热水需求；热水的用途不仅仅是洗浴，还用来供暖和提供生活用水；其水质保持清洁，达到饮用水标准；平板集热器板芯采用真空溅射选择性涂层，吸收率高，发射率低，耐久可靠，性能指标好；双循环系统以防冻液为工质，保证高寒地区冬季正常使用；辅助能源选用燃气炉、壁炉或电加热器，一般通过换热器间接加热，确保全天候热水供应。

美国作为世界上最大的能源消费国，为减少能耗和温室气体排放、调整能源结构，早在 1997 年就提出了"百万太阳能屋顶计划"，其目标是到 2010 年在 100 万个屋顶或建筑物其他可能的部位安装太阳能系统，使美国的太阳能应用技术得到极人的提高。美国总统奥巴马刚刚履职，便将能源战略作为新政府引领美国走出经济困境的一张王牌。在 2009 年 2 月份美国出台的刺激经济计划中，要求能源部为新能源项目提供 600 亿美元的贷款担保。

为了加速我国光伏产业的健康发展和国内市场的开拓，我国政府 2009 年相继出台了一系列的扶持政策，如财政部于 2009 年 3 月 26 日发布的《关于加快推进太阳能光电建筑应用的实施意见》和财政部、科技部、国家能源局联合印发的《关于实施金太阳示范工程的通知》，建筑节能名列其中并优先支持太阳能光伏组件应与建筑物实现构件化、一体化项目；优先支持并网式太阳能光电建筑应用项目。

5. 主要技术内容

建筑太阳能一体化是指在建筑规划设计之初，利用屋面构架、建筑屋面、阳台、外墙及遮阳等，将太阳能利用纳入设计内容，使之成为建筑的一个有机组成部分。

太阳能与建筑一体化分为太阳能与建筑光热一体化和光电一体化。

太阳能与建筑光热一体化是利用太阳能转化为热能的技术，建筑上直接利用的方式有：

(1) 利用太阳能空气集热器进行供暖；

(2) 利用太阳能热水器提供生活热水；

(3) 基于集热 – 储热原理的间接加热式被动太阳房；

(4) 利用太阳能加热空气产生的热压增强建筑通风。

目前，利用太阳能热水器提供生活热水的技术比较普遍。

太阳能与建筑光电一体化是指利用太阳能电池将白天的太阳能转化为电能由蓄电池储存起来，晚上在放电控制器的控制下释放出来，供室内照明和其他需要。光电池组件由多个单晶硅或多晶硅单体电池通过串并联组成，其主要作用是把光能转化为电能。目前，多采用把太阳能电池组件发电方阵形成一个整体屋顶建筑构件来替代传统建筑物南坡屋顶，实现了太阳能发电和建筑的完美结合。

6. 技术指标与技术措施

（1）太阳能与建筑光热一体化，按《民用建筑太阳能热水系统应用技术规范》（GB/T 50364—2005）和《太阳能供热采暖工程技术规范》（GB 50495—2009）的技术要求进行。

施工过程应注意：保护屋面水层，防止屋面渗漏；给水排水管保温，最好放置于室内，减少热损；防雷、防风措施，消除安全隐患；安装位置在屋顶或阳台板；高寒地区应有防止结冰炸管的措施。

（2）太阳能与建筑光电一体化按《民用建筑太阳能光伏系统应用技术规范》（JGJ 203—2010）的技术要求进行。

太阳的屋顶政策限定示范项目必须大于 50 kW，即需要至少 400 m² 的安装面积，一般居民建筑很难参与，符合资格的业主将集中在学校、医院和政府等公用和商用建筑。考虑财政部补贴之后，每度电成本可降至 0.58 元/（kW·h）。光伏上网电价是否能在火电上网电价上给予溢价仍不明确，但即使没有溢价，由于发电成本低于电网销售电价，业主仍有动力建设光伏项目以发电自用，替代从电网购电。何况可以期待地方政府给予额外的补贴政策，发电成本将进一步下降。

7. 适用范围与应用前景

1）适用范围

适用于年太阳辐射总量为 5000 MJ/m² 的青藏高原、西北地区、华北地区、东北大部以及云南、广东、海南的部分低纬度地区。太阳能与建筑光电一体化宜建小区式发电厂，不宜建单体光电建筑。

2）应用前景

现阶段在经济发达、产业基础较好的大中城市积极推进太阳能屋顶、光伏幕墙等光电建筑一体化示范，在农村与偏远地区发展离网式发电，在小区推行太阳能热水，以太阳能屋顶、光伏幕墙等光电建筑一体化为突破口，太阳能在我国会有广阔的发展空间。

3）典型工程与应用实例

福建海西光伏发电系统，项目落地南安泉南工业园，金太阳示范电厂的装机容量达到 3000 kW，整个项目建在 8 幢标准厂房屋顶，占用屋顶面积 3×10^4 m²。

东营和利津将分别建设光伏 7 MW 单晶硅太阳能电站和 100 MW 单晶硅太阳能电站。东营电站年发电量 9.48×10^6 kW·h，年节约标准煤 3000 t；利津电站年发电量 1.3×10^8 kW·h，每年可节约标准煤 47000 t，减少二氧化碳排放量 140000 t。

5.3　太阳能建筑一体化技术

5.3.1　太阳能建筑一体化设计

1. 设计原则

太阳能集热器、采光板、光电板、光导筒等作为后期添加的设备随意安装，不仅在造型上很难与建筑结合，影响美观，而且容易破坏建筑结构和设备系统，在防水、保温、隔声等方面会有所损失，出现得不偿失的不利局面，极大地影响太阳能技术的推广和应用。因此，在建筑设计之初就要做好统筹规划，使各项技术措施成为建筑不可缺少的一部分。

太阳能与建筑结合的优点和优势包括：太阳能技术与建筑的结合能有效地减少建筑损耗，从而有效减少占总耗能30%的建筑能耗；太阳能与建筑结合，电池板和集热器安装在屋顶或屋面上，不需要额外占地，节省了土地资源；太阳能与建筑结合，就地安装、就地发电上网和供应热水，不需要另外架设输电线路和热水管道，降低对市政配套的依赖，同时也减少了对市政建设的压力；太阳能产品没有噪声，没有排放，不消耗任何燃料，公众易于接受。对于住宅区，则可以采用新技术 24 h 供应热水以及成为小型的独立电站；节约配套设施（锅炉房）的用地，同时能降低配套设施（锅炉房）对周边房屋的价格影响；降低物业运营成本，增加物业收益。

2. 设计要点

我国的太阳能真空管集热技术在国际上处于领先水平，新型太阳能集热器的试制成功，使太阳能热水器可直接作为建筑构件，在屋顶、墙面和阳台应用。例如，斜坡和平顶镶嵌式太阳能热水器集热板均可紧贴屋面或作为屋面组成部分，加之先进的自控装置应用，还能使太阳能热水器具有调节水量、流量、补充冷水、平衡自来水和热水流量等功能。

屋顶光伏发电系统和与建筑结合的太阳能热水系统的共同点是其太阳能采集部件、光伏系统的太阳电池板和太阳能热水系统的集热器，都可以安装在屋顶上，都需要在屋顶预留安装位置以及电路和水管的进出管路，要注意电池板和集热器的安装对建筑的功能和景观以及城市景观的影响。相比之下，太阳能热水系统与建筑结合的难度要大一些，主要原因是进出水管与屋顶的结合较难处理。

太阳能导热系统则需要在屋顶留置孔洞，用以安装导光筒、采光器等设施。

太阳能系统与建筑结合需要做到同步设计、同步施工。一体化结合至少达到如下四个方面的要求：在外观上，合理摆放光伏电池板和太阳能集热器与导光筒等设施，无论是在屋顶还是在立面墙上，应实现两者的协调与统一；在结构上，要妥善解决光伏电池板和太阳能集热器的安装问题，确保建筑物的承重、防水等功能不被破坏，不受影响，还要充分考虑光伏电池板和太阳能集热器抵御强风、暴雪、冰雹等的能力；在管路布置上，建筑物中都要事先留出所有管路的通口，合理布置太阳能循环管路以及冷热水供应管路，尽量减少在管路上的电量和热量的损失；在系统运行上，要求系统可靠、稳定、安全，易于安装、检修、维护，合理解决太阳能与辅助能源的匹配以及与公共电网的并网问题，尽可能实现系统智能化全自动控制。

5.3.2 太阳能集中热水系统施工设计工法

在利用太阳能光热能方面，集中热水系统是较好的模式，如同建筑中的水和电的集中供给方式一样，可以实现统一管理，而达到节能、高效、成本低、费用广、维修方便等要求，以适应现代物业管理和用户的需求。同时，做到与建筑结构同步设计、同步施工。

太阳能集中热水系统主要由集热贮热循环系统、辅助加热供水循环系统和智能控制系统等组成，根据太阳能利用条件、集热器安装位置和日平均用热水量等计算确定太阳能集热器面积及贮热水箱体积；根据建筑物现有能源选择辅助热源，使资源优化配置，采用智能化电气控制系统，按照用户的使用要求，实现全天候或定时供应水温不小于45℃的热水。因此，系统设计是关键的环节，为此特编写设计工法，说明具体设计步骤与内容。

1. 系统特点

1）节能环保

采用丰富的可再生资源——太阳能，作为房屋建筑集中热水系统（或采暖用热水系统）的主要热源，可减少能源与资源的消耗，减少二氧化碳对空气的污染。

2）保证工程施工质量，提高工程观感质量

太阳能集中热水系统与房屋建筑结构统一规划设计、同步施工，设备、管线设置合理，与结构工程同步施工、科学有序，与建筑物协调一致，保证了工程整体的施工质量，提高了建筑物的观感质量。

3）技术先进，功能完善，操作简单，运行安全可靠

采用先进的智能化自动控制系统，配备完善的功能设施和安全设施，操作简单，运行安全可靠。

4）优化资源配置

可利用工程现有条件和地方资源优化配置辅助加热能源，如中央空调系统能源、市政蒸汽管网系统能源等，达到能源的充分利用。

2. 适用范围

（1）年日照时长大于 1200 h，年太阳辐照量大于 3500 MJ/m² 的地区；

（2）具备安装太阳能热水系统的条件；

（3）安装太阳能集热器的建筑部位日照不受遮挡，或至少能保证每天 4 h 以上日照；

（4）安装太阳能热水系统对相邻建筑不造成日照遮挡；

（5）太阳能集热器工作温度低于 130℃，热水工作温度低于 75℃ 的集中热水系统。

3. 设计原理

太阳能集中热水系统主要由集热贮热循环系统、辅助加热供水循环系统和智能控制系统等组成，可实现 24 h 或定时供应 45～55℃ 的热水。

太阳能集中热水系统根据用户基本条件（安装地理位置、太阳能月平均辐照量、环境温度、用水情况、辅助能源情况等）和用户的使用需求，确定集热器的形式、安装面积、安装位置、安装方式，贮热水箱的安装位置、容积、给水排水设施，预留及预埋件位置、尺寸，管道设计及敷设位置，辅助能源设施的种类、安放位置，自动控制系统设置，合理安排确定太阳能热水系统各组成部分在建筑中的空间位置及荷载，满足建筑结构安全和使用功能要求。

4. 系统设计

1）太阳能热水系统设计应重点考虑的问题

（1）太阳能利用的条件。对于太阳能资源丰富和较丰富地区，应在有热水供应需求的建筑上推广和使用太阳能热水系统；对于资源一般地区，应优先考虑和选择使用太阳能热水系统；资源贫乏地区，应进行投资受益分析后选择使用。

（2）建筑工程所在的位置、朝向，是否具备太阳能系统安装的空间条件，并充分考虑系统摆放和布局与建筑及周围环境协调一致，合理选择摆放位置。

（3）太阳能热水系统的设计应与建筑、结构设计及其他专业设计同步进行，应充分考虑太阳能设施增加建筑结构荷载、防水及节点处理，管路布置，系统运行维护等事项。

（4）系统应保证用户供应热水的需求，并考虑在高峰用水情况下，确保热水供应。

（5）应考虑优先利用太阳能加热热水，当太阳能不足时，再利用辅助能源补充热能。

（6）太阳能系统应可靠、耐用、方便管理。

（7）控制系统的全自动化、智能化、先进性、可靠性。

（8）系统宜优先选用增压循环供热水方式。

（9）在保证工程质量和系统可靠性的前提下，尽可能降低工程造价，提高工程性价比。

（10）设计应急操作系统。如果太阳能系统出现故障，可以启动应急操作系统，保证维修期间的热水供应。

2）设计参数

主要包括气象参数、地理参数和热水设计参数。

3）供热水量的确定

取《建筑给水排水设计规范》（GB 50015—2010）规定的日最高用水定额的下限值作为设计日平均用水量。

4）太阳能集热器的定位

（1）安装方位角和倾角。

方位角宜朝南或南偏东、南偏西15°角内摆放。当不能满足要求时，应加大集热器的采光面积。

全年使用时，集热器的安装倾角应与当地纬度一致；偏重于冬季使用时，倾角应加大至约比当地纬度大10°；偏重于夏天使用时，则应比当地纬度小10°。

（2）前后排间距。

坡屋面安装时，集热器之间不遮挡，留出安装间距和检修空间。

成两排或两排以上安装时，集热器之间的距离应大于日照间距，避免相互遮挡。

5）太阳能集热器的连接

集热器的连接符合《民用建筑太阳能热水系统应用技术规范》（GB/T 50364—2005）的要求。

6）太阳能集热器总采光面积的确定

主要进行直接式太阳能热水系统的集热器总采光面积的确定计算和集热器面积的补偿计算。

7）贮热水箱的设计

（1）确定系统的贮热水容积。

根据集热系统与供水系统的设计要求，分别计算贮热水容积，取其大值定为太阳能热水系统的贮热水容积。

（2）采用集中热水供应方式时的贮热水量应根据选用的辅助加热设备的类型、工作方式，按照《建筑给水排水设计规范》（GB 50015—2010）的要求计算。

8）辅助热源和选型

（1）辅助热源配置不宜少于两台；一台检修时，其他加热设备的总供热能力不小于50%的系统耗热量。

（2）南方地区建议优先选用热泵机组，应充分利用低谷电。

（3）辅助热源供热量计算：应按《建筑给水排水设计规范》（GB 50015—2010）规定的系统耗能量计算。

(4)辅助加热功率确定(电加热):应按阴雨天无太阳能时,完全靠辅助加热来保证供热设计。

9)太阳能集热系统的管网设计

(1)单位面积流量;

(2)应按照太阳能集热器生产厂家提供的参数确定;

(3)在未提供相关技术参数时,可以按照 0.021 $m^2 \cdot s$ 估算。

(4)循环流量:集热器单位面积流量乘以太阳能集热器的面积即得太阳能集热系统的设计循环流量。

5.3.3 案例:辽宁省铁岭市宇泰花园小区太阳能热水系统

1. 工程概况

宇泰花园小区位于辽宁省铁岭市调兵山矿区,整个小区总建筑面积为 35700 m^2,由 3 栋 18 层和 3 栋 12 层高层建筑组成,该小区总计 286 户住宅,应业主要求,使用太阳能热水系统提供生活热水供应。该项目于 2006 年 12 月竣工,2007 年 3 月开始投入运行,运行状况符合设计要求,业主和物业反映良好。

2. 系统设计

由于该小区位于调兵山市区中心位置,因 6 栋住宅前后间距较小,且 3 栋 18 层高层建筑位于正南方向,为避免冬季遮挡北向 3 栋 12 层建筑,因此本系统设计为集中式太阳能热水系统。集热器安装在南向 3 层裙楼楼顶,总计集热面积 868 m^2。50 t 贮水箱安装在地下一层专用设备间内,采用一台 360 kW 电锅炉和采暖期热交换器辅助加热。热水给水采用变频恒压分区循环给水方式,由 6 台多级热水水泵组成。

1)设计参数

(1)太阳能资源情况调查:

(2)年太阳辐照量:水平面 5031.4 MJ/m^2,36°45′倾角表面 5583 MJ/m^2。

(3)年平均日太阳辐照量:水平面 13.78 MJ/m^2,36°45′倾角表面 15.3 MJ/m^2。

(4)年日照时长:2700 h。

(5)日平均日照时长:7.4 h。

(6)年平均温度:6.3℃。

2)热水设计参数

(1)日最高用水定额:50 L/(人·d)。

(2)设计热水温度:60℃。

(3)设计冷水温度:12℃。

3)设计负荷

(1)用水人数:本小区共 286 户,每户用水按 3 人设计,总计约 860 人。

(2)系统日耗热量计算:取 $q_r = 50$ L/(人·d),$c = 4187$ J/(kg·℃),$\rho_r = 1$ kg/L,$t_r = 60$℃,$t_L = 12$℃,$m = 860$ 人。

代入公式:

$$Q_d = mq_r c(t_r - t_L)\rho_r / 86400$$
$$Q_d = 100.02 \text{ kW}$$

设计小时耗热量计算：取 $K_h = 2.86$，$m = 860$ 人，$q_r = 50$ L/（人·d），$c = 4187$ J/（kg·℃），$\rho_r = 1$ kg/L，$t_r = 60℃$，$t_L = 12℃$。

$$Q_h = K_h m q_r c (t_r - t_L) \rho_r / 86400$$
$$Q_h = 286.05 \text{ kW}$$

3. 设计方案的特点

1）本工程设计的突出特点

本系统采用集中式热水系统，在此类小区中并不多见，为探索集中式太阳能热水系统在中高层建筑中的应用提供了重要参考依据。该系统最大的特点是集热器安装在三楼裙楼楼顶，使得太阳能与建筑一体化结合得更为巧妙，而且考虑到冬季管道热损大、太阳能利用率低的特点，系统设计了冬季供暖热网的热交换器辅助，起到了非常好的节能作用。

2）针对当前比较关注的问题，在实际工程中的处理

用于严寒和寒冷地区的太阳能建筑应用系统，是如何进行防冻的？

由于该系统位于辽宁省，属于高寒地区，故系统的防冻性能尤为重要，为降低工程成本，本系统设计采用横排集热器，当光照结束后，系统自动启动排空功能将集热器和管道内存水倒流回蓄热水箱，因此大大降低了冬季电伴热带的运行费用。

5.3.4　光空调技术

1. 技术简介

近年来，太阳能热水器的应用发展很快，这种以获取生活热水为主要目的的应用方式其实与大自然的规律并不完全一致。当太阳辐射强、气温高的时候，人们更需要的是空调降温而不是热水，这种情况在我国南方地区尤为突出。随着经济的发展和人民生活水平的提高，空调的使用越来越普及，由此给能源、电力和环境带来很大的压力。因此，对取之不尽、清洁的太阳能空调合理的利用，可以把低品位的能源（太阳能）转变为高品位的舒适性空调制冷，而且对节省常规能源、减少环境污染、提高人们的生活水平等具有重要意义，符合可持续发展战略的要求。

太阳能制冷是基于热驱动制冷过程的一项技术，通过太阳能集热器产生热水，驱动制冷机组。从热力学角度，可通过多种可行的过程，将太阳能转化为制冷的主要方式。可以看出，实现太阳能制冷有两条途径：

（1）太阳能光电转换，利用电力制冷；

（2）太阳能光热转换，以热能制冷。

前一种方法成本高，以目前太阳能电池的价格来算，在相同制冷功率情况下，造价为后者的 4~5 倍。国际上太阳能制冷技术包括：溴化锂/水吸收式制冷、硅胶/水吸附式制冷、氨/水吸收式制冷、转轮除湿空调等。从技术可行性以及工程示范的经验来看，目前主要采用的太阳能制冷系统包括两类：太阳能吸收式制冷系统以及太阳能吸附式制冷系统。从产品成熟度来看，吸收式制冷机组已经产业化多年，国内已有多家相关产品的生产企业，热水驱动的吸收式制冷机组在诸多民用建筑空调系统中得到应用。因此，现有太阳能制冷系统示范工程以溴化锂/水吸收式制冷为主。

我国太阳能制冷起步于 20 世纪 80 年代，经过 30 多年的研究与实验，目前已进入工程示范阶段。目前，太阳能空调的应用主要集中在太阳能溴化锂吸收式制冷技术以及太阳能吸附

式制冷技术。

1982年，由香港理工大学和广州能源研究所共同提出"太阳能空调"的科研合作项目。之后在裘槎基金的支持下，太阳能空调项目正式启动。在完成可行性研究的基础上，提出建立一套科研与实用相结合的太阳能制冷系统，并于1987年在深圳市建成了我国第一套太阳能制冷系统。该系统采用116 m²的太阳能集热器驱动两台7 kW的溴化锂吸收式制冷机组（型号为WFC–600，由日本YAZAKI公司生产），蓄热水箱以及蓄冷水箱容积均为5 m³，辅助能源为自动热水锅炉。该系统的成功应用从技术上证明了太阳能制冷空调的可行性。为我国太阳能制冷技术的发展奠定了基础。

我国在"九五"期间曾经在广东江门和山东乳山两地组织实施了太阳能空调重点科技攻关项目。中科院广州能源所在江门市建成100 kW太阳能空调系统，系统采用500 m²高效平板太阳能集热器驱动双极溴化锂吸收式制冷机，热源设计水温为75℃。试验证明，热源水温在60~65℃时仍能很稳定地制冷，COP约为0.4。北京太阳能研究所承担了乳山太阳能空调系统的设计工作，该系统采用2160支热管式真空管集热器，总采光面积达540 m²，总吸收体面积达364 m²，太阳能驱动的单效溴化锂吸收式制冷机可提供100 kW左右的制冷功率。系统实际有效工作时间内平均COP为0.57左右，整个系统的制冷效率可达20%以上。

"十五"期间，中科院广州能源所在北京天普新能源示范楼实施了太阳能溴化锂吸收式空调项目——建设一套采光面积812 m²的太阳能集热系统。系统的布置不仅可以满足太阳能集热器的安装要求，而且能够保证新能源大楼造型美观、新颖别致，充分体现出太阳能与建筑一体化的特色。空调制冷采用一台200 kW的单机溴化锂吸收式制冷机组，设计工况下热水温度为75~90℃、冷冻水温度为12~15℃。试验结果表明，太阳能制冷机组的制冷能力最高达266 kW。

5.3.5 太阳能冷暖空调系统应用工法

1. 前言

随着经济的发展和人民生活水平的提高，空调的使用越来越普及，给能源、电力和环境带来很大的压力。利用取之不尽、用之不竭、清洁环保的太阳能空调，可以把太阳能转换为电能进而转变为高品位的舒适性冷暖空调，这不仅对节省常规能源、减少环境污染、提高人们的生活水平具有重要意义，而且也给人们的身体健康带来好处，是符合低碳经济、可持续发展的可靠技术，有着广阔的推广应用前景。为加强该项技术的大力推广应用，根据施工实践特编制此工法。

2. 特点

（1）室内冷暖空调系统的动力来源为太阳能，除具有热泵空调（夏季制冷、冬季制热）的功能外，还具有热水器功能，一年四季都能生产热水，具有多功能用途，全天候使用的特点。

（2）太阳能光热转换，以热能制冷，成本较为适中，便于推广应用。

（3）可在普通空调器基础上多配备1个套管换热器、1个水箱和1个小型循环水泵，太阳能集热管或集热板以及相应的控制环节即可，结构简单，安装便捷，施工方便。

（4）伺接式太阳能热泵空调热水系统，可提供夏季普通制冷模式、冬季普通热泵供热模式、夏季供冷制热水模式、运行热泵热水器运行模式、制热采暖模式、单纯太阳能制热水模式六种模式，以满足不同季节对空调、热水、采暖的不同要求。

（5）生产、运行费用较低，与锅炉采暖普通空调制冷相比，节省场地、空间与能源费用，减少环境污染。

3. 适用范围

适用于住宅与办公楼内的采暖供热、空调制冷与热水供应。

4. 工艺原理

利用太阳能等热器（板）使水媒加热，贮存于水箱，通过水冷套管换热器及室内、外翅片管换热器制取冷水，进入空调系统。在循环水泵作用下保持空调系统运行。

贮存于水箱的热水可直接进入热水供应系统，两套系统均采用电磁阀控制。

5. 工艺流程与操作要点

1）工艺流程

（1）太阳能热水系统安装顺序。

太阳能集热系统面积确定→钢结构支架→水箱→供回水管路→循环水泵。

（2）太阳空调系统安装顺序。

太阳能制冷系统耗热量确定→水汽套管换热器→室内外翅片换热器→节流毛细管→压缩机→管路安装→系统调试。

2）操作要点

（1）太阳能集热系统集热面积确定。

应结合建筑可以提供的安装集热面积及所设定的太阳能保证率确定，并保证按照该面积配置的集热器所采集的热量能够被充分利用。

（2）太阳能集热器（板）安装。

按照适用热水、供暖要求确定好的形式与面积，安装在朝南充分向阳处，并根据当地统一角度安装。

（3）水箱安装。

水箱采用铁质（或铝质、塑料质）制作，必须做外保温处理，厚度根据当地 最低气温考虑，一般采用聚氨酸发泡。

在太阳能制冷系统中，蓄热水箱是非常必要的，它同时连接太阳能集热系统以及制冷机组的热驱动系统，可以起到缓冲作用，使热量输出尽可能均匀。太阳能制冷系统中，蓄热水箱应当采取良好的保温措施，否则会严重影响太阳能空调系统的性能。在蓄热水箱的设置原则方面，可选择的方案包括：

①设置一个不做分层节后的普通蓄热水箱；

②设置一个分层蓄热水箱；

③设置两个蓄热水箱（分别设为不同的工作温度范围）；

④设置大小不同的两个蓄热水箱（小水箱用于系统快速启动，大水箱用于系统正常工作后进一步蓄存热能）；

⑤设置具有跨季蓄能作业的储能水池。

（4）太阳能制冷系统选型及容量确定。

从经济性和适用性角度，制冷机组应与市场上普遍使用的太阳能集热器相匹配。而最关键的是，太阳能集热器的工作温度应满足制冷机组的热驱动温度，同时，对应于该工作温度，太阳能集热系统依然可以保持较高的集热效率。一般来讲，要求太阳能集热器损失集热效率曲线比较平滑，斜率较小，要着重关注高温区(70～90℃)的瞬时集热效率。

①太阳能吸收式制冷系统。

大中型太阳能制冷系统可选用温水型单效或两级溴化锂吸收式制冷机组，其特点是以低温热水为驱动热源。目前，国内市场上普遍生产销售的吸收式制冷机组多数在10 kW以上，小型机组较少，国外报道较多的小型机组通常是由YAZAKI生产的。

在一般的太阳能吸收式制冷系统中，吸收式制冷机组在设计工况下所要求的热源温度为88/83℃，选用真空管太阳能集热器(热管式或U形管式真空管太阳能集热器)可以满足系统的工作要求。对应于该设计工况，制冷机组的热力CQP约为0.7。

②太阳能吸附式制冷系统。

目前，国内吸附式制冷机组产品较少，仅有少量10 kW的小型硅胶/水吸附式制冷机组投入生产试制和应用，因此，小型太阳能制冷系统可以选用以硅胶/水为工质对的吸附式制冷机组。

吸附式制冷机组在设计工况下所要求的热源温度为75～80℃，对应的热力COP约为0.4。选用真空管太阳能集热器(热管式或U形管式真空管太阳能集热器)可以满足系统的工作要求。

(5)太阳能制冷系统设计耗热量计算。

太阳能制冷系统设计耗热量应综合考虑初始加热量、制冷机组循环耗热量以及系统热损失(包括管路系统以及蓄热水箱等设备的热损失)。

①初始加热量。

热驱动制冷机组的正常工作需要驱动热源达到设定的温度。因此，对于太阳能制冷系统，在系统开启之前，蓄热水箱的温度应满足制冷机组的正常开启。初始加热量是指对蓄热水箱进行预热所耗的热量，可按下式计算：

$$Q_1 = C_p \rho V(t_{sec} - t_0)/T_1$$

式中，Q_1——初始加热量，W；

C_p——水的比热容，J/(kg·℃)；

ρ——水的密度，kg/m³；

V——蓄热水箱的体积，m³；

t_{sec}——制冷机组开机设定温度，℃；

t_0——蓄热水箱初始温度，℃；

T_1——设计初始加热时间，s。

②制冷机组循环耗热量。

制冷机组开启后，太阳能制冷系统按正常运行所消耗的热量即为制冷机组循环耗热量，可按下式计算：

$$Q_2 = Q_{est}/COP$$

式中，Q_2——制冷机组循环耗热量，W；

Q_{est}——设计冷负荷，W；

COP——制冷机组在设计工况下的性能指数。

③系统热损失。

太阳能制冷系统在高温下运行，系统热损失较大，在管路系统设计合理、热水管路较短的情况下，系统热损失主要来自蓄热水箱热损失，可按下式计算：

$$Q_3 = U_{tank}F(t_{tank} - t_a)$$

式中，Q_3——蓄热水箱热损失，W；

　　　U_{tank}——蓄热水箱热损系数，W/（$m^2 \cdot ℃$）；

　　　F——蓄热水箱表面积，m^2；

　　　T_{tank}——蓄热水箱水温，℃；

　　　t_a——环境温度，℃。

④系统太阳能保证率的确定。

对应于空调设计冷负荷，设定由太阳能驱动制冷机组提供的冷负荷比率，即太阳能制冷系统的太阳能保证率。该值是确定太阳能集热面积的一个关键因素，也是影响太阳能制冷系统经济性能的重要参数。实际上太阳能保证率与系统使用期内的太阳辐射量、气候条件、系统热性能、用户使用空调系统的规律和特点、空调设计冷负荷、系统成本等因素有关。

鉴于目前太阳能制冷技术的局限性，该项技术的应用以公共建筑为主，并且以白天使用空调系统为主。对于我国大部分地区，尤其是处在太阳能资源Ⅰ类、Ⅱ类以及Ⅲ类的地区，夏季太阳辐射较强，太阳能资源较为丰富，建议太阳能制冷系统太阳能保证率取 50% ~65%。

在实际工程中，太阳能制冷系统往往和冬季采暖季热水供应相结合，这时，太阳能保证率应综合考虑冬季采暖热负荷以及生活热水负荷，并应结合投资规模进行技术经济比较后确定。对于逾期投资规模较大，冬季采暖热负荷较大的系统，可取偏大值；对于逾期投资规模较小，冬季采暖热负荷较小的系统，可取偏小值。

（6）换热器安装。

水冷套管换热器室内外翅片换热器在安装前，设备的内压应符合设备技术文件规定的出厂压力，换热器周围应按设备要求留有一定的通风空间。换热器应与墙体做好固定。

（7）压缩机安装。

设备进场应系统检验，内压应符合技术文件规定的出厂压力。机房内的主要通道宽度为 1.5 ~2 m，应在机组周围留出可进行保养作业的空间。

机组基础应稳固，保证机组运转平稳，振动轻，吊装就位过程中，要确保机组的任何部分都不能损坏。

（8）管道安装。

安装前应熟悉施工图纸、技术资料，搞清工艺流程、施工程序及技术质量要求；编制施工方案，进行施工技术交底。按施工图所示的管道位置、标高测量放线，找出支吊架预埋件位置。管道阀门进场后按设计要求对型号、规格、性能及技术参数进行校对、检查，并按规范要求做好清洗和强度、严密性试验。

按照设计要求及规定的形式、标高、坡度及坡向，预制加工管道支吊架，需绝热的管道、支架与管道接触处应垫以绝热衬垫或用经防腐处理的木垫隔开，其厚度应与绝热层厚度相同。

管道防腐前应做好除锈，制冷管道安装前必须进行内外壁除锈，做好内壁的除锈、清洗及干燥等工作。

（9）阀门安装。

阀门安装前应认真检查阀瓣和阀片的接触是否密封良好，并分别进行强度试验和严密性试验等压力试验。

所有阀门必须安装平直，手柄严禁朝下。所有阀门必须注意介质的流动方向。立式止回阀的介质流向为自下而上，防止接反。

（10）调试。

整个系统安装完成后应进行系统调试，及时处理漏水、堵水及开启不灵通、方向错置等问题。无误后办理隐蔽验收并进行系统保温，保温一般采用橡塑保温，厚度一般为 30 ~ 50 mm。

6. 材料（配件）与机具

1）配件

（1）太阳能集热器（板）；

（2）循环水泵；

（3）储水箱；

（4）水冷套管换热器；

（5）翅片管换热器；

（6）节流毛细管；

（7）压缩机；

（8）管道控制阀；

（9）电磁控制阀。

2）材料

（1）镀锌钢管及配件；

（2）钢结构支架；

（3）聚氯乙烯生胶带。

3）机具

（1）机械、吊装机械

切割机、套丝机、打孔机等。

（2）工具

管钳、手钳、螺钉旋具、手锤、画笔、小线等。

7. 质量控制

（1）安装前应做好太阳能集热、太阳能制冷系统的计算，以保证整个冷暖空调系统的能量供应。

（2）各种设备及配件进场前必须认真检查并与相应标准对应，不合格的不准应用到工程上。

（3）管道做好接口处理，防止渗漏，并做好保温（室外部分）。

（4）系统调试注意控制阀的开启效果及升降温情况，及时做好记录，以积累相关数据，利于改进。

（5）室内空调系统应经常进行清污维护，保证正常运行。

8. 安全措施

（1）整个系统安装一般需 5 ~ 8 人，其中太阳能安装工 2 ~ 3 人，管道及电器安装工 3 ~ 4 人，质检 1 人。

（2）安全注意事项。

①操作人员上岗前应进行岗前技术与安全培训，熟练掌握安装顺序与安全知识，并做好安全技术交底。

②用电设备严格执行《用电设备安全操作规程》，并做好接地接零、防雷电灯安全技术措施。

③层面及高空作业做好安全防护，防止高空坠落。室内安装支好安全梯及施工架子。

④墙面剔凿及设备安装应防止重物伤人。

⑤吊装时防止被起吊重物砸伤。

9. 环保措施

（1）操作人员上岗前应做好环保文明施工培训；

（2）及时清理施工过程中的废弃物，并回收利用；

（3）做好生活垃圾清理，避免污染环境；

（4）做好污水控制，防止污水漫流。

10. 效益分析

1）成本测算

（1）日常运行费用。

以每单元 8 户 24 人为例：每天消耗热水 600 L，全年按 200 天计算，供水温度为 15℃，出水温度为 55℃，热泵的平均制热系数取 3.0。又由于太阳能热泵空调夏季生产热水可以完全依靠太阳能或空调冷凝热，因此产生热水时，耗电量仅为普通热泵热水器的 70%，由此可以计算日常运行费用，如表 5-1 所示。

表 5-1 太阳能热泵空调热水器运行耗能与其他装置比较表

项目	电热水器	太阳能热水器（电辅助）	热泵热水管	太阳能热泵空调热水器
600 L 水从 15℃加热至 55℃的耗能/kJ	100800	100800	100800	100800
各装置的效率/%	90%	90%	3%	3%
每天耗能/kJ	111999	28800	33600	23520 0.7
每升水耗能/kJ	186.67	72	56	39.2
全年耗能/kJ	33599.70	12960	10080	7056
每天费用/元	15.870	6.12	4.670	2.330
每升水费用/元	0.02645	0.0102	0.008	0.00555
每天每人费用/元	0.992	0.3825	0.2981	0.208
全年每人费用/元	198.4	76.5	59.62	41.6

（2）一次性投入费用。

与其他热源比较，如表 5-2 所示。

表 5 - 2　一次性投入费用

项目	电热器	太阳能电辅助	热泵热水器 （单一功能）	太阳能热泵空调热水器 （除去空调后的费用）	锅炉、锅炉房及 其附属设施
单价/千元	4 ~ 6	6	7.0	5.0	1200
总价/万元	36 ~ 54	54	63	45	900

（3）管理维护费用。

与燃煤锅炉机比较则省去了每年用于锅炉检查、保养、除垢、维修等的使用保养费用 500 ~ 10000 元，节煤 168 t 左右，若按煤 600 元/t 计算，可节省 10.08 万元煤炭费及 2.6 ~ 3.6 万元的锅炉工费用，各种制热装置费用综合比较如表 5 - 3 所示。

表 5 - 3　各种制热装置费用综合比较

制热装置名称	初投资 /万元	运行费用 /万元	总费用/万元， 按运行 10 年计	安全性	安装条件	寿命年	环保 节能
电热水器	36 ~ 54	38.78	214.84 ~ 226.84	有漏电触电危险	不受限制	5 ~ 10	较好
太阳能 （电辅助加热）	54	15.3	112.5	较安全	受建筑方位、层数、 外观限制	10 ~ 12	良好
热泵热水器	63	11.924	101.62	安全	不受限制	12 ~ 15	良好
太阳能热泵 空调热水器	60	8.32	71.16	安全	受建筑方位、层数、 外观限制	12 ~ 15	良好
锅炉	120	11.16	326.8	有一定的危险性	固定的设施	5 ~ 10	较差

由表 5 - 1 ~ 表 5 - 3 所示的数据可以看出，太阳能热泵空调热水器各方面性能与费用明显优于其他制热装置。

2）技术经济效益

（1）安全性高。

多功能太阳能热泵空调热水器有极高的安全性。该设备是通过传导介质传递热量加热水箱中的水。整个过程通过压缩机排出高温高压制冷剂气体，通过套管换热器将该热量传递给水箱中的水，或通过太阳能集热板（器）换热器吸收热量传递给水，实现了水、电分离，没有漏电隐患，危险性非常低。

（2）性能稳定可靠。

由于多功能太阳能热泵空调器采用太阳能集热板供热，避免了冬季室外温度较低时，风冷热泵热水器无法正常运行的难题。阴雨天和夜晚可单独运行热泵系统加热水，因此，太阳能热泵空调热水器实现了一年四季全天候使用，性能安全可靠。

（3）节能环保。

有效节省燃煤等资源，减少了燃煤废渣和废气，有效地保护了环境，尤其是采用太阳能热泵作冷热源，更有利于环境保护。

（4）安装便捷。

定型的配件、设备，便于安装，无须过多维护、维修。

3）社会生态效益

推广应用多功能太阳能热泵空调热水器，减少了锅炉燃烧设备与厂方设施，有利于节地，使用太阳能作动力能源减少了对资源的消耗，无废弃物排放有利于环保，符合节地、节能、绿色低碳经济的发展要求。

5.3.6　太阳能导光管采光照明施工工法

1. 特点

（1）导光管照明系统结构简单，安装方便，成本较低，在国内外发展都十分迅速。

（2）导光管采光系统照明效果很好，据测试，照度平均值为 156 lx，整个采光系统的效率达 60%。

（3）应用领域广，广泛应用于建筑、工业、农业、商业等领域，特别是需要冷光源的安全部位。

（4）节能效果明显，直径 450 mm 的导光管与电源照明相比，每年可节电 2000 余度。

（5）可全天候照明，且安全可靠，维护费用低。

2. 适用范围

广泛应用于工业与民用建筑及公共建筑中，尤其适用于有特殊安全要求的建筑物与构筑物中。

3. 工艺原理

光导照明是通过室外的采光罩将天然光采集到采光系统内，光线穿过表面镀有高反射率材料的导光管，使光线得到传输和强化，再经过室内的漫射装置，将光线在室内均匀分布，从而达到利用天然光照明的效果。

4. 工艺流程与操作要点

1）工艺流程

预留孔洞→洞口处理→固定防雨板→防水处理→管道安装→调整→采光装置安装→调整→室内漫射装置安装→检验→清理→检查→验收→成品保护。

2）操作要点

（1）孔洞预留及处理。

根据图纸设计要求布设采光点，一般按每个采光点照明面积为 12 ~ 18 m² 布设。在屋面平面上，结构板上预留孔洞，在安装导光管时，首先要按图纸详细检查所有预留孔洞的位置、尺寸，是否与图纸标注相符；如有误差及时与现场施工人员或业主联系解决，及时剔凿或修补。清理预留孔及其周边残余物，并清扫干净。确保施工顺利进行以及在安装时光导照明系统各部分装置内不落入灰尘。预套放防雨板，下试管，检查洞吸调整是否规则，及时进行整理使其规整，预留洞孔直径 $D = d + 50$ mm（d 为套管直径）。

（2）固定防雨板做防水处理。

防雨板套在预留孔上，先固定好光导照明外罩，采用防水涂料进行防水处理，将圆孔柱顶部边缘至孔下 100 mm 范围内全部用防水层包裹充分，做好防水。在防水层外加做保温层，一般喷涂发泡聚氨酯，厚度为 15 ~ 20 mm。

（3）管道安装。

首先组装导光管，方法是将第一根导光管水平放置并使其有缝的一面朝上，把其带皱褶的一端插入第二根标准管的一端，用小刀在连接处划一圈，为以后撕掉内壁保护膜提供方便。再用三个铆钉加固并用铝箔胶带密封接口和管道接缝处，然后用塑料薄膜将第一根光导管上口进行简单密封，防止灰尘进入。然后撕掉第二根管内保护膜。按此方法组装第三、第四、第五根……最后一根光导管两端均为标准直径，用塑料薄膜对其下口进行简单密封。

安装导光管，将组装好的导光管系统从防雨板上口慢慢插入光导照明外罩内，随插随调整，使其下端对准顶棚洞口并伸下 5 ~ 10 mm。第一根导光管在顶部允许高出防雨板上口 5 mm，然后用四个 15 mm 长的自攻螺钉 JP 垫圈将光导管系统和防雨板固定在一起，并用硅胶密封剂或铝箔胶带进行密封处理。

（4）采光装置安装。

将顶部采光罩放在防雨板上口之前，在防雨板口外延紧贴一圈拉绒尼龙密封条，其作用是既能防止灰尘杂物进入孔隙内，又能让光导照明系统正常通气，防止可能发生的冷凝。最后将预先钻有多孔的采光罩套在防雨板上，用长 15 mm 的自攻螺钉和垫圈把采光罩与套圈或竖柱连接在一起。导光管下口固定，伸出顶棚洞口 10 mm，将固定环套入光导管，以固定环紧贴顶棚为准，用 3 ~ 5 个自攻螺钉固定在顶棚上，再用 3 ~ 5 个铆钉把固定环与光导管连接在一起，并用招薄胶带将连接处密封好。

（5）漫射器安装。

安装漫射器前，先将最后一节导光管口的塑料密封膜和管壁保护膜撕下，将漫射器扣在装饰环上，在漫射器周边装饰环接缝处注入硅胶密封，然后在装饰环内部距上端 10 mm 处紧贴一圈拉绒尼龙密封条，最后将装饰环扣在固定环上。

（6）系统检查。

按照设计图纸及安装要求进行全面系统检查，使其符合质量要求。

（7）清理。

将屋面采光筒周边及其屋面、室内做好清理，清除杂物。

（8）成品保护。

安排专人做好成品保护，防止人为碰撞及污染。

5.材料（配件）与设备

1）材料（配件）

（1）系统主件：采光器、防雨装置、光导管、漫射器。

（2）系统附件：密封圈、调光控制。

（3）其他：增光装置、自然透光装置。

2）辅助材料

（1）特制防盗螺栓：固定在防雨板上，防止被任意拆卸。

（2）铝薄胶带：用于光导管接缝处。

（3）塑料膜：用于管口临时封闭。

（4）拉绒尼龙密封条：用于防雨板、漫射器等部位封闭，并起美观装饰作用。

（5）自攻螺钉：用于管道连接固定与采光器、漫射器固定。

（6）硅胶：用于接缝密封封堵，起防水、防尘的作用。

（7）防水材料：室外防雨板与光导管。

（8）保温材料：室外防雨板与光导管。

3）设备，见表 5 - 4。

表 5 - 4　设备

序号	名称	规格、型号	用途	备注
1	剪板机	Q11 - 1.2 × 1300	光导管制作	1 ~ 2 台
2	联合角咬口机	LC - 10	光导管制作	1 ~ 2 台
3	卷圆机	w11 - 1.5 × 1300	光导管制作	1 ~ 2 台
4	收口机	LX - 15	光导管制作	1 ~ 2 台
5	电焊机	AX - 300	光导管安装	
6	台钻	RDM - 130113	光导管安装	
7	手电钻	JIZ - Q009 - 10A	光导管安装	2 ~ 4 台
8	冲击钻	小型	光导管安装	1 ~ 2 台
9	砂轮切割机	SIM - MD01 - 100	光导管安装	
10	修边机	MIP - FF - 6	光导管制作	1 ~ 2 台
11	平板砂光板	SIB - FF - 93 × 185	光导管制作	1 ~ 2 台
12	铆钉机	—	安装、制作	3 ~ 5 台
13	水准机	—	安装、制作	
14	手砂轮	—	安装、制作	1 ~ 2 台
15	对讲机	—	通信联络	3 ~ 4 个
16	开口锯	—	安装、制作	1 ~ 2 台
17	脚手架	—	安装、制作	
18	其他	螺钉旋具、壁纸刀、白线、扫帚、色笔、线坠、人字梯	安装、制作	

6. 质量控制

（1）制作光导管的内壁材料，应附有特殊膜构造，必须具有高反射率与强化光照度传输稳定的作用，铝基材应有一定的刚度。

（2）系统主件与附件应逐件严格检查，除检查规格、尺寸、型号等外观质量外，还应对采光器、漫射器进行透光率检查

（3）屋面结构板预留洞孔位置应正确，水平间距、误差控制在 3‰ ~ 5‰，且孔壁应光圆平滑。

（4）导管安装应平直光滑，垂直度不大于 0.5%。

（5）防雨板处应密封严密，防止渗透。

（6）采光器、漫射器应固定牢靠，缝隙严密，密封胶均匀，拉绒尼龙条应敷设严紧美观。

（7）充分做好成品保护，防止人为碰撞、部件丢失。

（8）常见质量通病及防治措施见表 5 - 5。

表 5 - 5　常见质量通病及措施

序号	质量通病	防范措施
1	光导管变形	选用优质铝材，制作时应用力均匀，不能用力挤压与碰撞
2	防雨板处渗漏	清除杂物并干净、干燥后，打胶
3	采光器固定不牢	加强固定检查
4	漫射器偏斜不正	调整好漫射器垫圈并紧好螺栓
5	密封圈易老化	选择优质耐老化材料

7. 安全措施

1）劳动组织

一般 3 ~ 5 人为一组，安装数量多、直径大的工程所需工种为：瓦工 2 人，防水工 2 人，制作工 5 人，安装工 6 人，架子工 4 人，质检员 1 人，安全员 1 人。

2）安全要求

（1）施工前应充分做好安全准备，对施工人员进行针对性的安全教育，所有人员均应带好安全三宝。

（2）屋面等高空作业应做好防护防止坠落，室内作业防止人字梯倾斜，倾倒伤人。

（3）用电设备加强安全控制，做好接地接零，防止静电事故发生。

（4）固定配件时防止扎伤，防止伤手。

（5）建立安全检查与巡视，防患于未然。

8. 环保措施

（1）对施工人员进行生态环保上岗教育，加强环保施工意识。

（2）及时回收包装箱盒、纸袋、塑料包装废弃物。

（3）做好防噪声措施，避免噪声污染。

（4）做好员工生活安排，收集处理生活垃圾，防止对周边环境造成污染。

（5）安装操作及时，做到工完料清，做好文明施工。

9. 效益分析

1）技术经济效益

（1）成本费用。

一般制作与安装费用如表 5 - 6 所示。

表 5 - 6　一般制作与安装费用

导光管直径/mm	250	500	850	1200	1800	2400
造价费用	2600 元/盏	3200 元/盏	3600 元/盏	4200 元/盏	—	—

（2）节能效果十分明显。

中科院建筑物理研究所曾经利用光导管对天然光照明方面做过测试：在一个 3.3 m × 3.9 m × 2.75 m 的无窗房间应用时，经测试最大照度为 3881 lx，照度平均值为 1561 lx，整个采光系统的效率为 10%。

使用直径为 250 mm 的光导照明系统，照明面积为 14 ~ 16 m^2，每年可节约用电 2000 余度。

节省材料及其费用：因使用导光管采光系统，节省了电力照明系统的安装敷设与维护费用。且光导采光系统使用寿命长，便于回收，还可节省材料及费用。

（3）导光管采光技术有待改进的方面有：

导光管口径一般较大，与其他设备管道易发生冲突，需要改进管径尺寸，尽量缩小直径，避免屋面或墙体过大开洞。

导光管采光技术尽量与原有电力照明系统配合使用，可采用智能控制系统，或分片区控制管理的方式，则可发挥更好效益。

改进采光筒及其配件的外形和安装方式，减少对屋面防水节点处理的影响，更好地节省工程成本费用。

2）生态环保社会效益

（1）节能环保。

光导照明既可应用于新建、扩建项目，又可广泛应用于旧有建筑的改造，特别适合大型商业建筑和工业厂房的节能改造。安装后可降低建筑物内部 80% 以上的照明能源消耗和 10% 以上的空调制冷消耗，减少二氧化碳的排放，属无碳能源，各部件可回收再利用，有利于环保。

（2）健康安全。

光导照明系统使人们避免了长时间在电光源下生活工作，直接采用天然光，属于健康照明，同时减少了白天照明停电引起的安全隐患和用电引起的火灾隐患。

（3）提高工作效率。

光导照明系统直接传输自然光线，全光谱且经过漫射器的散射，光线分布均匀无频显、无炫光，使工作环境更加舒适，减少疲劳和灯光引起的各种疾病，提高工作效率。

（4）适用范围广。

特别适用于有安全防火、防爆要求的仓库、图书馆、档案馆。

5.4　太阳能与建筑一体化应用案例

5.4.1　国家康居示范小区"翡翠园"

2002 年中房集团南宁房地产开发公司在开始开发国家康居示范小区"翡翠园"时，就朝着建设"四节"示范小区的目标进行设计，在节能方面，除了考虑门窗、外墙和屋面使用新型节能材料外，家庭热水供应全部使用太阳能热水供应系统。在节能同时，考虑到生活热水的舒适性，在已完成的第一期住宅工程，除别墅的特殊性外，所有建筑均使用具有主管道热水循环设置的中央太阳能热水系统，其中东升阁和东坡阁安装中央承压式太阳能热水系统，创国内的先例。从已竣工住宅楼的太阳能热水系统工程看，有令人满意的地方，也发现一些新问题，对推动中国太阳能与建筑一体化的发展起到一定的示范作用。以下是对第一期住宅工程的太阳能热水系统的详细介绍与总结。

1. 建筑与太阳能热水系统在翡翠园应用情况

表5－7为翡翠园已完成建筑与太阳能热水系统的基本情况。除揽湖庭、依湖庭和赏湖庭的太阳能热水系统还没有投入使用外，其余建筑的太阳能热水系统已安装完毕并投入使用。龙睛庭和东日阁的太阳能热水系统已经运行近2年，东升阁和东坡阁太阳能热水系统运行半年多。

表5－7　翡翠园已完成建筑与太阳能热水系统基本情况

建筑名称	住户数	建筑朝向	楼层数	热水设计指标/(L/户)	太阳集热面积/m²	集热器倾角	辅助加热能源	热水压力设备
龙睛庭	84	基本朝南	7	200	224	30°	燃气	加压泵
东日阁	150	东南52°	11	200	375	5°	燃气	加压泵
东升阁	180	东南63°	11	200	450	5°和10°	燃气	承压
东坡阁	92	东南54°	11	200	450	5°和10°	燃气	承压
龙吟庭	28	朝南	7	200	250	30°	燃气	加压泵
揽湖庭	42	朝南	7	230	80	26°	无	非承压
依湖庭	28	西南60°	7	230	144	26°	无	非承压
赏湖庭	28	朝南	7	230	80	26°	无	非承压
别墅	50	基本朝南	3	300	4.5/户	36°	电	承压

2. 太阳能与建筑一体化的实现

在翡翠园开发的初期，尽管中国的太阳能界已经提出了太阳能与建筑一体化的概念，但是当时人们对这个概念还是相当模糊，也没有比较好的工程可以借鉴，在翡翠园小区的建筑总图已经确定的情况下，如何设计与实施太阳能与建筑一体化是一个新课题。为此，明确在翡翠园实施太阳能与建筑一体化的理念，即"在不破坏和影响建筑的外观与结构情况下，利用建筑的现有条件设计与安装太阳能光热系统，使太阳能光热系统成为建筑整体的一部分，同时达到节能和满足使用功能的目的"。实施过程中围绕这个理念进行设计与创新，做了很多有益的尝试与探索，并获得许多宝贵的经验。

1）太阳能热水系统与建筑同步设计与施工

根据太阳能与建筑一体化的理念，太阳能热水系统是建筑整体的一部分，因此，在建筑设计的同时必须考虑太阳能热水系统的同步设计，使太阳能热水系统与建筑达到和谐统一。在翡翠园太阳能热水系统设计中充分考虑到了这些因素。图5－1是在东坡阁太阳能与建筑一体化安装的照片。从图5－1看到，建筑的两端设计有圆顶平台，可以充分利用放置太阳能集热器，同时考虑到建筑外观的整体美观因素，不破坏建筑外观设计，因此，要求集热器的安装必须低于圆顶平台挡风墙的高度。从图5－2看到，别墅太阳能集热器与屋面采用嵌入式安装，成为屋面的一部分，较好实现一体化目标。在建筑楼面竣工，进入水电安装阶段，太阳能热水系统的安装必须同步进行，做到与建筑同步施工，同时竣工。

图 5-1　东坡阁太阳能与建筑一体化安装的照片

图 5-2　别墅太阳能与建筑一体化安装照片

2）太阳能热水系统与建筑结合方式的确定

太阳能热水系统运行方式的确定直接影响和决定太阳能与建筑的结合方式，可与建筑结合的运行方式主要有三种：分户集热、分户使用（即每户安装一台独立的太阳能热水器），中央太阳能热水系统和集中集热分户使用（还分直接式与间接式）。表 5-8 给出三种与建筑一体化结合太阳能热水系统运行方式的比较和适用范围。

表 5-8　三种与建筑一体化结合太阳能热水系统运行方式的比较和适用范围

结合方式	适用建筑	安装特点	优点	缺点
分户集热	多层建筑	每户安装一台独立的太阳能热水器；集热器与热水箱不分离或分离安装	无须物业的后续收费管理；出现故障相互之间没有影响	管道安装较多，每次使用热水时必须要排空热水管道的冷水
分户使用	别墅			
中央太阳能热水系统	高层以下建筑	以单元或整栋楼房为单位设计安装太阳能热水系统；集热器与热水箱可分离安装；一个单元或楼房共用热水箱	室内无须安装热水箱；如果系统承压和进行热水循环设计，热水使用的舒适度较高	需要物业的后续热水收费管理；管道散热能耗较高；设计要求较高
集中集热分户使用	高层以下建筑	以单元为单位设计安装太阳能热水系统；集热器与热水箱可分离安装；每户拥有独立的热水箱	无须物业的后续收费管理；使用承压水箱，热水使用的舒适度较高；管道散热能耗较低	室内需要安装一个热水箱；价格较高

翡翠园第一期住宅工程，根据建筑的实际情况，别墅采用分户集热、分户使用结合方式（与建筑结合效果如图 5-2 所示），安装分体承压式太阳能热水器，其余建筑全部安装中央太阳能热水系统并进行热水循环设计，其中东升阁和东坡阁为承压系统（与建筑结合效果如图 5-1 所示）。

3）太阳能集热面积的确定

从表5-8可见翡翠园第一期住宅工程建筑的朝向并不是统一的，不同建筑集热器放置的位置与要求也就不一样，要达到太阳能与建筑一体化的效果，按照常规设计，某些建筑无法安装太阳能热水系统。这种情况下，在实际设计中，我们确定太阳能热水供应系统运行模式后，要对建筑的方位、具体结构和热水用量指标进行综合考虑，以实现太阳能与建筑一体化、达到节能和满足使用功能为目标，打破常规设计思路与安装方法，利用当地气象站提供的历年辐射资料，根据公式（1），通过计算机编程进行反复处理与分析，找出在现有建筑条件下成本核算和施工上均为最佳的设计方案。经过分析可知，龙晴庭和龙吟庭可以使用常规太阳能集热器安装方式；别墅、揽湖庭、依湖庭和赏湖庭采用与坡屋面结合安装方式（如图5-2所示），但集热面积由于建筑屋顶坡面坡度和朝向的不同而改变；东坡阁和东升阁集热器的排列与常规的方式不相同，采用集热器的朝向与建筑方位一致，但集热器的倾斜角度为5°和10°的安装方式，充分利用屋顶圆盘的面积（如图5-1所示）。

$$I_n = R_b I_b + \frac{I_d (1 + \cos S)}{2} + I\rho (1 - \cos S)/2$$

$$R_b = \frac{\cos \theta}{\cos \theta_z}$$

式中，I_n——单位时间太阳光投射到集热器表面的总辐照度；

I_b——单位时间太阳光投射到水平面的直射辐照度；

I_d——单位时间太阳光投射到水平面的散射辐照度；

I——单位时间太阳光投射到水平面的总辐照度；

S——集热器倾角；

ρ——地面反射系数；

θ——投射到集热器表面太阳直射光线与集热器表面法线的夹角；

θ_z——太阳天顶角。

4）太阳能热水系统水箱的放置

为实现太阳能与建筑一体化，太阳能热水系统水箱放置除考虑房屋面的承重问题外，还兼顾考虑与建筑结合问题。翡翠园第一期住宅工程中，热水箱的放置采用了三种方式。第一种方式，放置在建筑屋顶露天平台的楼梯间上，为避免建筑外观的破坏，加砌与建筑外观一致的护拦，使得在地面尽可能看不见热水箱；第二种方式，没有屋顶露天平台的其他单元，在楼梯间顶部专门设计一个放置热水箱的阁楼，楼阁设计斜屋顶，与建筑外观协调和谐，给整栋建筑增添一分色彩，同时在建筑外面看不到热水箱；第三种方式，别墅的热水箱放置在地下车库，具有很好的隐蔽性。

3. 运行结果与讨论

经过一段时间的运行，系统的设计全部达到使用要求。在晴朗天气下，冬季热水温度达到40℃以上，夏季热水温度最高时超过70℃，与在当地常规安装的太阳能热水系统结果基本一致，说明太阳能集热面积和热水量的配比合理。结果表明，在翡翠园设计使用的太阳能热水系统不仅实现了太阳能与建筑的结合，同时满足使用要求。通过翡翠园第一期住宅工程太阳能热水工程的实施，提高和加深了对太阳能与建筑一体化的认识。尽管翡翠园所使用的系统主要是中央太阳能热水供应系统，但同样加深对其他系统的理解和认识程度，对今后设计与使用可满足太阳能与建筑一体化要求的集中集热分户使用运行方式有很大的帮助。在太阳能与建筑一体化实施中，太阳能集热面积的确定是至关重要的。利用公式计算，并与常规系统模型比较的设计方式，其合理性在翡翠园第一期太阳能热水工程得到较好的验证。东坡阁、东升阁和别墅采用承压式太阳能热水系统有较高的舒适性，具有较好的推广示范价值。

5.4.2　中粮祥云国际幼儿园

1. 项目概况及绿色建筑技术概述

中粮祥云国际幼儿园是中粮地产祥云国际住宅项目的配套幼儿园。在设计之初，业主单位就明确提出项目设计应满足国家绿色建筑三星级设计标识与 LEED 白金级标准的要求，即达到"绿色建筑双认证"的目标。项目组在查阅了国内外大量绿色教育类建筑的相关资料后，确立了一套完整的绿色建筑设计方案和绿色建筑技术策略，希望借此在国内现有技术水平上对绿色教育建筑进行一次有益的尝试，并为今后其他项目积累宝贵经验。中粮祥云国际幼儿园位于北京市顺义区后沙峪中粮祥云商业 C06 地块，北临安祥大街。占地 1123 m²，总建筑面积达 3210 m²，其中地上面积 3010 m²，地下面积 200 m²。建筑物为 3 层，共设 9 个班，属于中型幼儿园。基地的主入口位于北侧（车行、人行）安祥大街。图 5 - 3 给出了项目鸟瞰效果图。

图 5 - 3　项目鸟瞰效果图

项目所在地北京属于寒冷地区，为温带季风气候，夏季高温多雨，冬季寒冷干燥。年降水量为 500 ~ 600 mm。夏季降水量占年降水量的 74%。过渡季相对较短，太阳能条件相对比较丰富。本项目结合北京的气候特点，经认真分析、比选后，有针对性地采用了以下绿色建筑技术：立体绿化（包含屋面、立面）技术，多种手段结合的外遮阳技术，室内空气质量监控系统，空调系统排风热回收技术，采用地源热泵系统作为空调系统的冷热源，太阳能供应生活热水并结合屋面的一体化设计，使用风能供应部分室内照明，绿色建筑运行监测系统，中水利用技术，微喷灌等节水型灌溉形式的使用，乔灌草结合的绿化方式，利用光强探测器及人体感应探测器等对照明器具的控制，利用建筑空间加强自然通风采光技术。主要绿色建筑技术指标包括：节能率70.95%、透水地面46.8%、绿化率34.9%、可再生能源太阳能热水使用率100%、非传统水源利用率44%、热回收效率不低于60%、可再循环材料利用率不小于10%、利废材料使用率不低于30%。

2. 绿色建筑技术的应用

1）建筑围护结构

项目除需要满足《北京市公共建筑节能设计标准》（DB 11/687—2009）和《绿色建筑评价标准》（GB/T 50378—2014）的节能要求外，还要满足 LEED 标准中节能率的要求。LEED 标准中参照建筑墙体的传热系数为 0.33 W/（$m^2 \cdot$ K）、屋面的传热系数为 0.273 W/（$m^2 \cdot$ K），两者都大大低于目前北京市的节能设计标准，对保温材料的保温性能提出了较高的要求，同时还要满足消防的 A 级防火要求。该项目最终选用了酚醛树脂（复合 A 级）作为保温材料。墙体的传热系数达到了 0.32 W/（$m^2 \cdot$ K），屋面的传热系数达到了 0.27 W/（$m^2 \cdot$ K）。外窗采用了中空 Low－E 玻璃，传热系数控制在 2.0 W/（$m^2 \cdot$ K）。

采用《民用建筑节水设计标准》（GB 50555—2010）中的平均日用水定额作为年用水量的计算依据，经计算，本项目年总用水量为 4376 m^3，其中市政自来水用量 2444 m^3，市政再生水用量1923 m^3，非传统水源利用率为 44%。采用非传统水源时应特别注意采用防污染措施，本项目再生水管道外壁为浅绿涂色，管道上设明显的"中水"标识。

2）分项用水计量

本项目按给水用途的不同分别设置水表计量，水表安装率100%。在给水、再生水引入管处设置总表；在卫生间、厨房、淋浴间、室外绿化灌溉、道路浇洒等各部位均设水表计量。本项目在合理利用水资源的同时还在节水器具应用、节水灌溉等方面采用了相应的措施，以达到最大限度降低水资源消耗的目的。

3）太阳能热水供应

根据北京市气象资料进行太阳能热水系统计算：基础水温按照 13.5℃进行设计，太阳辐照量为 13248（$m^2 \cdot$ K）。计算可知，太阳能每天加热 6.24 t 水需要系统集热面积为 71.08 m^2，实际安装 36 组平板集热器，总集热面积为 72 m^2。在阴雨天气及冬季阳光不足的情况下，可使用地源热泵系统加热进行补充。

4）电气系统

电气系统在绿色建筑技术方面的应用包括绿色照明设计、能源管理系统、智能化系统的应用以及风力发电。

（1）绿色照明设计。

绿色照明首先是充分利用自然光，并合理确定各区域的照度标准。在灯具选用方面，优先选用高效、节能的照明光源与电器。本项目在儿童活动室、游戏区、办公室、资料室、保健室等场所选用了具有显色指数高、光效高的稀土三基色 T5 荧光灯；在走廊、卫生间等狭小空间选用了紧凑型荧光灯。另外，项目采用智能照明控制，在儿童活动室、寝室、电教室等大空间区域设置了光强探测器及人体感应探测器，通过探测器控制灯具的开闭。

（2）能源管理系统。

一般传统的楼宇自控系统能够实现对各系统的监视、控制及管理，而能源管理系统是对各类能耗数据进行统计、分析，并结合建筑面积、内部功能区域划分、运转时间等客观数据对整体能耗进行统计、分析的系统，可以准确评价建筑的节能效果和发展趋势。系统由管理层、数据交换层和现场监控层三级结构组成。本项目所设置的能源管理系统可实现对照明、水泵、风机、制冷及其他用电设备的分项计量，对各系统能耗进行跟踪并与模拟能耗结果相比较，从而确认其节能效果。

（3）智能化系统的应用。

根据《智能建筑设计标准》（GB/T 50314—2006）中关于幼儿园建筑的要求，本项目的智能化系统包括建筑设备监控系统、安全防范系统、综合布线系统和有线电视系统。

3. 绿色教育建筑的技术亮点

1）高舒适度的空调系统形式

（1）干式风机盘管。

干式风机盘管是干式空调系统末端的一种。夏季工况下其冷水的供水温度为 16 ± 2℃，由于只负担室内的显热负荷，所以相对常规空调系统末端而言其送风温度高 $2 \sim 4$℃。另外，因为取消了常规风机盘管的"湿工况"，能防止"空调军团菌病"进入室内，避免了常规风机盘管送风时引起的室内异味。干式风机盘管不需要 $7 \sim 12$℃的空调冷冻水，故可以提高对应的冷水机组 COP 值30%以上。干式风机盘管还可充分利用天然冷源，如井水、过渡季/冬季的地表水、冷却塔"免费制冷"的供回水等。

（2）溶液调湿机组。

本项目的空调系统采用了溶液调湿机组。在夏季，室外高温潮湿的新风在机组全热回收单元中与回风进行热湿交换，新风被热泵系统的表冷器初步降温除湿后，进入到调（除）湿单元继续降温除湿到送风状态点。与常规冷冻除湿系统相比，溶液调湿机组可将送风的含湿量由 11 g/kg 干空气进一步降低到约 8 g/kg 干空气的水平。调（除）湿单元吸收水蒸气后，浓度变稀并由溶液泵抽到再生单元，吸收热泵系统冷凝器排风的热量后得到浓缩，实现调（除）湿溶液的循环再生。在冬季，只需切换四通换向阀改变夏季制冷循环为冬季供热循环，即可实现冬季送风的调（加）湿功能。该方式对于能源的综合利用率很高，系统 COP 可达到 5.5 以上（高于常规制冷系统的 3.0）。送风承担全部的室内潜热负荷及新风显冷负荷，因为无须再热，避免了常规空调机组的"过冷再热"的耗能方式。溶液调湿机组的其他主要优点还有：冬季运行无须考虑防冻措施；对室内空气可进行杀菌除尘、提高空气品质；干燥的送风避免了在风道、盘管等表面滋生霉菌和微生物；通过机组的智能化控制，可实现送/回风温、湿度参数的实时监控。

2）提高室内声环境质量

国内教育建筑的教室很少设置吊顶，而国外的教育建筑极少有教室不设吊顶。LEED 标准中明确提出了主要的教室、活动室都应使用吸声材料，且降噪系数 $NRC \geq 0.70$。本项目在设计吊顶时使用了矿棉吸音板作为吸声材料，局部室内墙面也使用了吸声材料，室内声环境的改善有助于儿童的学习，这已经为国外大量实验所证明。

3）绿色建筑技术与建筑的一体化设计与展示

（1）绿色建筑技术与建筑的一体化设计。

绿色建筑技术与建筑的一体化设计已经成为建筑设计的趋势之一，目标是使绿色建筑技术成为建筑不可或缺的组成部分(嵌入式设计)，而不再是生硬地附加在建筑中。本项目绿色建筑技术的"嵌入式设计"主要包括：

外遮阳：南立面的阳台、西立面竖向金属遮阳板都成为立面的组成和装饰的一部分；

墙面绿化：利用攀援植物在疏散室外楼梯进行设置，打造"绿色楼梯"；

屋面绿化：利用平屋面进行设置，可用作儿童玩耍的屋顶花园；

风力发电：在平屋顶的女儿墙部分进行设置，是立面的"绿色装饰"；

太阳能热水：太阳能集热器镶嵌在南向坡屋面上，成为屋面的构件之一。

图5-4给出了绿色建筑技术与建筑的一体化设计示意图。

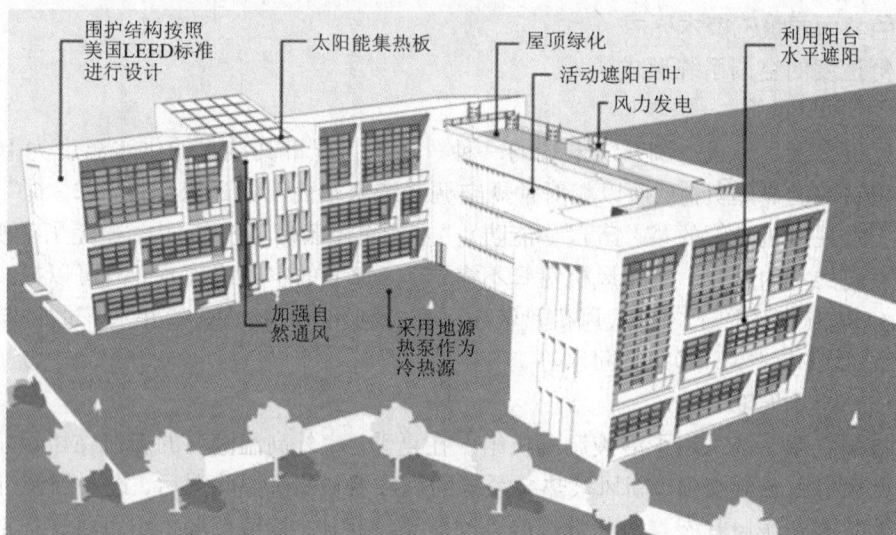

图5-4　绿色建筑技术与建筑的一体化设计示意图

(2)教育展示作用。

本项目在设计之初就考虑到将绿色建筑技术尽量布置在儿童经常活动的区域，使这些绿色建筑技术成为日常生活中可以看得见、摸得着的部分。项目组对总平面进行分析，认为内庭院是儿童经常活动的场所，在方案设计阶段就将绿色建筑技术围绕内庭院进行布置，包括遮阳技术、太阳能热水技术、风力发电技术和墙面绿化技术。这些绿色建筑技术可以成为儿童环境教育的最好教材。

(3)室内设置"绿色中庭"。

本项目室内设置了中庭，利用中庭上下通高的特点，通过热压的"烟囱效应"加强室内的自然通风效果。同时在北立面的相应位置设置大面积开窗，改善中庭部分的采光效果。中庭的自然采光和自然通风条件都相对较好，可以称作绿色中庭。身处室内就能感受到大自然风与光的恩惠。图5-5为绿色中庭的分析图。

4.模拟结果及总结

1)能耗模拟

本项目采用TRNSYS软件对建筑物及空调系统能耗进行模拟及控制。参照建筑的负荷计

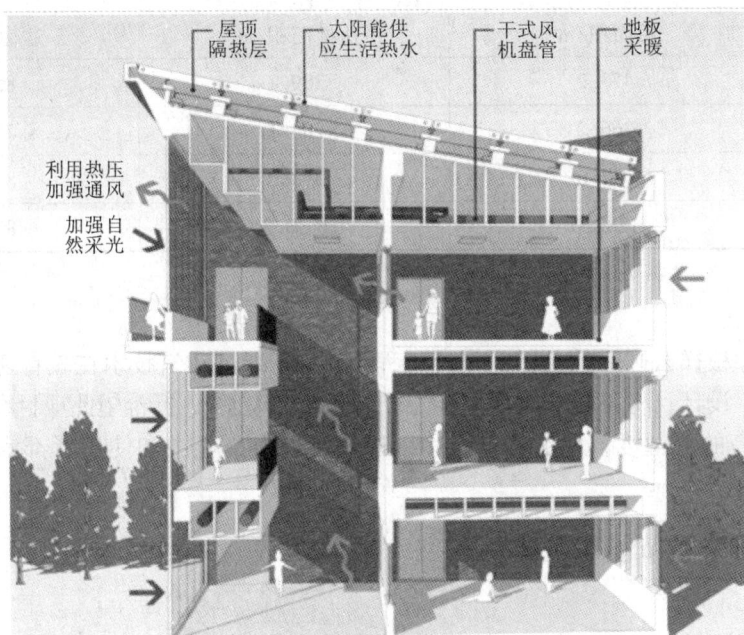

图 5 – 5　绿色中庭分析图

算结果为：夏季空调尖峰负荷为 87.1 W/m²，冬季供暖尖峰负荷为 71.7 W/m²；冬季供暖累计热负荷为 182000 kW·h，夏季供冷累计冷负荷为 189000 kW·h。设计建筑的负荷计算结果为：夏季空调尖峰负荷为 80.1 W/m²，冬季供暖尖峰负荷为 64.3 W/m²；冬季供暖累计热负荷为 139000 kW·h，夏季供冷累计冷负荷为 165000 kW·h。

参照建筑供暖空调系统的全年供暖能耗为 47.6 W/m²，全年空调能耗为 31.3 kWh，全年照明能耗为 18.3 W/m²。设计建筑供暖空调系统的全年供暖能耗为 20.7 W/m²，全年空调能耗为 22.4 W/m²，全年照明能耗为 15.0 W/m²。

由数据分析可以看出，设计建筑的总能耗为参照建筑总能耗的 58.1%，满足《绿色建筑评价标准》（GB/T 50378—2014）中第 5、2、16 条建筑设计总能耗低于国家批准或备案的节能标准规定值的 80% 的要求。

2）采光模拟

在本项目方案设计阶段，项目组就对方案的自然采光进行了预评估，着重对活动室等主要功能空间的进深进行控制，并通过预模拟来验证。室内采光模拟计算分析采用的是中国建筑科学研究院开发的建筑光环境模拟软件（V1.0）。经模拟计算，各层的采光达标面积分布如表 5 – 9 所示，可以看到，本项目的采光达标比例达到了 80.4%，能够很好地满足《绿色建筑评价标准》（GB/T 50378—2014）和 LEED 标准的相关要求。

表 5-9   项目各层采光达标面积分布

项目	总面积/m²	达标面积/m²	达标比例/%
1 层	473.2	389.1	82.2%
2 层	366.2	283.1	77.3%
3 层	442.6	358.2	80.9%
总计	1282.0	1030.3	80.4%

5.总结

项目组在中粮祥云国际幼儿园的设计过程中,对于绿色建筑技术在教育建筑中的应用进行了各种尝试。设计目标不仅仅是满足于"绿色建筑双认证",更希望此项目在节能减排的同时可以保证较高的舒适度,且能够符合中国国情,成为令业主和使用者都满意的绿色教育建筑。

5.4.3   蔚来城节能示范小区

1.工程概况

蔚来城节能示范小区位于德州市新城区,小区总用地面积为 121633 m²,总建筑面积为 382820 m²(含车库 68467 m²),该项目分三期实施,项目一期完成 4 栋楼,建筑面积为 63000 m²,共计 324 户。安装太阳能集热器总面积为 3496.7 m²。建筑阳台及立面安装分体式太阳能热水系统来满足家庭生活热水,建筑楼顶飘板安装太阳能系统,通过与地源热泵技术的耦合,满足小区的采暖制冷需求。

2.南立面集热系统设计

南立面集热系统设计理念是收集原本被浪费掉的照射在建筑南立面上的太阳能,产生热水,供生活使用。高档小区的建筑南立面和阳台多采用大理石、墙砖和玻璃等作为装饰,来彰显小区的稳重、大气、华丽。而蔚来城小区则将墙面集热器和阳台集热器安装在建筑南立面,使集热器作为建筑墙面装饰的组成,成为建筑的一部分,美观大方,实现建筑美观与功能需求的完美统一。

1)墙面式集热系统

墙面式集热系统设计将墙面集热器安装在阳台之间墙面外侧的挑板上,将 300 L 水箱统一放置于墙面集热器后面的挑板之上。墙面式集热器又分为外挂式墙面集热器和内嵌式墙面集热器,见图 5-6 和图 5-7。外挂式墙面集热器为 34 支 1.9 m 真空管的 U 形管集热器,集热器外形尺寸为 2153 mm × 2960 mm,轮廓采光面积为 5.396 m²;内嵌式墙面集热器为 32 支 1.8 m 真空管的 U 形管集热器,集热器外形尺寸为 2030 mm × 2760 mm,轮廓采光面积为 5.076 m²。这两种形式的墙面集热器,是两种不同形式的太阳能与建筑结合的集热器安装方式,能够达到相同的功能需求,根据建筑外观设计需求和结构预留选择。

蔚来城一期共安装 170 套外挂式墙面集热系统和 36 套内嵌式墙面集热系统。墙面式集热系统采用温差强制循环方式,选用 U 形管墙面太阳能集热器为集热元件,每天为用户提供 300 L 热水。同时,每个系统都配有室内机,保证即开即有热水,在阴雨天太阳能不够时,自动开启 2.4 kW 电加热确保热水使用,整个系统采用影屏智控系统,实现系统可控全自动运行。

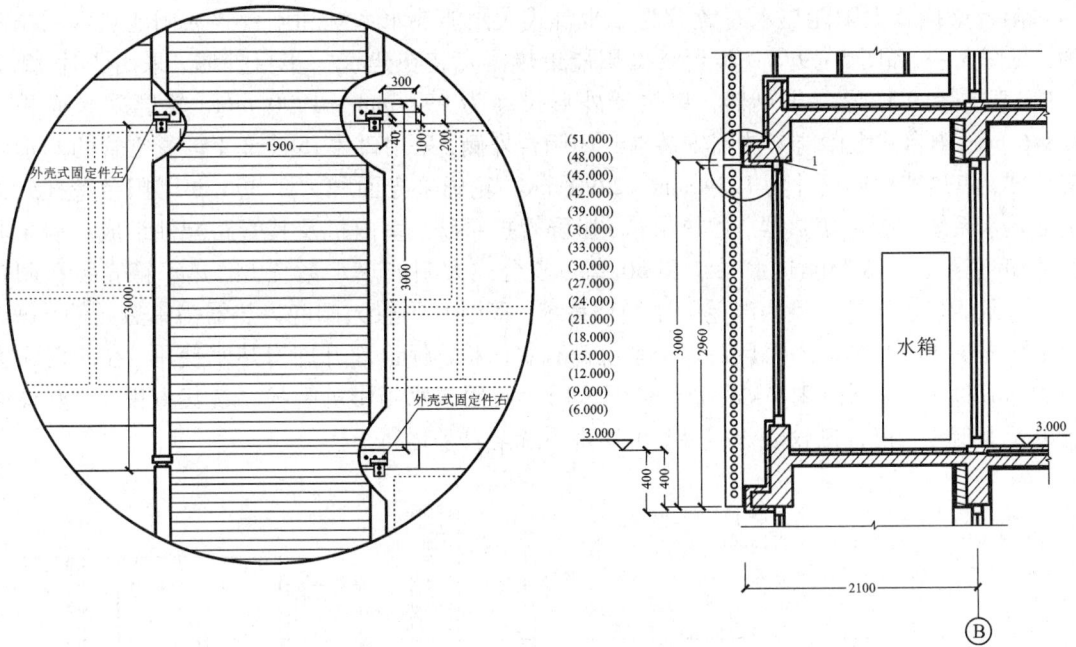

图5-6 外挂式墙面集热器安装图

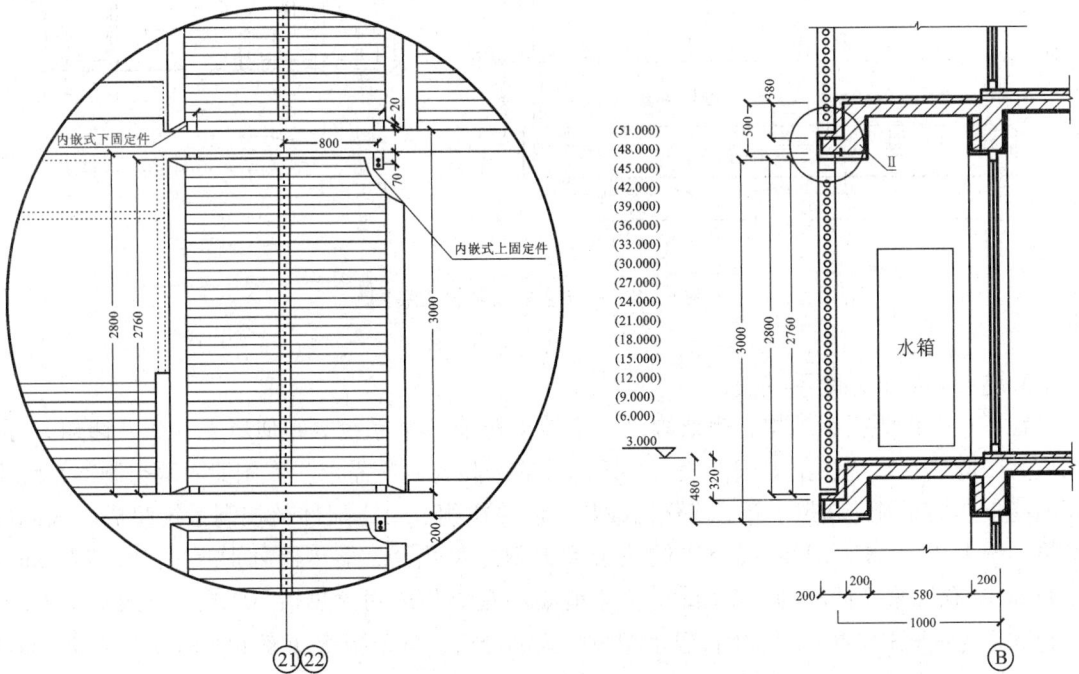

图5-7 内嵌式墙面集热器安装图

2）阳台壁挂式集热系统

阳台壁挂式太阳能热水系统分为一步台式太阳能热水系统和阳台式太阳能热水系统两种，见图5-8和图5-9。一步台式太阳能集热器安装在建筑一步台外墙，采用3片12支2.1 m真空管的U形管集热器，集热器外形尺寸为994 mm×1990 mm，轮廓采光面积为1.876 m²；阳台式太阳能集热器安装在封闭阳台外侧，采用2片15支2.1 m真空管的U形管集热器，集热器外形尺寸为1234 mm×2290 mm，轮廓采光面积为2.356 m²。阳台壁挂式太阳能热水系统主要由集热器、贮热水箱、影屏智控系统、室内机及其管路配件组成。蔚来城安装68套阳台式太阳能热水系统和50套一步台式太阳能热水系统，贮热水箱安装在阳台内。太阳能热水系统类型为温差强制循环系统，采用U形管太阳能集热器为集热元件，每天为用户提供300 L热水。而且在每个系统都有室内机，保证即开即有热水使用，在阴雨天太阳能不够时，自动开启2.4 kW电加热保证用户使用热水。影屏智控系统集电视、多媒体影音以及太阳能智能控制仪表于一体，可实现系统全自动运行。

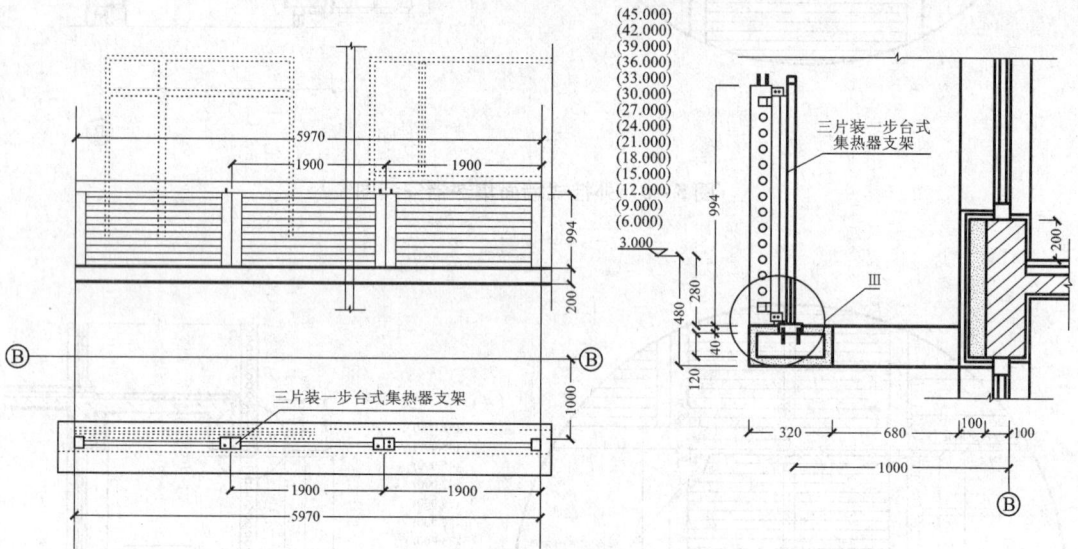

图5-8 一步台式集热器安装图

3.屋顶飘板太阳能系统设计

在屋顶架设飘板钢结构，钢结构之上安装太阳能热水系统，好似巨龙在天，翱翔天际。飘板太阳能热水系统收集太阳能用于小区部分的采暖与制冷需求。太阳能采暖与制冷系统由太阳能集热器系统、储热水箱、溴化锂吸收式制冷机组、管路配件及控制系统组成。太阳能集热系统采用20支2.1 m真空管的热管型太阳能集热器，集热器外形尺寸为2277 mm×1606 mm，轮廓采光面积为2.90 m²。太阳能集热系统共选用集热器504台，分成6套系统，总轮廓采光面积达1461 m²；2台温水型吸收式制冷机，单台制冷功率141 kW；2个9 t储热水箱，分别是集热水箱和防过热水箱。自动控制系统采用PLC控制，实现系统自动运行。太阳能空调制冷、采暖系统为2#楼东单元和中单元约7500 m²提供冬季采暖、夏季制冷。集热器安装在建筑屋顶飘板上，集热器收集的热量通过板式换热器换到集热水箱内，产生高温热

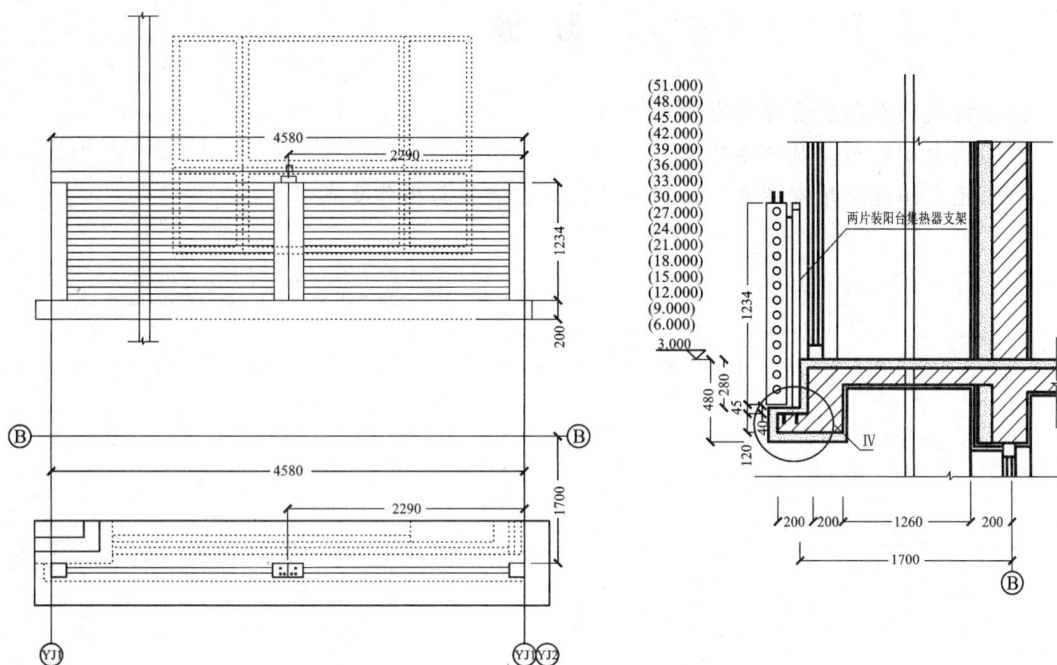

图 5 - 9　阳台式集热器安装图

水。夏季制冷时，83 ~ 88℃的高温热水由水泵输送至吸收式溴化锂制冷机，机组产生 7 ~ 12℃的冷冻水送入分水器，采用风机盘管系统进行室内的制冷。溴化锂吸收式制冷机组的冷却水通过地源热泵系统地埋管侧土壤进行换热。冬季采暖时，集热器收集的热量通过板式换热器将热量换到集热水箱内，集热水箱的热水通过循环泵和板式换热器直接给用户冬季供暖。春秋季太阳能产生的热量用于给小区中心休闲会所游泳池加热或与地源热泵系统结合，平衡地源热泵能量。秋季蓄存热量，用于提高土壤的温度，提高地源热泵冬季制热效率。蔚来城一期采用太阳能空调和地源热泵耦合制冷采暖系统，与泳池联合运行，解决了大型太阳能系统四季连续运行的难题，对于小区内能源的综合可持续利用发挥了重大作用。

4. 效益分析

从项目投资回收期来看，由于采用太阳能系统来提供采暖、制冷和热水，减少了常规能源消耗，因此节约的费用通常是用与常规能源煤炭的比较来确定。整个蔚来城一期使用太阳能系统，一年节约标准煤约 600 t，按照目前标准煤价格为 1200 元/t（由普通煤炭折合而来），每年可节约 72 万元，因此可得此项目的静态回收期为 8 ~ 9 年。考虑到近些年，煤炭价格持续上涨，尤其是 2007 年到 2008 年，一年时间，煤炭价格上涨超过一倍。在未来，能源需求仍然日益高涨，煤炭等化石能源需求仍不断增加，但是其存储量却在不断减少，其价格将继续攀升。因此，此项目的投资回收期还将大大缩短。除了经济效益以外，此项目对于社会效益的贡献更巨大。使用太阳能系统，减少常规能源的消耗，每年可节约标准煤 600 t，减少 CO_2 排放 1596 t，减少 SO_2 排放 13.66 t，减少 NO_x 排放 30.47 t。

习　题

1. 分析我国太阳能资源分布情况。
2. 阐述太阳能与建筑一体化。
3. 简述太阳能冷暖空调系统应用工法的工艺流程与操作要点。

第 6 章 绿色建筑设计案例

【知识目标】

1.熟悉和了解深圳盐田区万科中心绿色设计要点；
2.熟悉和了解广西南宁规划馆绿色设计要点。

【能力目标】

1.能区别万科中心与广西南宁规划馆绿色设计的不同；
2.能参与绿色建筑的设计。

6.1 万科中心

6.1.1 工程概况

万科中心位于深圳市盐田区大梅沙内环路南侧，东观浩渺的大海，西揽碧翠的山脉，与东海岸一路之隔。万科总部中心占地面积为 61729.699 m^2，总建筑面积为 118913 m^2，建筑面积为 80200 m^2，其中会议中心 8000 m^2，酒店 46200 m^2。6 万多平方米的建筑基地，除 8 个支撑主题的交通核外，整体悬空，可让海风、山风流通，并完全向市民开放(见图 6 – 1)。

图 6 – 1 万科中心

万科中心由斯蒂文·霍尔事务所（Steven Holl Architects）负责场地、建筑方案和室内设计，中建国际设计顾问有限公司负责建筑、结构和机电设计。代表设计师是美国当代建筑师的代表人物斯蒂芬·霍尔（Steven Holl）和我国著名的结构设计大师、深圳大学土木工程学院教授博学怡大师。

6.1.2　绿色设计

1. 设计构思

万科中心被称为"躺着的摩天大楼"，如果将它竖起来，和美国帝国大厦差不多高。6 万余平方米的建筑基地，除 8 个支撑主题的交通核外，整体悬空。落地柱支撑起上部 4 ~ 5 层结构，在底部形成了连续的大空间，可使海风、山风依然流通。在这开阔空间里，绿色的土坡向远方延伸，使建筑与自然地形完美结合。而如果从空中俯视，主楼的形状由多个长方形不规则组合，仿佛是一条龙的抽象画。

这栋建筑像生物一样，里面表皮是"会呼吸"的半透明强化轻质碳纤维，每个方向的墙面都经过年度太阳能采集量计算，控制百叶的开关和角度，保证采光和温度，相对同类型建筑节能 75%。建筑使用可再生环保材料。建筑的绿化率达 100%，屋顶覆盖有万余方的太阳能电池板，使得它的供电，无论是取暖还是采光，都是由光伏发电实现的。万科中心是万科践行绿色环保、建筑节能的一个重要体现。

斯蒂芬·霍尔，曾被美国《时代》周刊评为美国最好的建筑师，世界十大建筑师之一，美国哥伦比亚大学建筑学院终身教授。他设计的作品频频获奖，包括 1998 年的 Alvar Aalto 奖章、美国建筑师协会金奖、美国进步建筑奖、美国普立兹克建筑奖等数十项。2007 年，斯蒂芬·霍尔设计的两个项目获得美国《时代》周刊评选的世界十大建筑称号，分别名列第一和第八。

万科中心作为深圳城市片段，斯蒂芬·霍尔提出一个新的典范——漂浮的水平杆状空间，化解建筑形式和功能使用之间的直接关系，这带给地面层更多的活力。在这个项目中不需要设计各种不同功能来满足这城市片段的复杂需求，地面层多元的日常生活可以在功能单元中不断改变和演化。这些单元和周遭活动之间的多孔穿透性是非常重要的。由于主楼漂浮在空中，这些地面出租的空间可以让租户使用当地的自然材料自己建造，例如竹子、茅草屋顶等，并且可以提供紧密多样的使用性，使其具备很大的可变性和灵活性。盘旋在独创的"海水涂鸦"花园上空，办公室、公寓和酒店等，建筑物之间温和的碰撞，就好像它们一度曾漂浮在较高的海面上，如今那个海面已经退去，留下它们屹立在犹如玻璃或珊瑚般的基座上。

作为一个热带的、可持续的 21 世纪构想，它融合了几项新的可持续发展方向：漂浮的建筑体创造了自由、灵活有遮盖的景观绿地，并且让海风和陆风穿透基地。这些利用中水系统运作的矩形水景池将冷能向上辐射到彩色的铝制建筑底面再反射下去。可动式外遮阳表面使用特殊复合材料，保护内层玻璃，减少太阳能负荷及风力冲击。可转动式悬挂立面外遮阳系统不会阻挡窗外的海景及山景。利用太阳能的除湿和冷却系统经由特殊的"屋顶阳伞"形成了有遮阳的屋顶景观。这个防海啸的盘旋式建筑创造了一个多孔的微型气候和庇荫自由景观绿地。

2. 设计标准

可持续发展是全世界的发展主题,万科中心试图对生态平衡做出探索:通过对总体规划和建筑单体设计,利用自然技术、本地绿色建筑材料等低成本、低投入方式平衡和保护周边生态系统,节约能源,同时保证办公使用者的身心健康和舒适性。

本项目依据《公共建筑节能设计标准》(GB 50189—2005)和美国 LEED – NC V2.2。设计内容包括被动式的建筑设计、暖通空调的优化和在自然通风、遮阳与采光、冰蓄冷空调节能、湖水冷却、太阳能利用、围护结构等方面的节能设计,建筑总体能耗比美国 ASHRAE 90.1—2204 标准规定再节能 28%。

3. 独特的结构

根据项目独特的建筑效果(若干巨型筒体及实腹厚墙、落地柱支撑起上部 4~5 层结构,在底部形成了连续的大空间,落地筒、实腹墙及柱水平距离 50~60 m,上部建筑端部悬臂 15~20 m),斯蒂芬·霍尔提出了世界首创的"斜拉桥上盖房子"的理念。通过合理布置高强钢丝斜拉索,发挥首层钢楼盖及顶层混凝土楼盖的轴向刚度和承载力,实现大跨度结构跨越和悬臂,同时通过预应力值的调整优化,改善上部混凝土框架结构的受力变形状态,取得了明显的技术经济效益,比传统巨型钢支撑结构节约投资约 8000 万元。

4. 可持续选址

万科中心位于大梅沙度假村,附近有便利的交通系统:地面交通四通八达,方便了人们出行或是货物运送。同时设计还为自行车、汽车提供了充足的车位,提倡使用减排汽车,为低排放汽车提供优先泊位;地下室有淋浴设施,大大方便了员工的生活。下沉庭院、水系、绿地、山丘的完美组合形成丰富的立体景观,使空间最大化开放。抬高了的建筑设计使地面空间完全释放,留给大地最大的景观空间,并可以加强风的对流,营造局部良好的微气候环境。丰富的外来和本地物种的种植,使得整个中心常年青翠、清幽怡人。此外,独特的结合太阳能光电系统的屋顶花园设计不仅扩大视野、美化环境,同时降低顶层太阳得热,也减轻热岛效应,达到了和谐与经济的双重效益。

5. 节约水资源

在建筑内部,采取了目前先进的节水器具及节水方法进行节水,如采用低流量厕具,无水小便器,配合自动控制系统的低流量水龙头及低流量的淋浴喷头等,可以节水至少 30% 以上,仅此一项,年节水量 1500 t 以上。

在室外空间,尽量采用渗水铺装路面以加强雨水渗透,种植本地树种,利用各种与景观相结合的措施,如植被浅沟、渗透沟渠、生物滞留等方式减低雨水冲刷,保持当地水土环境的同时又减少了灌溉用水。

整个项目中采用了全面的雨水回收系统,将屋面和露天雨水收集处理,并蓄积在水景池内,回用于绿化和补充景观水池水量的损失。设计中,亦充分考虑了成本效益并与实际的地形和景观相结合,如东侧屋面距景观水池较远,在设计中就近设置雨水花园用于消纳雨水,节省投资的同时,亦达到雨水回收的效果。

为进一步提高水资源的利用,本项目将所产生的中水和污水亦全部回收,通过人工湿地进行生物降解处理,以用作本地灌溉及清洗等其他用途,每日的水处理量达到 100 t,保证100% 不使用饮用水来作为景观用水,大大减轻了对市政用水的负担。

6. 能源与大气

作为办公建筑，设计采用了大面积玻璃以获得充足的日照阳光。同时，为了避免由于这种设计产生过多的热，以及冬季里的眩光现象，设计在采用通常使用的低辐射、高透光玻璃的同时，配以创新式的、能够自动调节的外遮阳系统，该系统根据太阳高度角以及室内的照度，自动调节水平遮阳板，其开启的范围0°～90°，达到理想的遮阳效果，在深圳，乃至全国首次使用自动调节的外遮阳系统于大型办公楼宇。

在采用新型围护结构系统减少能耗的同时，高效节能的系统也是节能的手段之一：蓄冰空调技术是让制冷机组在夜间电力负荷及电费低谷期进行制冰，在白天负荷高峰时候释放出来。达到峰谷负荷的转移，节省能源成本的同时，也对减轻国家电力系统负荷作贡献。地板送风系统是利用地板下低压风管把冷风送到风口，送风温度较常规送风温度高2～4℃，提高了通风效率，增加室内空气素质的同时，也降低了能耗。同时亦充分利用能源回收系统，采用新风热回收技术，把排风中的热量用于预热新风，同时配合 CO_2 监测系统，控制新风机组的开启，减少不必要的浪费。

太阳能热水以及光伏发电系统是太阳能在该建筑中的重要体现。建筑光伏发电系统产生无污染电能的同时美化了建筑形象，预计年发电量25万度。太阳能热水用于泳池热水以及大厦淋浴洗手之用。为太阳能在办公建筑中的使用起到推动作用。

整个设计在细节上亦十分注重节能的体现，如广泛采用日光照明、高效率的照明灯具以及感应灯、工作灯等的运用，可为大楼节约大量照明电力，见图6-2。

图6-2 万科中心绿色屋顶和太阳能发电设施

7. 材料与资源

万科中心在设计和施工过程中严格贯彻 LEED 认证对设计和施工的要求，在材料和资源使用方面，遵循下列原则：

（1）尽量使用本地材料，大大减少材料运送过程中的能源消耗。

（2）使用回收修复或再用的材料产品和装饰材料，如钢材、飞灰水泥、梁柱、地板、壁板、门和框架、壁柜、家具等材料。降低对新材料的需求、减少废弃物的产生,同时降低建筑成本、节约能源并减少新材料生产过程所产生的环境影响。

(3)为了减少对不可再生材料的使用,施工中采用大量可再生材料(竹、羊毛、棉花等材料)、快生木材(生长周期为10年以下)以及获得国际森林管理委员会认证的木材。

(4)施工中有专门的管理小组,做到文明施工,制定建筑施工废弃物管理计划,制定材料分离的量化目标;回收并(或)抢救建筑拆除和场地清理产生的废弃物;开辟专门的空间用于回收废弃物,并要求按照类别分别进行回收。

8.室内环境品质

在万科中心的设计中,办公层设计专门的吸烟室以及配套的排烟系统,很好地控制烟气,保证室内具有良好的空气质量;同时,在办公设计时的通风量亦增加了30%,保证室内空气的清新;室内装修严格选用低放射物质,包括低VOC的密封剂、黏结剂、地毯等物质。

设计还非常注重对内部的热环境来尽量满足人体舒适度的要求,从温度、湿度、自然采光及视野等几方面均能够达到舒适的要求;可调节地板送风系统可以根据不同个人的需求调整送风的温度和速度,提供优质的个人微环境;几乎所有的常用空间均使用日光照明,提升人员工作效率;所有常用空间都有开阔的视野,可以尽情地边工作边享受外面的美景。

9.主要创新

(1)景观绿地最大化,抬高了的建筑设计使地面空间完全释放,留给大地最大的景观空间;太阳能板下种植植被,更使得绿化率超过100%。

(2)建筑光伏电系统,形成独特的遮阳屋顶景观,不但美化建筑形象,同时可年发电30万度,降低14%的总体能耗。

(3)通过全面的雨水回收系统,加上人工湿地的生物降解,项目每日可处理100 t中水和污水,解决了本地灌溉、景观用水以及清洗等其他用途。

(4)采取目前先进的节水器具及节水方法进行节水,节水率40%以上,仅此一项,年节水量达1500 t以上。

(5)可转动式悬挂立面外遮阳系统,可在0°~90°范围内调节水平遮阳板,还能降低能耗,确保景观效果,是全国大型办公楼宇的首例。

(6)广泛采用日光照明,辅以高效率的照明灯、感应灯、工作灯,加上蓄冰空调技术、地板送风系统、新风热回收技术、CO_2监测系统等高效节能系统的运用,项目能耗控制在极低的水平。

(7)大跨度悬拉索结构,作为中国第一个集大跨度、钢结构、悬拉索与预应力于一体的新型综合建筑,具备紧密多样的使用性、可变性和灵活性。

(8)广泛采用竹材等绿色材料,广泛地再利用施工废弃物,使用当地资源及使用认证的木材、地毯等产品。

6.1.3　LEED铂金认证

万科中心项目自2006年启动设计,并确定了以申请LEED-NC最高标准——铂金认证为目标,历经5年时间,在参与项目建设的各方共同努力下,经过了严格设计阶段以及施工阶段的各项认证工作,2010年8月,最终以57分(包括43个设计得分及14个施工得分)、高出铂金认证标准5分的成绩获得了LEED铂金认证,成为中国第一个获得LEED-NC铂金认证的办公建筑项目。

6.2 广西南宁规划馆

6.2.1 项目简介

南宁市城市规划展示馆项目位于东盟商务区东南面，桂花路东面、凤岭南路北侧。项目规划总用地约37.28亩，其中市政公共绿化用地约2.28亩，实际用地面积约35亩。项目于2011年5月动工建设，计划投资1.95亿元。项目于2011年12月28日顺利完成主体施工，累计完成投资1.2亿元，完成计划投资的61.5%。预计2013年9月竣工。

展示馆结合自然地形特征依山而建，设计为地下一层、地上三层。项目总建筑面积为21238 m^2，其中地上部分16954 m^2（主体展示区面积12968 m^2，会议和办公部分3986 m^2），地下部分4284 m^2。地上一层为序厅、历史展区、综合成就展区、贵宾接待厅、300座的学术报告厅、会议室、临时展示区（各种中小型艺术展览及重要的建筑巡展）、公示区（用于阳光规划公示）；二层为南宁市总体规划展示厅、总体规划声光电一体化模型展厅及专项规划展示区、环幕影院、220座的学术报告厅、会议室；三层为主题展示区。地下一层为停车场及设备用房（见图6-3、图6-4）。

图6-3 南宁市城市规划展示馆效果图

南宁市城市规划展示馆由筑博设计股份有限公司按绿色三星标准设计，中建八局施工。项目建成后成为南宁市一个重要的宣传窗口，不仅有利于市民参观了解城市的发展变化和未来规划，更有利于向国内外宾客展示南宁城市规划与建设成就，并将成为南宁走向全国、走向世界的一张亮丽城市名片。

图 6 - 4　正在施工的南宁市城市规划展示馆

6.2.2　绿色设计

本项目采用建筑信息模型(BIM)技术和绿色建筑分析软件对太阳辐射、自然采光、自然通风和噪声情况进行了模拟分析[18]。

1. 太阳辐射优化设计

项目使用大面积玻璃幕墙,将模型导入 Ecotect 软件进行初步分析,发现建筑展厅存在太阳辐射量过大问题,因此设计过程中对建筑进行优化,增加遮阳百叶,并将增加百叶后的 BIM 模型导入 Ecotect 软件进行分析。西向增加百叶后,全年太阳辐射量降低了 33%,约 100 kW·h,西向的百叶遮阳对改善室内热环境效果比较明显。

2. 室内采光优化设计

针对展厅室内进行采光模拟,论证西向大面积遮阳对室内采光的影响。按照《建筑采光设计标准》(GB/T 50033—2001)中对视觉作业场所工作面和展厅的采光系数要求进行分析计算(全阴天状态)。南宁为Ⅲ类光气候区,设定室外自然光临界照度为 5000 lx。优化后 100 lx 等值线与窗户距离为 6 m,不会因为玻璃幕墙透光对室内光环境造成影响,遮阳百叶优化效果明显。优化后展厅内部距幕墙 20 m 范围内采光系数降低 5%,展厅内部中心采光系数降幅不大。除放映厅因功能需要采光系数小于 1% ,其余位置采光系数均大于 1% 。

优化后西向和南向的照度降低,且其中 79.74% 区域(即 4717.82 m²)的采光系数大于 1% ,满足《建筑采光设计标准》(GB/T 50033—2001)展厅采光系数不低于 1% 要求。

西向遮阳百叶的设置降低了西向太阳辐射,改善了建筑室内热环境,降低了建筑能耗。展览建筑不希望室内自然光太强,西向遮阳也实现了这一要求,并且满足国家规范的规定。

3. 声环境设计分析

将 BIM 模型导入绿色建筑软件分析建筑声环境状况,模拟结果显示,由于项目西侧和南侧为主干道路,该区域白天 A 声级噪声可达到 58 dB,略高于《声环境质量标准》(GB 3096—

2008）中1类标准适用区域的规定，需要景观设计时在场地沿西侧及南侧设计绿化隔离带，起到一定的隔声作用，优化场地声环境。项目北侧、东北侧及东侧区域基本满足《声环境质量标准》（GB 3096—2008）中1类标准适用区域的规定，白天不超过55 dB，夜间不超过45 dB。

将项目模拟结果反馈到建筑设计中，考虑到东侧噪声状况较好，因此本设计将噪声敏感的办公区放置在东侧，并根据对噪声的敏感程度设置房间功能，将对噪声最为敏感的会议室放在东北侧，有效降低了展览区和西南侧道路对会议室的影响。而建筑南侧区域设置为公共走廊，有效降低噪声对建筑内部的影响。

4. 室外风环境设计

项目当地夏季主导风向为东南风，平均风速为1.9 m/s，针对项目具体情况，在设计初期进行项目室外通风的模拟，并返回到BIM模型中对方案进行不断调整以获得优化方案。

图6-5为建筑表面风压力图。根据模拟结果可知，室外人行高度处风速普遍小于3 m/s，风速放大系数为1.4，满足《绿色建筑评价标准》（GB/T 50378—2006）对场地风环境的要求。建筑表面风压差大于2 Pa，具备形成良好室内自然通风的前提条件。

图6-5　建筑表面压力分布图（东南向）

5. 室内风环境设计

通风量是评价自然通风效果的重要指标，其大小直接关系到自然通风的除湿降温能力。采用计算流体软件Fluent对办公区域的自然通风效果进行了模拟，模拟季节为过渡季节，风速为1.9 m/s，风向为东南，经过模拟分析，办公区域各房间空气龄的分布状况如图6-6所示。可以看出，室内各功能房间的空气龄在300 s以内。另外由模拟计算结果得到整个办公区域的平均空气龄为215 s，换气次数为2.5 h^{-1}，满足《绿色建筑评价标准》（GB/T 50378—2006）对换气次数的要求。由此可知，办公区域的自然通风情况良好。

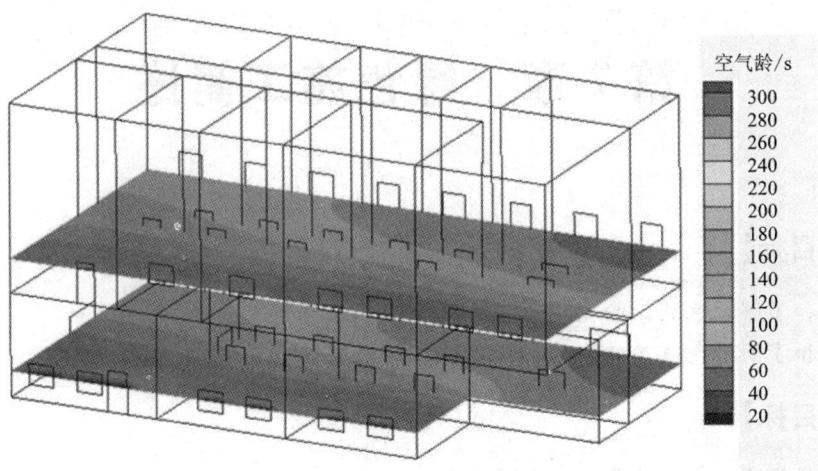

图 6－6a　室内高度 1.5 m 处空气龄分布图

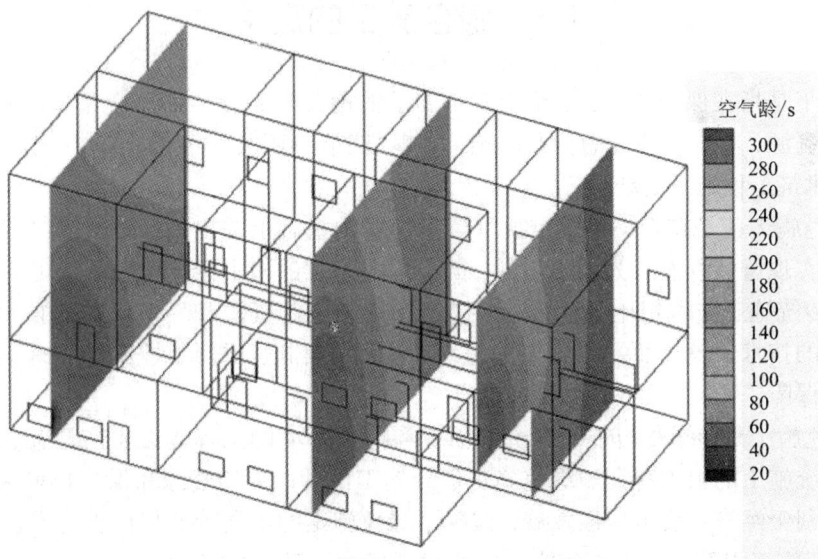

图 6－6b　室内不同垂直截面的空气龄分布

习　题

1. 阐述万科中心绿色设计构思。
2. 阐述广西南宁规划馆绿色设计构思。

第7章 绿色施工简述

【知识目标】

1. 熟悉和了解绿色施工的定义与相关概念；
2. 熟悉和了解绿色施工的实质和绿色施工的原则。

【能力目标】

1. 能熟知绿色施工与其相关概念的关系；
2. 能参与分析绿色施工的实质情况。

7.1 绿色施工的定义

绿色施工是指在保证质量、安全等基本要求的前提下，通过科学管理和技术进步，最大限度地节约资源，减少对环境的负面影响，实现"四节一环保"（节能、节材、节水、节地和环境保护）的建筑工程施工活动。

（1）绿色施工正是在人类日益重视可持续发展的基础上提出的，无论节约资源还是保护环境都是以实现可持续发展为根本目的，因此绿色施工的根本指导思想就是可持续发展。

（2）与传统施工技术相比，绿色施工技术有利于节约资源和环境保护的技术改进，是实现绿色施工的技术保障。而绿色施工的组织、策划、实施、评价及控制等管理活动，是绿色施工的管理保障。

（3）绿色施工是追求尽可能减少资源消耗和保护环境的工程建设生产活动，这是绿色施工区别于传统施工的根本特征。绿色施工倡导施工活动以节约资源和保护环境为前提，要求施工活动有利于经济社会可持续发展，体现了绿色施工的本质特征与核心内容。

（4）绿色施工强调的重点是使施工作业对现场周边环境的负面影响最小，污染物和废弃物排放（如扬尘、噪声等）最小，对有限资源的保护和利用最有效，它是实现工程施工行业升级和更新换代的更优方法与模式。

7.2 与传统施工的关系

施工是指具备相应资质的工程承包企业，通过管理和按术手段，配置一定资源，按照设计文件（施工图），为实现合同目标在工程现场所进行的各种生产活动。而绿色施工是基于可持续发展思想，以节约资源、减少污染排放和保护环境为典型特征，是对传统施工模式的创新。

1. 相同点

(1)有相同的对象——工程项目，即无论哪种施工方式，都是为工程项目建设服务；

(2)配置相同的资源——人、设备、材料等；

(3)相同的实现方法——工程管理与工程技术方法。

2. 不同点

(1)绿色施工与传统施工的最大不同在于施工目标。

改革开放后，市场经济体制逐步建立，工程施工由建筑产品生产转化为建筑商品生产，施工企业开始追求经济利益最大化，工程项目施工目标控制增加了工程成本控制的要求。因此，施工企业为了赢得市场竞争，必须要对工程质量、安全文明、工期等目标高度重视。为了在市场环境下求得发展，也必须在工程项目实施中实现尽可能多的盈利，这是在市场经济条件下施工企业必须面对的现实问题。绿色施工要求对工程项目施工以保护环境和国家资源为前提，最大限度实现资源节约，工程项目施工目标在保证安全文明、工程质量和施工工期以及成本受控的基础上，增加以节约资源保护环境为核心内容的绿色施工目标，这也是顺应了可持续发展的时代要求。工程施工控制目标数量的增加，不仅增加了施工过程技术方法选择和管理的难度，也直接导致了施工成本的增加，造成了工程项目控制难度的加大。而且保护环境和节约资源方面的工作做得越多越好，可能成本增加越多，施工企业面临的亏损压力就会越大。

(2)绿色施工与传统施工的"节约"是不同的。

绿色施工的目的在于实现"四节一环保"，这种"节约"与传统意义的"节约"的区别表现为：

①出发点不同：绿色施工强调的是在环境保护前提下的节约资源，而不是单纯追求经济效益的最大化。

②着眼点不同：绿色施工强调的是以"节材、节水、节能、节地"为目标的"四节"，所侧重的是对资源的保护与高效利用，而不是从降低成本的角度出发。

③效果不同：绿色施工往往会造成施工成本的增加，需要在施工过程中增加对国家稀缺资源保护的措施，需要投入一定的绿色施工措施费。

④效益观不同：绿色施工虽然可能导致施工成本增大，但从长远来看，将使得国家或相关地区的整体效益增加，社会和环境效益改善。

可见，绿色施工所强调的"四节"并非以施工企业的"经济效益最大化"为基础，而是强调在保护环境和节约资源前提下的"四节"，是强调以可持续发展为目标的"四节"。因此，符合绿色施工做法的"四节"，对于项目成本控制而言，可能会造成施工成本的增加。但是，这种企业效益的"小损失"，换来的却是国家整体环境治理的"大收益"。

7.3　与相关概念的关系

7.3.1　与绿色建筑的关系

绿色建筑和绿色施工是绿色理念在建筑全生命周期内不同阶段的体现，但其根本目标是一致的，它们都把建筑全生命周期内最大限度实现环境友好作为最高追求。

从两者的联系来看，主要表现在：一方面，两者在基本目标上是一致的。两者都追求"绿色"，都致力于减少资源消耗和保护环境。另一方面，施工是建筑产品的建成阶段，属于建筑全生命周期中的一个重要环节，在施工阶段推进绿色施工必然有利于建筑全生命周期的绿色化。因此，绿色施工的深入推进，对于绿色建筑的生成具有积极促进作用。

同时，两者又有很大的区别。第一，两者的时间跨度不同。绿色建筑涵盖建筑全生命周期，重点在运行阶段，而绿色施工主要针对建筑建成阶段。第二，两者的实现途径不同。绿色建筑的实现主要依靠绿色建筑设计和提高建筑运行维护的绿色化水平；而绿色施工主要针对施工过程，通过对施工过程的绿色施工策划，并加以严格实施实现。第三，两者的对象不同。绿色建筑强调的主要是对建筑产品的绿色要求，而绿色施工强调的是施工过程的绿色特征。

所有的建筑产品中，符合绿色建筑标准的产品可以称为绿色建筑；所有的施工活动中，达到绿色施工评价标准的施工活动可以称为绿色施工。就特定的绿色建筑而言，其建成阶段不一定符合绿色施工标准；就特定的施工过程而言，绿色施工最终建造的产品也不一定达到绿色建筑的要求。因此，这两者强调的对象有着本质的区别，绿色建筑主要针对建筑产品，绿色施工主要针对建筑生产过程，这是两者最本质的区别。

7.3.2　与节能降耗的关系

倡导"节能降耗"活动，是建筑业当前形势下顺应可持续发展的核心要求。节能降耗是绿色施工的核心内容，但绿色施工还包含节约水、土地、材料等其他资源和保护环境等其他重要内容。推进绿色施工可促进节能降耗进入良性循环，而节能降耗把绿色施工的能源节约与高效利用要求落到了实处。我国是耗能大国，又是能源利用效率较低的国家，当前我们必须把节能降耗作为推进绿色建筑和绿色施工的重中之重，抓出成效。节能降耗是绿色施工的重要构成，支撑着绿色施工。

7.3.3　与节约型工地的关系

绿色施工是以环境保护为前提的"节约"，其内涵相对宽泛。节约型工地活动的涵盖范围相对较小，其是以节约为核心主题的施工现场专项活动，重点突出了绿色施工中对节约的要求，是推进绿色施工的重要组成部分，对于促进施工过程最大限度地实现节水、节能、节地、节材的"大节约"具有重要意义。因此，绿色施工具有比节约型工地更加丰富的内涵，它不仅强调节约，也强调环境保护，以促进可持续发展为根本目的。

7.3.4　与文明施工的关系

文明施工更多强调文化和管理层面的要求，其要求主要体现为达到现场整洁舒畅的一种感官效果，一般通过管理手段实现。绿色施工是基于保护环境、节约资源、减少废弃物排放、改善作业条件等的一种更为深入的要求，需要从管理和技术两个方面双管齐下才能有效实现。可见，文明施工主要局限于施工活动的现场状态，特别注重对生产现场的整洁性、有序性的要求。而绿色施工则以节约资源和保护环境为目的，内涵更加丰富和深入。同时文明施工的主要以观感考评来评价，而绿色施工是以量化考核来评价。

7.4　绿色施工的实质

推进绿色施工，是在施工行业贯彻科学发展观、实现国家可持续发展、保护环境、勇于承担社会责任的一种积极应对措施，是施工企业面对严峻的经营形势和严酷的环境压力时的自我加压、挑战历史和引导未来工程建设模式的一种施工活动。工程施工的某些环境负面影响大多具有集中、持续和突发特征，这决定了施工行业推进绿色施工的迫切性和必要性。切实推进绿色施工，使施工过程真正做到"四节一环保"，对促使环境改善，提升建筑业环境效益和社会效益具有重要意义。

(1)绿色施工应把保护和高效利用资源放在重要位置。

施工过程是一个大量资源集中投入的过程。绿色施工要把节约资源放在重要位置，本着循环经济要求的"减量化、再利用、再循环"原则来保护和高效利用资源。在施工过程中就地取材、精细施工，以尽可能减少资源投入，同时加强资源回收利用，减少废弃物排放。

(2)绿色施工应将保护环境和控制污染物排放作为前提条件。

施工是一种对现场周围乃至更大范围的环境有着相当负面影响的生产活动。施工活动除了对大气和水体有一定的污染外，基坑施工对地下水影响较大，同时，还会产生大量的固体废弃物以及扬尘、噪声、强光等刺激感官的污染。因此，施工活动必须体现绿色特点，将保护环境和控制污染物排放作为前提条件。

(3)绿色施工必须坚持以人为本，注重减轻劳动强度及改善作业条件。

施工行业应将以人为本作为基本理念，尊重和保护生命、保障人身健康，高度重视并改善建筑工人劳动强度高、居住和作业条件较差、劳动时间偏长的状况。

(4)绿色施工必须追求技术进步，把推进建筑工业化和信息化作为重要支撑。

绿色施工不是一句口号，也不仅仅是施工理念的变革，其意在创造一种对人类、自然和社会的环境影响相对较小、资源高效利用的全新施工模式。绿色施工的实现需要技术进步和科技管理的支撑，特别要把推进建筑工业化和施工信息化作为重要方向。这两者对于节约资源、保护环境和改善工人作业条件具有重要的推进作用。

总之，绿色施工并非一项具体技术，而是对整个施工行业提出的一个革命性的变革要求，其影响范围之大，覆盖范围之广是空前的。尽管绿色施工的推进会面临很多困难和障碍，但代表了施工行业的未来发展方向，其推广和发展势在必行。

7.5　绿色施工在建筑全生命周期的地位

施工阶段是建筑全生命周期的阶段之一，属于建筑产品的物化过程。从建筑全生命周期的视角，我们能更完整地看到绿色施工在整个建筑生命周期环境影响中的地位和作用。

1. 绿色施工有助于减少施工阶段对环境的污染

相比于建筑产品几十年甚至几百年运行阶段的能耗总量而言，施工阶段的能耗总量也许并不突出，但施工阶段的能耗却较为集中，同时产生了大量的粉尘、噪声、固体废弃物、水消耗、土地占用等多种类型的环境影响，对现场和周围人们的生活和工作有更加明显的影响。施工阶段环境影响在数量上并不一定是最多的 但具有类型多、影响集中、程度深等特点，是人们感受最突出的阶段。绿色施工通过控制各种环境影响，节约资源能源，能有效减少各类污染物的产生，减少对周围人群的负面影响，取得突出的环境效益和社会效益。

2. 绿色施工有助于改善建筑全生命周期的绿色性能

规划设计阶段对建筑物整个生命周期的使用功能、环境影响和费用的影响最为深远。然而规划设计的目的是在施工阶段来落实的，施工阶段是建筑的生成阶段，其工程质量影响着建筑运行时期的功能、成本和环境影响。绿色施工的基础质量保证，有助于延长建筑物的使用寿命，实质上提升了资源利用效率。绿色施工是在保障工程安全质量的基础上保护环境、节约资源，其对环境的保护将带来长远的环境效益，有力促进了社会的可持续发展。施工现场建筑材料、施工机具和楼宇设备的绿色性能评价和选用绿色性能相对较好的建筑材料、施工机具和楼宇设备是绿色施工的需要，更对绿色建筑的实现具有重要作用。可见推进绿色施工不仅能够减少施工阶段的环境负面影响，还可为绿色建筑形成提供重要支撑，为社会的可持续发展提供保障。

3. 推进绿色施工是建造可持续性建筑的重要支撑

建筑在全生命周期中是否绿色、是否具有可持续性是由其规划设计、工程施工和物业运行等过程是否具有绿色性能、是否具有可持续性所决定的。一座具有良好可持续性的建筑或绿色建筑的建成，首先要工程策划思路正确、符合可持续发展要求；其次，规划设计必须达到绿色设计标准；再者，施工过程也应严格进行施工策划，严格实施，达到绿色施工水平。物业运行是一个漫长时段，必须依据可持续发展思想，进行绿色物业管理。在建筑的全生命周期中，要完美体现可持续发展思想，各环节、各阶段都必须凝聚目标，全力推进和落实绿色发展理念，通过绿色设计、绿色施工和绿色运行建成可持续发展的建筑。

综上所述，绿色施工的推进，不仅能有效地减少施工阶段对环境的负面影响，对提升建筑全生命周期的绿色性能也具有重要的支撑和促进作用。推进绿色施工有利于建设资源节约型、环境友好型社会，功在当代、利在千秋，是具有战略意义的重大举措。

7.6　绿色施工的原则

1. 以人为本的原则

人类生产活动的最终目标是创造更加美好的生存条件和发展环境。所以，这些生产活动必须以顺应自然、保护自然为目标，以物质财富的增长为动力，实现人类的可持续发展。绿色施工把关注资源节约和保护人类的生存环境作为基本要求，把人的因素摆在核心位置，关注施工活动对生产生活的负面影响（既包括对施工现场内的相关人员，也包括对周边人群和全社会的负面影响），把尊重人、保护人作为主旨，充分体现了以人为本的根本原则，实现施工活动与人和自然和谐发展。

2. 环保优先的原则

自然生态环境质量直接关乎人类的健康，影响着人类的生存与发展，保护生态环境就是保护人类的生存和发展。工程施工活动对环境有较大的负面影响，因此，绿色施工应秉承"环保有限"的原则，把施工过程的烟尘、粉尘、固体废弃物等污染物，振动、噪声和强光直接刺激感官的污染物控制在允许范围内。这也是绿色施工中"绿色"内涵的直接体现。

3. 资源高效利用的原则

资源的可持续性是人类发展可持续性的主要保障。建筑施工行业是典型的资源消耗型产业。我国作为一个发展中的人口大国，在未来相当长的时期内建筑业还将保持较大规模的需求，这必将消耗数量巨大的资源。绿色施工要把改变传统粗放的生产方式作为基本目标，把高效利用资源作为重点，坚持在施工活动中节约资源、高效利用资源，开发利用可再生资源，推动我国工程建设水平持续提高。

4. 精细施工的原则

精细施工可以有效减少施工过程中的失误，减少返工，从而也可以减少资源浪费。因此，绿色施工还应坚持精细施工的原则。将精细化理念融入施工过程中，通过精细策划、精细管理、严格规范标准、优化施工流程、提升施工技术水平、强化施工动态监控等方式方法，促使施工方式由传统高消耗的粗放型、劳动密集型向资源集约型和智力、管理、技术密集型的方向转变，逐步践行精细施工。

习　题

1. 绿色施工的定义是什么？
2. 简述绿色施工与传统施工的相同点与不同点。

第8章 绿色施工发展状况

【知识目标】

1. 熟悉和了解绿色施工开展的背景；
2. 熟悉和了解绿色施工发展的迫切性；
3. 了解我国绿色施工发展的总体状况。

【能力目标】

能参与分析绿色施工。

8.1 绿色施工开展背景

绿色施工(Green Construction)是我国奉行的经济可持续发展思想在建筑施工领域的基本体现，也是国际上奉行的可持续建造与我国工程实践结合的可行模式。

8.1.1 国际背景

1993 年，Charles J. Kibcrt 教授提出了可持续施工(Sustainable Construction)的概念，强调在建筑全生命周期中力求最大限度实现不可再生资源的有效利用、减小污染物排放和降低对人类健康的负面影响，阐述了可持续施工在保护环境和节约资源方面的巨大潜能。随着可持续施工理念的成熟，许多国家开始实施可持续施工或绿色施工，促进了绿色施工的发展与推广。

在发达国家，绿色施工的理念已经融入建筑行业各个部门与机构，同时引起了最高领导层和消费者的关注。2009 年 3 月，国际标准委员会首次发起为新建与现有商业建筑编写《国际绿色施工标准》，该标准已被广泛参考和使用。在绿色施工评价方面，许多发达国家基于建筑全生命周期思想开发了自己的建筑环境影响评价体系，影响力较大的有：英国的环境评价法(BREEAM)、美国的能源及环境设计先导计划(LEED)、日本的建筑环境综合评价体系(CASBEE)等。这些评价标准都是以建筑的全生命周期为对象，即包括了从原材料采掘、建材生产、建筑构配件加工、建筑与安装工程、建筑运行与维护和拆除等的整个周期，所提到的"Construction"的实质是"建造"，涵盖了施工图设计与施工，与我国所说的"施工"外延不同。因而这些标准对施工阶段环境影响评价的取向不完全符合我国工程建设的实际特点，针对施工的内容比较粗略。我国倡导的绿色施工评价体系在国际上还鲜有建立，在内容上也比上述国际标准更为具体，体现了中国工程建设行业的特点。

8.1.2　国内背景

我国对绿色施工的关注源于对绿色建筑的探索与推广。随着人们对绿色建筑和生态型住区的渴望和追求,我国在绿色建筑领域出台了相应的政策和标准。2001 年建设部编制了《绿色生态住宅小区建设要点与技术导则》,提出以科技为先导,推进住宅生态环境建设及提高住宅产业化水平;以住宅小区为载体,全面提高住宅小区节能、节水、节地水平,控制总体治污,带动绿色产业发展,实现社会、经济、环境效益统一。2005 年建设部和科技部颁布《绿色建筑技术导则》,2006 年又发布《绿色建筑评价标准》(GB/T 50378—2006),2007 年发布《绿色建筑评价技术细则(试行)》和《绿色建筑评价标识管理办法》,并在全国组织建设了一批建筑节能示范工程、康居工程、健康住宅等。

伴随着建筑节能和绿色建筑的推广,在施工行业推行绿色化也开始受到关注,基于这样的背景,绿色施工在我国被提出并持续推进。

8.1.3　绿色施工的提出

早在十多年前,我国的一些企业和地方政府就开始关注施工过程产生的负面环境影响的治理。有一些企业在 2003 年就开始进行绿色施工研究,先后取得了一大批重要的技术成果。北京市建委为控制和减少施工扬尘,加大治理大气污染力度,规定从 2004 年起,北京建筑工地全面推行绿色施工。2009 年深圳市发布《深圳市建筑废弃物减排与利用条例》,明确规定建筑废弃物的管理遵循减量化、再利用、资源化的原则,提出了建筑废弃物要再利用或再生利用,不能再利用或再生利用的应当实行分类管理、集中处置。

“十一五”期间,住建部以绿色建筑为切入点促进建筑业可持续发展,组织了中国建筑科学研究院和中国建筑工程总公司等单位开展绿色施工的调查研究,于 2007 年发布了《绿色施工导则》,对建筑施工中的节能、节材、节水、节地以及环境保护提出了一系列要求和措施,对绿色施工有了权威性的界定。2010 年住房和城乡建设部发布国家标准《建筑工程绿色施工评价标准》(GB/T 50604—2010),为绿色施工评价提供了依据。在施工现场噪声控制方面,国家标准《建筑施工场界环境噪声排放标准》(GB 12523—2011)规定了施工现场噪声排放的限值。2011 年住房和城乡建设部发布了《建筑工程可持续评价标准》(JGJ/T 222—2011),对建筑工程物化阶段、运行维护阶段、拆除处置阶段的环境影响进行定量测算和评价,为量化评估建筑工程环境影响提供了标准和依据。

伴随着建筑领域绿色化进程的深入,绿色施工开始受到重视,相关的指导政策和国家标准相继颁布,绿色施工开始逐步推进,并逐渐成为建筑施工方式转变的主旋律。

8.2　绿色施工发展的迫切性

当前,我国正处于经济快速发展时期,城镇化进程在快速推进,建筑业生产规模增长迅速,同时也消耗了大量的资源能源,对环境也带来了很多负面影响。

8.2.1　大规模的建设带来了巨大的资源环境压力

近年来,我国建筑市场规模一直保持了较快增长。根据《中国统计年鉴》的统计数据,我国房屋竣工面积增长迅速，由 2000 年的 8.07 亿 m^2，增长到 2005 年的 15.94 亿 m^2，2014 年达到了 42.34 亿 m^2。大规模的建设活动，持续消耗了大量自然资源，并排放污染物，给公众社会造成了较大的资源环境压力。控制施工活动的污染物排放、高效利用资源，对于缓解全社会资源消耗压力具有重要意义，对于建设资源节约型、环境友好型社会具有举足轻重的作用。

8.2.2　建筑施工产生很多环境负面影响，必须要加强资源保护，控制污染排放

建筑施工造成了很多类型的环境负面影响。如施工过程往往会干扰甚至改变自然环境的生态特征，影响地质土的稳定性，还可能会改变地下水径流、引发地面沉降等；施工过程会产生扬尘、二氧化碳、二氧化硫、甲醛、噪声、强光等污染；施工现场会排放一定量的污水；施工过程还产生大量固体废弃物，一部分可回收利用于工程，还有很大部分作为废弃物排放。可见，工程施工产生了很多类型的负面环境影响，必须要保护好土地资源和地下水资源，加强污水治理，控制污染物排放，加强资源节约和高效利用，减小对环境的影响。

8.2.3　建筑工人数量减少，人力资源成本递增，必须寻求新的解决方案

我国正处于人口红利递减的阶段，人力资源成本呈现递增趋势，建筑用工供给递减、成本递增等问题更加突出。相关研究表明，建设规模增加造成用工需求增大，施工的高危性和劳动的高强度是造成建筑用工供需矛盾突出的重要原因；物价的高涨和对工资的期望值增加是建筑用工成本递增的主要因素。有学者认为，所谓"民工荒"其实是因为那些低工资、低福利、高劳动强度的岗位对进城务工者的吸引力在大幅度降低。因此，施工行业必须寻求新的解决方案，一方面要扩大技术的贡献，提高机械化、工业化和信息化水平，减少人力需求和投入；另一方面，要切实改善作业条件、降低劳动强度、减少加班时间、加强劳动保护，改善建筑施工"苦、脏、累"的职业形象。

总之，资源消耗和环境影响的巨大压力要求施工过程必须减少对资源的消耗，降低对环境的负面影响。而绿色施工体现了可持续发展对施工行业的时代要求，为此，大力推进绿色施工已成为建设资源节约型、环境友好型社会的重要举措，这样才能促使施工过程的相关参与方能够积极履行保护环境的社会责任，加强控制施工过程的污染物排放，降低施工过程的资源消耗。同时要保持施工现场文明有序，更要保护现场及周边人们的健康。

8.3　绿色施工发展的总体状况

8.3.1　全国绿色施工总体情况

建筑施工对环境产生的具有突发性、集中性和持续性的特点，已经引起人们的广泛关注。节约资源和保护环境已经成为建筑施工企业义不容辞的历史责任和业界的主流意识。2007 年，建设部发布了《绿色施工导则》，明确了绿色施工的原则，阐述了绿色施工的主要内容，制定了绿色施工总体框架和要点，提出了发展绿色施工的新技术、新设备、新材料、新工艺和开展绿色施工应用示范工程等。

1. 绿色施工的理念已初步建立，并开始在一些企业中探索实践

环境问题已成为社会关注的重点，在建筑行业也不例外。绿色施工的基本理念已在行业内得到了广泛的接受，尽管业界对绿色施工的理解还不尽一致，但施工过程中关注"四节一环保"的基本概念已初步确立。一批有实力和超前意识的建筑企业在工程项目中重视绿色施工策划与推进，研究开发绿色施工新技术，初步积累了绿色施工的有关经验。

2. 发布了绿色施工评价标准，为绿色施工策划、评价和控制提供了依据

2010 年，我国颁布了《建筑工程绿色施工评价标准》（GB/T 50640—2010），主要包括总则、术语、基本规定、评价框架体系、环境保护评价指标、节材与材料资源利用评价指标、节水与水资源利用评价指标、节能与能源利用评价指标、节地与土地资源保护评价指标、评价方法、评价组织和程序等。该标准的颁布实施，为绿色施工的策划、管理与控制提供了依据。《建筑工程绿色施工规范》（GB/T 50905—2014）在 2014 年 10 月 1 日颁布实施，绿色施工的相关标准规范基本完善。

3. 绿色施工各类示范工程已启动并广泛开展

2010 年开始，中国建筑业协会为进一步落实国家节能减排的战略方针，引领广大建筑企业树立科学发展理念，转变发展方式，开始应用绿色施工技术，充分发挥样板工程的引领和示范作用，开展了首批全国建筑业绿色施工示范工程。目前，已进行了四批全国建筑业绿色施工示范工程、近 400 个工程项目的立项，取得了初步的工程示范与引领效应。

8.3.2　推进绿色施工过程中存在的问题

1. 对"绿色"与"环保"的认识还有待进一步提升

大规模经济建设初期，我国在局部地区存在重视经济发展而忽略环境保护的倾向。伴随着近年来气候异常、环保事故频发等问题的出现，人们开始意识到保护环境的重要性。绿色施工观念也开始被我国建筑行业所熟悉和认知，但仍存在着许多认识误区。

工程建设的相关方——建设单位、设计方、施工方等，还不能清晰认识绿色施工的内涵，常常混淆绿色建筑、绿色建造、文明施工等概念。有的企业只停留在绿色施工表层工作，忽视绿色施工过程的实质运行，从而使绿色施工实施效果欠佳。此外，推进绿色施工还存在片面性，有的企业认为绿色施工就是实施封闭施工，没有尘土飞扬，没有噪声扰民，工地四周栽花、种草，实施定时洒水等，忽略了绿色施工的保护资源、资源高效利用、保护环境、改善作业条件和降低劳动强度等深刻内涵。同时，施工企业推行绿色施工的意识还不够，很少有企业能够把绿色施工作为自己的自觉行动，推进绿色施工的意识有待于进一步提高。

2. 绿色施工各参与方责任还未得到有效落实，相关法律基础和激励机制有待建立健全

施工过程牵涉到政府、建设单位、设计、监理和施工等各相关方，施工方无疑是绿色施工的实施主体，但是仅靠施工方一家的努力是难以实现绿色施工的。绿色施工的推行，需要政府的引导监管，建设单位的资金支撑，设计单位的技术支持，监理单位的现场旁站监督，只有这样才能保证绿色施工落到实处。因此，落实建设相关方责任是绿色施工推进的基本前提。

此外，绿色施工还涉及经济学方面的外部性问题，建设单位、设计方和施工方往往缺乏实施绿色施工的动力。因此，推进绿色施工需要立法予以保障，需要建立激励机制，营造良好的绿色施工环境，引导、督促建设单位、设计、监理和施工等相关方切实履行法律责任，全

力推进实施绿色施工。

3. 现有技术和工艺还难以满足绿色施工的要求

绿色施工提倡以节约和保护资源、降低消耗、减少污染物的产生和排放为基本要求的施工模式，然而目前施工过程中普遍采用的施工技术和工艺仍是以质量、安全和工期为目标的传统技术，缺乏"四节一环保"的关注，缺乏针对绿色施工技术的系统研究，围绕建筑工程地基基础、主体结构、装饰装修和机电、安装等环节的具体绿色技术的研究也大多处于起步阶段。同时，我国在混凝土施工过程中的环境保护和节能等方面尚存在许多"不绿色"的情况。此外，许多施工现场使用的施工设备仅能满足生产功能的简单要求，其能耗、噪声排放等指标仍然较为落后。因此，当前施工现场采用的施工技术、工艺和设备，难以满足绿色施工的要求，影响了绿色施工的推进。

4. 资源再生利用水平不高

资源再生利用水平不高主要表现为：一是许多建筑还未到使用寿命期限就被拆除，造成了大量的资源消耗和浪费。二是我国每年产生的建筑废弃物数量惊人，但资源化利用率不足40%，与德国、美国、日本、荷兰等国家超过90%的资源化利用率相比，还有很大的提升空间。这加剧了建筑业的资源消耗，造成了巨大的资源压力。三是不合理的施工方式导致大量的水资源浪费。如地下空间的开发和利用使基坑面积和深度越来越大，地下降水施工的无序状态，使我国水资源紧张的情况更为加剧。总之，当前的施工方式导致资源可再生利用水平低下，也造成了水资源浪费，制约了施工过程的绿色化水平。

5. 绿色施工策划与管理能力还有待提高

绿色施工策划书的深度有待提高，基于工程实施层面的绿色施工研究不够，工程项目绿色施工的科学管理仍然存在问题，切实结合工程项目实施所编制的较高水平的绿色施工策划文件还不多，也是影响绿色施工落在实处的原因之一。

6. 信息化施工和管理的水平不高，工业化进程缓慢

信息化和工业化是推动绿色施工的重要支撑。一方面，信息化对改造和提升施工水平、促进绿色施工具有重要作用。然而，目前我国建筑业推进信息化尚处在探索阶段，尚没有适于工程项目管理的软件工作平台和指导信息化施工的软件，这是亟待解决的重大课题。另一方面，建筑工业化的进程制约着绿色施工的推进。毫无疑问，工业化生产更有利于控制施工过程的资源浪费和环境污染。但是由于种种因素的制约，我国建筑工业化的进程一直比较缓慢，这在很大程度上影响了绿色施工的推进。

习　题

1. 阐述我国绿色施工发展的迫切性。
2. 简述推进绿色施工过程中存在的问题。

第 9 章　建筑工程绿色施工技术

【知识目标】

1. 熟悉和了解绿色施工的组织与管理；
2. 熟悉和了解建筑工程各分部分项工程绿色施工的技术要求。

【能力目标】

1. 能参与编制一般工程的绿色施工技术方案；
2. 能根据工程要求参与组织绿色施工。

9.1　施工准备与施工场地

9.1.1　施工准备

（1）施工单位应根据设计文件、场地条件、周边环境和绿色施工总体要求，明确绿色施工的目标、材料、方法和实施内容，并在图纸会审时提出需设计单位配合的建议和意见。

（2）施工单位应编制包含绿色施工管理和技术要求的工程绿色施工组织设计、绿色施工方案或绿色施工专项方案，并经审批后实施。

（3）绿色施工组织设计、绿色施工方案或绿色施工专项方案编制应符合下列规定：

①应考虑施工现场的自然与人文环境特点。

②应有减少资源浪费和环境污染的措施。

③应明确绿色施工的组织管理体系、技术要求和措施。

④应选用先进的产品、技术、设备、施工工艺和方法，利用规划区域内设施。

⑤应包含改善作业条件、降低劳动强度、节约人力资源等内容。

（4）施工现场宜实行电子文档管理。减少纸质文件，利于环境保护。

（5）施工单位宜对同类建筑材料进行绿色性能评价，并建立建筑材料数据库，在具体工程实施中选用性能相对绿色的材料。

（6）施工单位宜建立施工机械设备数据库。应根据现场和周边环境情况，对施工机械和设备进行节能、减排和降耗指标分析和比较，采用高性能、低噪声和低能耗的机械设备。

（7）在绿色施工评价前，依据工程项目环境影响因素分析情况，应对现行国家标准《建筑工程绿色施工评价标准》（GB/T 50640—2010）中的绿色施工评价要素中一般项和优选项进行调整，并经工程项目建设和监理方确认后，作为绿色施工的相应评价依据。

（8）在工程开工前，施工单位应完成绿色施工的各项准备工作。

9.1.2 施工场地

（1）在施工总平面设计时，应针对施工场地、环境和条件进行分析(含施工现场的作业时间和作业空间、具有的能源和设施、自然环境、社会环境、工程施工所选用的料具性能等)，制定具体实施方案。

（2）在施工总平面布置时，应充分利用现有和拟建建筑物、道路、给水、排水、供暖、供电、燃气、电信等设施和场地等，提高资源利用率。

（3）施工前施工单位应结合实际，制定合理的用地计划；施工中应减少场地干扰，保护环境。

（4）临时设施的占地面积可按最低面积指标设计，有效使用临时设施用地。

（5）塔吊等垂直运输设施基座宜采用可重复利用的装配式基座或利用在建工程的结构。

9.1.3 施工总平面布置

（1）施工现场平面布置应符合下列规定：

①在满足施工需要前提下，应减少施工用地。

②应合理布置起重机械和各项施工设施，统筹规划施工道路。

③应合理划分施工分区和流水段，减少专业工种之间交叉作业。

（2）施工现场平面布置应根据施工各阶段的特点和要求，实行动态管理。

（3）施工现场生产区、办公区和生活区应实现相对隔离。

（4）施工现场作业棚、库房、材料堆场等布置宜靠近交通线路和主要用料部位。

（5）施工现场的强噪声机械设备宜远离噪声敏感区(包括医院、学校、机关、科研单位、住宅和工人生活区等需要保持安静的建筑物区域)。

9.1.4 场区围护及道路

（1）施工现场大门、围挡和围墙可采用预制轻钢结构等可重复利用材料，提高材料使用率，并应工具化、标准化。

（2）施工现场入口应设置绿色施工制度图牌。

（3）施工现场道路布置应遵循永久道路和临时道路相结合的原则。

（4）施工现场主要道路的硬化处理宜采用可周转使用的材料和构件。

（5）施工现场围墙、大门和施工道路周边宜设绿化隔离带。

9.1.5 临时设施

（1）临时设施的设计、布置和使用，应采取有效的节能降耗措施，并应符合下列规定：

①应利用场地自然条件，临时建筑的体形宜规整，应有自然通风和采光，并应满足节能要求。

②临时设施宜选用由高效保温、隔热、防火材料制成的复合墙体和屋面，以及密封保温隔热性能好的门窗。

③临时设施建设不宜使用一次性墙体材料。

（2）办公和生活临时用房应采用可重复利用的房屋。可重复利用的房屋包括多层轻钢活动板房、钢骨架多层水泥活动板房、集装箱式用房等。

（3）严寒地区外门应采取防寒措施，以满足保温和节能要求。夏季炎热地区的外窗宜设置外遮阳，以减少太阳辐射热。

9.2　地基与基础工程

9.2.1　一般规定

（1）桩基施工应选用低噪、环保、节能、高效的机械设备和工艺，如采用螺旋、静压、喷注式等成桩工艺，以减少噪声、振动、大气污染等对周边环境的影响。

（2）地基与基础工程施工时，应识别场地内及周边现有的自然、文化和建（构）筑物特征，并采取相应保护措施。场内发现文物时，应立即停止施工，派专人看管，并通知当地文物主管部门。

（3）应根据气候特征选择施工方法、施工机械，安排施工顺序，布置施工场地。

（4）地基与基础工程施工应符合下列规定：

①现场土、料存放应采取加盖或植被覆盖措施。

②土方、渣土装卸车和运输车应有防止遗撒和扬尘的措施。

③对施工过程产生的泥浆应设置专门的泥浆池或泥浆罐车存储。

（5）基础工程涉及的混凝土结构、钢结构、砌体结构工程应按主体结构工程的有关要求执行。

9.2.2　土石方工程

（1）土石方工程开挖前应进行挖、填方的平衡计算，在土石方场内应有效利用、运距最短和工序衔接紧密。

（2）工程渣土应分类堆放和运输，其再生利用应符合现行国家标准《工程施工废弃物再生利用技术规范》（GB/T 50743—2012）的规定。

（3）土石方工程开挖宜采用逆作法或半逆作法进行施工，施工中应采取通风和降温等改善地下工程作业条件的措施。

（4）在受污染的场地进行施工时，应对土质进行专项检测和治理。

（5）土石方工程爆破施工前，应进行爆破方案的编制和评审；应采取防尘和飞石控制措施。防尘和飞石控制措施包括清理积尘、淋湿地面、外设高压喷雾状水系统、设置防尘排栅和直升机投水弹等。

（6）4级风以上天气，严禁土石方工程爆破施工作业。

9.2.3　桩基工程

（1）成桩工艺应根据桩的类型、使用功能、土层特性、地下水位、施工机械、施工环境、施工经验、制桩材料供应条件等，按安全适用、经济合理的原则选择。

（2）混凝土灌注桩施工应符合下列规定：

①灌注桩采用泥浆护壁成孔时，应采取导流沟和泥浆池等排浆及储浆措施。

②施工现场应设置专用泥浆池，并及时清理沉淀的废渣。

（3）工程桩不宜采用人工挖孔成桩。当特殊情况采用时，应采取护壁、通风和防坠落措施。

（4）在城区或人口密集地区施工混凝土预制桩和钢桩时，宜采用静压沉桩工艺。静力压装宜选择液压式和绳索式压桩工艺。

（5）工程桩桩顶剔除部分的再生利用应符合现行国家标准《工程施工废弃物再生利用技术规范》（GB/T 50743—2012）的规定。

9.2.4 地基处理工程

（1）换填法施工应符合下列规定：

①回填土施工应采取防止扬尘的措施，4 级风以上天气严禁回填土施工。施工间歇时应对回填土进行覆盖。

②当采用砂石料作为回填材料时，宜采用振动碾压。

③灰土过筛施工应采取避风措施。

④开挖原土的土质不适宜回填时，应采取土质改良措施后加以利用。如对具有膨胀性土质地区的土方回填，可在膨胀土中掺入石灰、水泥或其他固化材料，令其满足回填土土质要求，从而减少土方外运，保护土地资源。

（2）在城区或人口密集地区，不宜使用强夯法施工。

（3）高压喷射注浆法施工的浆液应有专用容器存放，置换出的废浆应收集清理。

（4）采用砂石回填时，砂石填充料应保持湿润。

（5）基坑支护结构采用锚杆（锚索）时，宜采用可拆式锚杆。

（6）喷射混凝土施工宜采用湿喷或水泥裹砂喷射工艺，并采取防尘措施。喷射混凝土作业区的粉尘浓度不应大于 10 mg/m³，喷射混凝土作业人员应佩戴防尘用具。

9.2.5 地下水控制

（1）基坑降水宜采用基坑封闭降水方法。施工降水应遵循保护优先、合理抽取、抽水有偿、综合利用的原则，宜采用连续墙、"护坡桩＋桩间旋喷桩"、"水泥土桩＋型钢"等全封闭帷幕隔水施工方法，隔断地下水进入基坑施工区域。

（2）基坑施工排出的地下水应加以利用。基坑施工排出的地下水可用于冲洗、降尘、绿化、养护混凝土等。

（3）采用井点降水施工时，轻型井点降水应根据土层渗透系数合理确定降水深度、井点间距和井点管长度；地下水位与作业面高差宜控制在 250 mm 以内，并应根据施工进度进行水位自动控制；在满足施工需要的前提下，尽量减少地下水抽取。

（4）当无法采用基坑封闭降水，且基坑抽水对周围环境可能造成不良影响时，应采用对地下水无污染的回灌方法。

9.3　主体结构工程

9.3.1　一般规定

(1)基础和主体结构施工应统筹安排垂直和水平运输机械。

(2)施工现场宜采用预拌混凝土和预拌砂浆。现场搅拌混凝土和砂浆时,应使用散装水泥;搅拌机棚应有封闭降噪和防尘措施。

9.3.2　混凝土结构工程

1. 钢筋工程

(1)钢筋宜采用专用软件优化放样下料,根据优化配料结果确定进场钢筋的定尺长度,充分利用短钢筋,使剩余的钢筋头最小。

(2)钢筋工程宜采用专业化生产的成型钢筋,能节约材料、节省能源、少占用地、提高效率。钢筋现场加工时,宜采取集中加工方式。

(3)钢筋连接宜采用机械连接方式,质量可靠,节约材料。

(4)进场钢筋原材料和加工半成品应存放有序、标识清晰,存放场地应有排水、防潮、防锈、防泥污等措施,并应制定保管制度。

(5)钢筋除锈时,应采取避免扬尘和防止土壤污染的措施。

(6)钢筋加工中使用的冷却液体,应过滤后循环使用,不得随意排放。

(7)钢筋除锈、冷拉、调直、切断等加工过程中会产生金属粉末和锈皮等废弃物,应及时收集处理,不得随意掩埋或丢弃,以防止污染土地。

(8)钢筋绑扎安装过程中,绑扎丝、电渣压力焊焊剂容易撒落,应采取措施减少撒落,及时收集利用,减少材料浪费。

(9)箍筋宜采用一笔箍(为连续钢筋制作的螺旋箍或多支箍)或焊接封闭箍。

2. 模板工程

(1)制定模板及支撑体系方案时,应贯彻"以钢代木"和应用新型材料的原则,尽量减少木材的使用,保护森林资源。应选用周转率高的模板和支撑体系。模板宜选用可回收利用的塑料、铝合金等材料。

(2)宜使用大模板、定型模板、爬升模板和早拆模板等工业化模板及支撑体系。机械化程度高、施工速度快,工厂化加工、减少现场作业和场地占用。

(3)当采用木或竹制模板时,宜采取工厂化定型加工、现场安装的方式,不得在工作面上直接加工拼装。在现场加工时,应设封闭场所集中加工,并采取隔声和防粉尘污染措施。

(4)模板安装精度应符合现行国家标准《混凝土结构工程施工质量验收规范》(GB 50204—2015)的要求。节省抹灰材料和人工,提高工程质量,加快施工进度。

(5)脚手架和模板支撑宜选用承插式、碗扣式、盘扣式等管件合一的脚手架材料搭设。以减少传统的扣件式钢管脚手架在安装和拆除过程中容易丢失扣件且承载能力受人为因素影响较大的现象。

(6)高层建筑结构施工,应采用整体或分片提升的工具式脚手架和分段悬挑式脚手架。

减少投入、减少垂直运输、安全可靠。

（7）模板及脚手架施工应回收散落的铁钉、铁丝、扣件、螺栓等材料。

（8）用作模板龙骨的残损短木料，可采用"叉接"接长技术接长使用，木、竹胶合板配料剩余的边角余料可拼接使用，节约材料。

（9）模板脱模剂应选用环保型产品，并派专人保管和涂刷，剩余部分应加以利用。

（10）模板拆除时，模板和支撑应采用适当的工具按规定的程序进行，不应乱拆硬撬；并应随拆随运，防止交叉、叠压、碰撞等造成损坏。不慎损坏的应及时修复，暂时不使用的应采取保护措施，并应建立维护维修制度。

3. 混凝土工程

（1）在混凝土配合比设计时，混凝土中可适当添加粉煤灰、磨细矿渣粉等工业废料和高效减水剂，以减少水泥用量；当混凝土中添加粉煤灰时，宜利用其后期强度。

（2）混凝土宜采用泵送、布料机布料浇筑；地下大体积混凝土采用溜槽或串筒浇筑，能保证混凝土质量，还可加快施工、节省人工。

（3）超长无缝混凝土结构宜采用滑动支座法、跳仓法和综合治理法施工；当裂缝控制要求较高时，可采用低温补仓法施工。

滑动支座法是利用滑动支座减少约束，释放混凝土内力的施工方法；跳仓法是将超长超宽混凝土结构划分成若干个区块，按照相隔区块与相邻区块两大部分，依据一定时间间隔要求，对混凝土进行分期施工的方法；低温补仓法是在跳仓法的基础上，创造一种补仓低于跳仓混凝土浇筑温度的施工方法；综合治理法是全部或部分采用滑动支座法、跳仓法、低温补仓法及其他方法控制复杂混凝土结构早期裂缝的施工方法。

（4）混凝土振捣应采用低噪声振捣设备，当采用传统振捣设备时，也可采取围挡等降噪措施；在噪声敏感环境或钢筋密集时，宜采用自密实混凝土。

（5）混凝土宜采用塑料薄膜加保温材料覆盖保湿、保温养护；当采用洒水或喷雾养护时，养护用水宜使用回收的经检测合格的基坑降水或雨水；混凝土竖向构件宜采用养护剂进行养护。

（6）混凝土结构宜采用清水混凝土，其表面应涂刷保护剂以增加混凝土的耐久性。

（7）混凝土浇筑余料应制成小型预制件，用于临时工程或在不影响工程质量安全的前提下，用于门窗过梁、沟盖板、隔断墙中的预埋件砌块等，充分利用剩余材料；不得随意倒掉或当作建筑垃圾处理。

（8）清洗泵送设备和管道的污水应经沉淀后回收利用，浆料分离后可作室外道路、地面等垫层的回填材料。

9.3.3 砌体结构工程

（1）砌体结构宜采用工业废料或废渣制作的砌块及其他节能环保的砌块。

（2）砌块运输宜采用托板整体包装，现场应减少二次搬运。

（3）砌块湿润和砌体养护宜使用检验合格的非自来水源。

（4）混合砂浆掺合料可使用粉煤灰等工业废料。

（5）砌筑施工时，落地灰应随即清理、收集和再利用。

（6）砌块应按组砌图砌筑；非标准砌块应在工厂加工按计划进场，现场切割时应集中加工，并采取防尘降噪措施。

(7)毛石砌体砌筑时产生的碎石块，应加以回收利用。

9.3.4　钢结构工程

(1)钢结构深化设计时，应结合加工、运输、安装方案和焊接工艺要求，确定分段、分节数量和位置，优化节点构造，减少钢材用量。

(2)钢结构安装连接宜选用高强螺栓连接，减少现场焊接量；钢结构宜采用金属涂层进行防腐处理，减少使用期维护。

(3)大跨度钢结构安装宜采用起重机吊装、整体提升、顶升和滑移等机械化程度高、劳动强度低的方法。

(4)钢结构加工应制定废料减量计划，优化下料，综合利用余料，废料应分类收集、集中堆放、定期回收处理。

(5)钢材、零(部)件、成品、半成品件和标准件等应堆放在平整、干燥场地或仓库内。

(6)复杂空间钢结构制作和安装，应预先采用仿真技术模拟施工过程和状态。

(7)钢结构现场涂料应采用无污染、耐候性好的材料。防火涂料喷涂施工时，应采取防止涂料外泄的专项措施。

9.3.5　其他

(1)装配式混凝土结构安装所需的埋件和连接件以及室内外装饰装修所需的连接件，应在工厂制作时准确预留、预埋，防止事后剔凿破坏，造成不必要的浪费。

(2)钢混组合结构中的钢结构构件与钢筋的连接方式(穿孔法、连接件法和混合法等)应在深化设计时确定，并绘制加工图，示出预留孔洞、焊接套筒、连接板位置和大小，在工厂加工完成，不得现场临时切割或焊接，以防止损坏钢构件。

(3)索膜结构的索和膜均应在工厂按照计算机模拟张拉后的尺寸下料，制作和安装连接件，运至现场安装张拉。

9.4　装饰装修工程

9.4.1　一般规定

(1)施工前，块材、板材、卷材类材料包括地砖、石材、石膏板、壁纸、地毯以及木质、金属、塑料类等材料。施工前应进行合理排版，减少切割和因此产生的噪声及废料等。

(2)门窗、幕墙、块材、板材加工应充分利用工厂化加工，减少现场加工产生的占地、耗能以及可能产生的噪声和废水。

(3)装饰用砂浆宜采用预拌砂浆，落地灰应回收使用。

(4)建筑装饰装修成品和半成品应根据其部位和特点，采取相应的保护措施，避免损坏、污染或返工。

(5)材料的包装物应分类回收。

(6)不得采用沥青类、煤焦油类等材料作为室内防腐、防潮处理剂。

（7）应制定材料使用的减量计划，材料损耗宜比额定损耗率降低30%。

（8）民用建筑工程的室内装修，所采用的涂料、胶黏剂、水性处理剂，其苯、甲苯和二甲苯、游离甲醛、游离甲苯二异氰酸酯（TDI）、挥发性有机化合物（VOC）的含量应符合《民用建筑工程室内环境污染控制规范》（GB 50325—2014）的相关要求。

（9）民用建筑工程验收时，必须进行室内环境污染物浓度检测，其限量应符合表9-1的规定。

表9-1　民用建筑工程室内环境污染物浓度限量

污染物浓度	Ⅰ类民用建筑工程	Ⅱ类民用建筑工程
氡/（$B_q \cdot m^{-3}$）	≤200	≤400
甲醛/（$mg \cdot m^{-3}$）	≤0.08	≤0.1
苯/（$mg \cdot m^{-3}$）	≤0.09	≤0.09
氨/（$mg \cdot m^{-3}$）	≤0.2	≤0.2
TVOC/（$mg \cdot m^{-3}$）	≤0.5	≤0.6

注：1. Ⅰ类民用建筑工程指住宅、医院、老年人建筑、幼儿园、学校教室等。

2. Ⅱ类民用建筑工程指办公楼、商场、旅店、文化娱乐场所、书店、图书馆、博物馆、美术馆、展览馆、体育馆、公共交通等候室等。

3. 表中污染物浓度限量，除氡外均指室内测量值扣除同步测定的室外上风向空气测量值（本底值）后的测量值。污染物浓度测量值的极限值判定，采用全数值比较法。

9.4.2　地面工程

（1）地面基层处理应符合下列规定：

①基层粉尘清理宜采用吸尘器；没有防潮要求的，可采用洒水降尘等措施。

②基层需剔凿的，应采用低噪声的剔凿机具和剔凿方式。

（2）地面找平层、隔汽层、隔声层施工应符合下列规定：

①找平层、隔汽层、隔声层厚度应控制在允许偏差的负值范围内。

②干作业应有防尘措施。

③湿作业应采用喷洒方式保湿养护。

（3）水磨石地面施工应符合下列规定：

①应对地面洞口、管线口进行封堵，墙面应采取防污染措施。

②应采取水泥浆收集处理措施。

③其他饰面层的施工宜在水磨石地面完成后进行。

④现制水磨石地面应采取控制污水和噪声的措施。

（4）施工现场切割地面块材时，应采取降噪措施；污水应集中收集处理。

（5）地面养护期内不得上人或堆物，地面养护用水应采用喷洒方式，严禁养护用水溢流。

9.4.3　门窗及幕墙工程

（1）木制、塑钢、金属门窗应采取成品保护措施。

（2）外门窗安装应与外墙面装修同步进行。

（3）门窗框周围的缝隙填充应采用憎水保温材料。

（4）幕墙与主体结构的预埋件应在结构施工时埋设。

（5）连接件应采用耐腐蚀材料或采取可靠的防腐措施。

（6）硅胶使用前应进行相容性和耐候性复试。

9.4.4　吊顶工程

（1）吊顶施工应减少板材、型材的切割。

（2）应避免采用温湿度敏感材料进行大面积吊顶施工。

温湿度敏感材料是指变形、强度等受温度、湿度变化影响较大的装饰材料，如纸面石膏板、木工板等。使用温湿度敏感材料进行大面积吊顶施工时，应采取防止变形和裂缝的措施。

（3）高大空间的整体顶棚施工，宜采用地面拼装、整体提升就位的方式。

（4）高大空间吊顶施工时，宜采用可移动式操作平台等节能节材设施，以减少脚手架搭设工作量，省材省工。

9.4.5　隔墙及内墙面工程

（1）隔墙材料宜采用轻质砌块砌体或轻质墙板，严禁采用实心烧结黏土砖。

（2）预制板或轻质隔墙板间的填塞材料应采用弹性或微膨胀的材料。

（3）抹灰墙面宜采用喷雾方法进行养护。

（4）使用溶剂型腻子找平或直接涂刷溶剂型涂料时，混凝土或抹灰基层含水率不得大于8%；使用乳液型腻子找平或直接涂刷乳液型涂料时，混凝土或抹灰基层含水率不得大于10%。木材基层的含水率不得大于12%。以避免引起起鼓等质量缺陷，提高耐久性。

（5）涂料施工应采取遮挡、防止挥发和劳动保护等措施。

9.5　保温和防水工程

9.5.1　一般规定

（1）保温和防水工程施工时，应分别满足建筑节能和防水设计的要求。

（2）保温和防水材料及辅助用材，应根据材料特性进行有害物质限量的现场复检。

行业标准《建筑防水涂料中有害物质限量》（JC 1066—2008）对涂料类建筑防水材料的挥发性有机化合物（VOC）、苯、甲苯、乙苯、二甲苯、苯酚、蒽、萘、游离甲醛、游离甲苯二异氰酸酯（TDI）、氨、可溶性重金属等有害物质含量的限值均作了规定。

（3）板材、块材和卷材施工应结合保温和防水的工艺要求，进行预先排版。

（4）保温和防水材料在运输、存放和使用时应根据其性能采取防水、防潮和防火措施。

9.5.2　保温工程

（1）保温施工宜选用结构自保温、保温与装饰一体化、保温板兼作模板、全现浇混凝土外墙与保温一体化和管道保温一体化等方案。

结构自保温是指保温性能及承载能力同时满足设计标准要求，不需要另外增加保温层的墙体；保温与装饰一体化是指装饰层同时兼作保温层的做法；保温板兼作模板是将保温板辅以特制骨架形成的模板，可使结构层和保温层连接更为可靠；全现浇混凝土外墙与保温一体化是指墙体钢筋绑扎完毕，混凝土浇筑之前将保温板置于外模内侧，混凝土浇筑后保温层与墙体有机地结合在一起的方法；管道保温一体化是指在生产过程中保温层与管道同时制作生产，无须现场再进行保温层施工的方法。

（2）采用外保温材料的墙面和屋顶，不宜进行焊接、钻孔等施工作业。确需施工作业时，应采取防火保护措施，并应在施工完成后，及时对裸露的外保温材料进行防护处理。

（3）应在外门窗安装，水暖及装饰工程需要的管卡、挂件，电气工程的暗管、接线盒及穿线等施工完成后，进行内保温施工。

（4）现浇泡沫混凝土保温层施工应符合下列规定：

①水泥、集料、掺合料等宜工厂干拌、封闭运输。

②泡沫混凝土宜泵送浇筑。

③搅拌合泵送设备及管道等冲洗水应收集处理。

④养护应采用覆盖、喷洒等节水方式。

（5）保温砂浆施工应符合下列规定：

①保温砂浆材料宜采用预拌砂浆。

②现场拌合应随用随拌。

③落地灰应收集利用。

（6）玻璃棉、岩棉保温层施工应符合下列规定：

①玻璃棉、岩棉类保温材料，应封闭存放。施工时应做好劳动保护，以防矿物纤维刺伤皮肤和眼睛或吸入肺部。

②玻璃棉、岩棉类保温材料裁切后的剩余材料应封闭包装、回收利用。

③雨天、4级以上大风天气不得进行室外作业。

（7）泡沫塑料类保温层施工应符合下列规定：

①聚苯乙烯泡沫塑料板余料应全部回收。

②现场喷涂硬泡聚氨酯时，由于喷涂硬泡聚氨酯施工受气候影响较大，若操作不慎会引起材料飞散，污染环境。故施工时应对作业面外易受飞散物污染的部位，采取遮挡措施。喷涂硬泡聚氨酯时气温过高或过低均会影响其发泡反应，尤其是气温过低时不易发泡。

③现场喷涂硬泡聚氨酯时，环境温度宜为 10 ~ 40℃，空气相对湿度宜小于80%，风力不宜大于3级。

④硬泡聚氨酯现场作业应预先计算使用量，随配随用。

9.5.3 防水工程

（1）基层清理应采取控制扬尘的措施。

（2）卷材防水层施工应符合下列规定：

①宜采用自黏型防水卷材。

②采用热熔法施工时，应控制燃料泄漏，并控制易燃材料储存地点与作业点的间距。高

温环境或封闭条件施工时，应采取措施加强通风。

③防水层不宜采用热黏法施工。

④采用的基层处理剂和胶黏剂应选用环保型材料，并封闭存放。

⑤防水卷材余料应回收处理。

（3）涂膜防水层施工应符合下列规定：

①液态防水涂料和粉末状涂料应采用封闭容器存放，余料应及时回收。

②涂膜防水宜采用滚涂或涂刷工艺，当采用喷涂工艺时，应采取遮挡等防止污染的措施。

③涂膜固化期内应采取保护措施。

（4）块瓦屋面宜采用干挂法施工。

（5）蓄水、淋水试验宜采用非传统水源。

（6）防水层应采取成品保护措施。

9.6 机电安装工程

9.6.1 一般规定

（1）机电安装工程施工应采用工厂化制作，整体化安装的方法。

（2）机电安装工程施工前应对通风空调、给水排水、强弱电、末端设施布置及装修等进行综合分析，并绘制综合管线图。

（3）机电安装工程的临时设施安排应与工程总体部署协调。工作平台、脚手架、施工配电箱、用水点、消防设施、施工通道、临时房屋设施和垂直运输设备等应综合利用，以免重复设置，浪费资源。

（4）管线的预埋、预留应与土建及装修工程同步进行，不得现场临时剔凿。

（5）除锈、防腐宜在工厂内完成，现场涂装时应采用无污染、耐候性好的材料。

（6）机电安装工程应采用低能耗的施工机械，包括采用变频控制的机电设备、变风量空调设备，通过认证的能效等级高的空调、制冷设备等。

9.6.2 管道工程

（1）管道连接宜采用机械连接方式，包括丝接、沟槽连接、卡压连接、法兰连接、承插连接等。

（2）采暖散热片组装应在工厂完成。

（3）设备安装产生的油污应随即清理。

（4）管道试验及冲洗用水应有组织排放，处理后重复利用。

（5）污水管道、雨水管道试验及冲洗用水宜利用非自来水源。

9.6.3 通风工程

（1）预制风管下料宜按先大管料，后小管料，先长料，后短料的顺序进行。

（2）预制风管安装前应将内壁清扫干净。

(3)预制风管连接宜采用机械连接方式。

(4)冷媒储存应采用压力密闭容器。

9.6.4 电气工程

(1)电线导管暗敷应做到线路最短。

(2)应选用节能型电线、电缆和灯具等,并应进行节能测试。

节能型电线和灯具是指使用寿命长、损耗率低、传导损耗小的新型节能产品。节能型电线包括节能型低蠕变导线、节能型增容导线和节能型扩容电线。节能型灯具包括卤钨灯、高低压钠灯、荧光高压汞灯、金属卤化物灯、高频无极灯、细管荧光灯、紧凑型荧光灯和 LED 灯等。

(3)预埋管线口应采取临时封堵措施。

(4)线路连接宜采用免焊接头和机械压接方式。

(5)不间断电源柜试运行时应进行噪声监测。

(6)不间断电源安装应采取防止电池液泄漏的措施,废旧电池应回收。

(7)电气设备的试运行不得低于规定时间,但也不宜过长,达到规定时间即可。特殊情况需延长试运行时间时,不应超过规定时间的 1.5 倍。

9.7 拆除工程

9.7.1 一般规定

(1)拆除工程应制定专项方案。拆除方案应明确拆除的对象及其结构特点、拆除方法、安全措施、拆除物的回收利用方法等。

(2)建筑物拆除过程应控制废水、废弃物、粉尘的产生和排放。

(3)建筑物拆除应按规定进行公示,保证拆除工程作业安全。拆除前张贴告示通知拆除工程附近的单位及路过的人群,提醒相关人员注意安全。大型拆除工程可通过电台等告知人们注意安全。

(4)4 级风以上、大雨或冰雪天气,不得进行露天拆除施工。

(5)建筑拆除物处理应符合充分利用、就近消纳的原则。建筑物拆除前应设置建筑拆除物的临时消纳处置场地,拆除施工完成后应对临时处置场地进行清理。

(6)拆除物应根据材料性质进行分类,并加以利用;剩余的废弃物应做无害化处理。

9.7.2 拆除施工准备

(1)拆除施工前,拆除方案应得到相关方批准;应对周边环境进行调查和记录,界定影响区域。

(2)拆除工程应按建筑构配件的情况,确定保护性拆除或破坏性拆除。

保护性拆除是指拆除过程有计划、按合理顺序,使结构构件或配件不产生破坏的拆除方式。破坏性拆除是指拆除过程中,对拆除物中的构件或配件不进行保护的拆除方式。

(3)拆除施工应依据实际情况,分别采用人工拆除、机械拆除、爆破拆除和静力破碎的方法。

(4)拆除施工前，应制定应急预案。

(5)拆除施工前，应制定防尘措施；采取水淋法降尘时，应采取控制用水量和污水流淌的措施。

9.7.3 拆除施工

(1)人工拆除前应制定安全防护和降尘措施。拆除管道及容器时，应查清残留物性质并采取相应安全措施，方可进行拆除施工。

(2)机械拆除宜选用低能耗、低排放、低噪声的机械，并应合理确定机械作业位置和拆除顺序，采取保护机械和人员安全的措施。

(3)在爆破拆除前，应进行试爆，并根据试爆结果，对拆除方案进行完善。

(4)爆破拆除时防尘和飞石控制应符合下列规定：

①钻机成孔时，应设置粉尘收集装置，或采取钻杆带水作业等降尘措施。

②爆破拆除时，可采用在爆点位置设置水袋的方法或多孔微量爆破方法。

③爆破完成后，宜采用高压水枪进行水雾消尘。

④对重点防护的范围，应在其附近架设防护排架，并挂金属网防护。

(5)对烟囱、水塔等高大建(构)筑物进行爆破拆除时，应根据建筑物的体量计算倒塌时的触地振动力，应在倒塌范围内采取铺设缓冲垫层或开挖减振沟等触地防振措施。

(6)在城镇或人员密集区域，爆破拆除宜采用对环境影响小的静力爆破，并应符合下列规定：

①采用具有腐蚀性的静力破碎剂作业时，灌浆人员必须戴防护手套和防护眼镜。

②静力破碎剂不得与其他材料混放。

③爆破成孔与破碎剂注入不宜同步施工。

④破碎剂注入时，不得进行相邻区域的钻孔施工。

⑤孔内注入破碎剂后，作业人员应保持安全距离，不得在注孔区域行走。

⑥使用静力破碎发生异常情况时，必须停止作业；待查清原因采取安全措施后，方可继续施工。

9.7.4 拆除物的综合利用

(1)建筑拆除物分类和处理应符合现行国家标准《工程施工废弃物再生利用技术规范》(GB/T 50743—2012)的规定；对于无法再生利用的剩余废弃物应做无害化处理。

(2)不得将建筑拆除物混入生活垃圾，不得将危险废弃物混入建筑拆除物。

(3)拆除的门窗、管材、电线、设备等材料应回收利用。

(4)拆除的钢筋和型材应经分拣后再生利用。

习 题

1.阐述地基与基础工程的绿色施工内容。

2.综合阐述主体结构工程的绿色施工内容。

3.阐述保温和防水工程的绿色施工内容。

第 10 章　工程项目绿色施工管理

【知识目标】

1. 熟悉绿色施工策划；
2. 熟悉和了解绿色建筑的起源；
3. 熟悉和了解我国绿色建筑的发展。

【能力目标】

1. 能参与建筑工程的绿色施工分析策划；
2. 能参与编制工程项目绿色施工管理。

10.1　项目绿色施工策划

绿色施工策划主要是在明确绿色施工目标和任务的基础上，进行绿色施工组织管理和绿色施工方案的策划。绿色施工策划要明确指导思想、基本原则、基本思路和方法、绿色施工因素分析和重点等内容。

10.1.1　指导思想

按照计划工作应体现"5W2H"的指导原则，绿色施工策划是对绿色施工的目的、内容、实施方式、组织安排和任务在时间与空间上的配置等内容进行确定，以保障项目施工实现"四节一环保"的管理活动。因此，绿色施工策划的指导思想是：以实现"四节一环保"为目标，以《建筑工程绿色施工评价标准》(GB/T 20640—2010)等相关规范标准为依据，紧密结合工程实际，确定工程项目绿色施工各个阶段的方案与要求、组织管理保障措施和绿色施工保证措施等内容，以达到有效指导绿色施工实施的目的。

10.1.2　基本原则

绿色施工策划应遵循的基本原则为：

(1)以《建筑工程绿色施工评价标准》(GB/T 50640—2010)及相关规范标准和相关法律法规为依据。当绿色施工目标确定以后，应对目标分解细化为指标，并对目标和指标实现的责任与工程项目组织管理体系加以结合，依据《建筑工程绿色施工评价标准》(GB/T 50640—2010)等法规标准编制绿色施工策划文件。

(2)结合工程实际，落实绿色施工要求。切实而又客观的绿色施工策划是绿色施工有效实施的重要指导和保障。绿色施工策划文件包括绿色施工组织设计、绿色施工方案或绿色施工专项方案，应形成内容互补的系统性文件。保证措施应符合工程实际，能够切实指导和保证绿色施工。

（3）绿色施工策划应重视创新研究。绿色施工是依据国家可持续发展原则对施工行业提出的更高要求，是一种新的施工模式。因此，绿色施工策划应结合工程项目和实施企业的特点进行创新性研究，设计出适宜的组织实施体系，实现管理和技术的创新性突破。

10.1.3　基本思路和方法

绿色施工策划的基本思路就是按照上述策划指导思想，遵循策划基本原则，制定符合工程实际条件的绿色施工组织设计和绿色施工方案或绿色施工专项方案等。绿色施工策划的基本思路和方法可参照计划制定方法（5W2H）。5W2H 分析法又叫七何分析法，在第二次世界大战中由美国陆军兵器修理部首创。该方法简单、方便，易于理解、使用，富有启发意义，广泛用于企业管理和技术活动，非常有助于决策和计划的制定，也有助于弥补考虑问题的疏漏。

"5W2H"的基本内容如下：

（1）WHAT——是什么？目的是什么？做什么工作？

（2）HOW——怎么做？如何提高效率？如何实施？方法怎样？

（3）WHY——为什么？为什么要这么做？理由何在？原因是什么？造成这样的原因是什么？

（4）WHEN——何时？什么时间完成？什么时机最适宜？

（5）WHERE——何处？在哪里做？从哪里入手？

（6）WHO——谁？由谁来承担？谁来完成？谁负责？

（7）HOW MUCH——多少？做到什么程度？数量如何？质量水平如何？费用产出如何？

应用"5W2H"的方法开展绿色施工策划，可以有效保障策划方案能够从多个纬度保障绿色施工的全面落实。

10.1.4　绿色施工影响因素分析

借用环境因素分析和危险源辨识的方法，对施工现场绿色施工影响因素进行分析，再通过归纳法对绿色施工影响因素进行分析归类，制定与之相对应的治理措施，在绿色施工策划文件中有完整体现，形成实施绿色施工的完全封闭和严密的系统性策划文件，指导工程施工。绿色施工影响因素分析可以参照影响因素识别、影响因素评价、对策制定等步骤进行。

1. 绿色施工影响因素识别

借鉴风险管理理论的方法，可采用统计数据法、专家经验法、模拟分析法等方法来识别绿色施工影响因素。

1）统计数据法

企业层面可以按照主要分部分项工程结合项目所在区域、结构形式等因素，对施工各环节的绿色施工影响因素进行识别与归类，通过大量收集、归纳和统计相关数据与信息，能够为后续工程绿色施工因素识别提供宝贵的信息积累。

2）专家经验法

借助专家的经验、知识等分析工程施工各环节的绿色施工影响因素，这在实践中是非常简便有效的方法。

3）模拟分析法

针对庞大复杂、涉及因素多、因素之间关联复杂等大型工程项目，可以借助系统分析的方法，构建模拟模型（也称仿真模型），通过系统模拟识别并评价绿色施工影响因素。绿色施工影响因素识别是制定绿色施工策划文件的前提，是极其重要的。

2.绿色施工影响因素评价

在绿色施工影响因素识别完成后，应对绿色施工影响因素进行分析和评价，以确定其影响程度的大小和发生的概率等。在统计数据丰富的条件下，可以利用统计数据进行定量分析和评价。一般情况下，也可以借助专家经验进行评价。

3.针对绿色施工过程制定对策

根据绿色施工影响因素识别和评价的结果可以制定治理措施。所制定的治理措施要体现在绿色施工策划文件体系中，并将相应的落实责任、监管责任等依托项目管理体系予以落实。对环境危害小、容易控制的影响因素，可采取一般措施；对环境危害大的影响因素要制定严密的控制措施，并强化落实与监管。

10.1.5　组织管理策划

1.以目标管理原理为指导的组织方式

以推进绿色施工实施为目标，将实现绿色施工的各项目标及责任进行分解，建立横向到边、纵向到底的岗位责任体系，建立责任落实和实施的考核节点，建立目标实现的激励制度，结合绿色施工评价的要求，通过目标管理的目标制定、分解、检查和总结等环节，奖优罚劣，促使绿色施工落实。

这种方式任务明确，强调自我管理与控制，形成了良好的激励机制，利于绿色施工齐抓共管和全员参与，但尚需要建立完善的考核与沟通机制，以便实现绿色施工本身的要求。

2.将绿色施工监管责任明确分配到特定部门的组织方式

绿色施工主要是针对资源节约和环境保护等要素进行的施工活动。在施工中传统的材料管理、施工组织设计等环节比较重视对资源的节约，但对绿色施工要求的资源高效利用和有效保护的重视不够；对现场环境的改善和现场人员健康相对重视，但对绿色施工强调的施工现场及周边环境保护和场内外公众人员安全、健康顾及较少。

在实践中，应根据企业和项目的组织体系特点来选择组织方式，以目标管理原理为指导的组织方式与设置专职管理部门相结合的方法，取长补短，灵活运用。

10.1.6　绿色施工文件体系策划

绿色施工是建立在充分策划基础上的生产活动，全面而深入的策划是绿色施工能否得到有效实施的关键。因此，将绿色施工的策划融入工程项目施工整体策划体系既可以保障绿色施工有效实施，也能很好地保持项目策划体系的统一性。

1.绿色施工文件体系的内容

绿色施工文件体系为绿色施工（组织设计＋施工方案＋技术交底）。

2.绿色施工文件体系策划

绿色施工文件体系策划程序，如图10－1所示。

```
┌─────────────────────────┐
│   影响因素调查和分析      │
└─────────────────────────┘
            │
            ▼
┌─────────────────────────┐
│    归纳、系统化研究       │
└─────────────────────────┘
            │
            ▼
┌─────────────────────────┐
│        对策制定          │
└─────────────────────────┘
            │
            ▼
┌───────────────────────────────────────┐
│ 绿色施工组织设计与施工方案或绿色施工专项方案制定 │
└───────────────────────────────────────┘
            │
            ▼
┌─────────────────────────┐
│    绿色施工评价方案制定    │
└─────────────────────────┘
            │
            ▼
┌───────────────────────────────────┐
│   结合分部分项工程进行绿色施工技术交底   │
└───────────────────────────────────┘
```

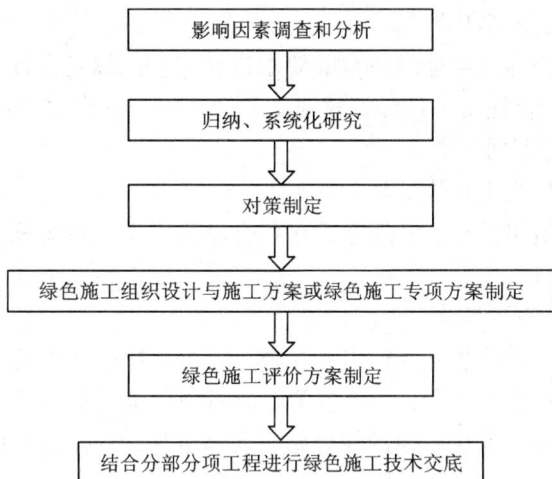

图 10 – 1　绿色施工文件体系策划程序

3. 绿色施工组织设计文件体系编制

编制的基本思路是以传统施工组织设计的内容要求和组织结构为基础,把绿色施工的原则、指导思想、目标、内容要求及治理措施等融入其中,形成绿色施工的一体化策划文件体系。这种策划思路显然更有利于工程项目绿色施工的推进与实施。但是,把绿色施工理念、原则、指导思想及要求等真正融入施工部署、平面布置和各个分部分项工程施工的各个环节中,需要进行各个层面的绿色施工影响因素分析,需要开展管理思路和工艺技术的研究。

10.1.7　明确绿色施工目标

工程项目要在绿色施工管理方针的指导下,根据企业和项目实施情况,具体制定绿色施工目标,明确绿色施工任务,进行绿色施工策划、实施、控制与评价。通过对施工策划、材料采购、现场施工、工程验收等各关键环节加以控制,实现绿色施工目标和任务。

应按"四节一环保"五个方面明确绿色施工目标和指标,将指标分解到不同的施工阶段(地基与基础施工阶段、主体结构施工阶段和装饰装修及机电安装阶段),并进行过程的控制和分阶段核算。

10.2　绿色施工实施

10.2.1　组织与管理

(1)建设单位应履行下列职责:

①在编制工程概算和招标文件时,应明确绿色施工的要求,并提供包括场地、环境、工期、资金等方面的条件保障。

②应向施工单位提供建设工程绿色施工的设计文件、产品要求等相关资料,保证资料的真实性和完整性。

173

③应建立工程项目绿色施工的协调机制。

（2）设计单位应履行下列职责：

①应按国家现行有关标准和建设单位的要求进行工程的绿色设计。

②应协助、支持、配合施工单位做好建筑工程绿色施工的有关设计工作。

（3）监理单位应履行下列职责：

①应对建筑工程绿色施工承担监理责任。

②应审查绿色施工组织设计、绿色施工方案或绿色施工专项方案，并在实施过程中做好监督检查工作。

（4）施工单位应履行下列职责：

①施工单位是建筑工程绿色施工的实施主体，应组织绿色施工的全面实施。

②实行总承包管理的建设工程，总承包单位应对绿色施工负总责。

③总承包单位应对专业承包单位的绿色施工实施管理，专业承包单位应对工程承包范围的绿色施工负责。

④施工单位应建立以项目经理为第一责任人的绿色施工管理体系，制定绿色施工管理制度，负责绿色施工的组织实施，进行绿色施工教育培训，定期开展自检、联检和评价工作。

⑤绿色施工组织设计、绿色施工方案或绿色施工专项方案编制前，应进行绿色施工影响因素分析，并据此制定实施对策和绿色施工评价方案。

（5）参建各方应积极推进建筑工业化和信息化施工。建筑工业化宜重点推进结构构件预制化和建筑配件整体装配化。

（6）应做好施工协同，加强施工管理，协商确定工期。

（7）施工现场应建立机械设备保养、限额领料、建筑垃圾再利用的台账和清单。工程材料和机械设备的存放、运输应制定保护措施。

（8）施工单位应强化技术管理，绿色施工过程技术资料应收集和归档。

（9）施工单位应针对绿色施工总体要求，结合具体工程的实际情况，积极应用住房和城乡建设部发布的《建筑业10项新技术》，组织专门人员进行传统施工技术绿色化改造，开发岩土工程、主体结构工程、装饰装修工程、机电安装工程和拆除工程等不同领域的绿色施工技术，并实施。

（10）施工单位应建立不符合绿色施工要求的施工工艺、设备和材料的限制、淘汰等制度。如：建设部2007年第659号公告《关于发布建设事业"十一五"推广应用和限制禁止使用技术（第一批）的公告》、2012年第1338号公告《关于发布墙体保温系统与墙体材料推广应用和限制、禁止使用技术的公告》及工业和信息化部2012年第14号公告《高耗能落后机电设备（产品）淘汰目录（第二批）》分别对推广应用、限制使用的建筑技术和应淘汰的高耗能落后机电设备作出明确规定。

（11）应按现行国家标准《建筑工程绿色施工评价标准》（GB/T 50640—2010）的规定对施工现场绿色施工实施情况进行评价，并根据绿色施工评价情况，采取改进措施。

（12）施工单位应按照国家法律、法规的有关要求，制定施工现场环境保护和人员安全等突发事件的应急预案。

10.2.2　资源节约

1. 节材及材料利用应符合的规定

（1）应根据施工进度、材料使用时点、库存情况等制定材料的采购和使用计划。

（2）现场材料应堆放有序，并满足材料储存及质量保持的要求。

（3）工程施工使用的材料宜选用距施工现场 500 km 以内生产的建筑材料。

2. 节水及水资源利用应符合的规定

（1）现场应结合给排水点位置进行管线线路和阀门预设位置的设计，并采取管网和用水器具防渗漏的措施。

（2）施工现场办公区、生活区的生活用水应采用节水器具。

（3）宜建立雨水、中水或其他可利用水资源的收集利用系统。

（4）应按生活用水与工程用水的定额指标进行控制。

（5）施工现场喷洒路面、绿化浇灌不宜使用自来水。

3. 节能及能源利用应符合的规定

（1）应合理安排施工顺序及施工区域，减少作业区机械设备数量。

（2）应选择功率与负荷相匹配的施工机械设备，机械设备不宜低负荷运行，不宜采用自备电源。

（3）应制定施工能耗指标，明确节能措施。

（4）应建立施工机械设备档案和管理制度，机械设备应定期保养维修。施工机械设备档案包括产地、型号、大小、功率、耗油量或耗电量、使用寿命和已使用时间等内容。合理选择和使用施工机械，避免造成不必要的损耗和浪费。

（5）生产、生活、办公区域及主要机械设备宜分别进行耗能、耗水及排污计量，并做好相应记录。

（6）应合理布置临时用电线路，做到线路最短，变压器、配电室（总配电箱）与用电负荷中心尽可能靠近。选用节能器具，采用声控、光控和节能灯具；照明照度宜按最低照度设计。

（7）宜利用太阳能、地热能、风能等可再生能源。

（8）施工观场宜错峰用电，可避开用电高峰，平衡用电。

4. 节地及土地资源保护应符合的规定

（1）应根据工程规模及施工要求布置施工临时设施。

（2）施工临时设施不宜占用绿地、耕地以及规划红线以外场地。

（3）施工现场应避让、保护场区及周边的古树名木。

10.2.3　环境保护

1. 施工现场扬尘控制应符合的规定

（1）施工现场宜搭设封闭式垃圾站。

（2）细散颗粒材料、易扬尘材料应封闭堆放、存储和运输。运输、存储方式常见的有封闭式货车运输，袋装运输，库房存储，袋装存储，封闭式料池、料斗或料仓存储，封闭覆盖等。

（3）施工现场出口应设冲洗池，施工场地、道路应采取定期洒水抑尘措施。

175

（4）土石方作业区内扬尘目测高度应小于1.5 m，结构施工、安装、装饰装修阶段目测扬尘高度应小于0.5 m，不得扩散到工作区域外。

（5）施工现场使用的热水锅炉等宜使用清洁燃料。不得在施工现场熔化沥青或焚烧油毡、油漆以及其他产生有毒、有害烟尘和恶臭气体的物质。

2. 噪声控制应符合的规定

（1）施工现场宜对噪声进行实时监测；施工场界环境噪声排放昼间不应超过70 dB(A)，夜间不应超过55 dB(A)。噪声测量方法应符合现行国家标准《建筑施工场界环境噪声排放标准》(GB 12523—2011)的规定。

（2）施工过程宜使用低噪声、低振动的施工机械设备，对噪声控制要求较高的区域应采取隔声措施。

（3）施工车辆进出现场，不宜鸣笛。

3. 光污染控制应符合的规定

（1）应根据现场和周边环境采取限时施工、遮光和全封闭等避免或减少施工过程中光污染的措施。

（2）夜间室外照明灯应加设灯罩，光照方向应集中在施工范围内。

（3）在光线作用敏感区域施工时，电焊作业和大型照明灯具应采取防光外泄措施，防止施工扰民。

4. 水污染控制应符合的规定

（1）污水排放应符舍现行国家标准《污水排入城镇下水道水质标准》(GB/T 31962—2015)的有关要求。

（2）使用非传统水源和现场循环水时，宜根据实际情况对水质进行检测。

（3）施工现场存放的油料和化学溶剂等物品应设专门库房，地面应做防渗漏处理。废弃的油料和化学溶剂应集中处理，不得随意倾倒。

（4）易挥发、易污染的液态材料，应使用密闭容器存放。

（5）施工机械设备使用和检修时，应控制油料污染；清洗机具的废水和废油不得直接排放。

（6）食堂、盥洗室、淋浴间的下水管线应设置过滤网，食堂应另设隔油池。

（7）施工现场宜采用移动式厕所，并应定期清理。固定厕所应设化粪池。

（8）隔油池和化粪池应做防渗处理，并应进行定期清运和消毒。

5. 施工现场垃圾处理应符合的规定

（1）垃圾应分类存放、按时处置。

（2）应制定建筑垃圾减量计划，建筑垃圾的回收利用应符合现行国家标准《工程施工废弃物再生利用技术规范》(GB/T 50743—2012)的规定。

（3）有毒有害废弃物的分类率应达到100%；对可能造成二次污染的废弃物应单独储存，并设置醒目标识。

（4）现场清理时，应采用封闭式运输，不得将施工垃圾从窗口、洞口、阳台等处抛撒。

（5）施工使用的乙炔、氧气、油漆、防腐剂等危险品、化学品的运输和储存应采取隔离措施。

176

10.2.4　绿色施工管理

进行项目的绿色施工管理，首先要明确项目的"绿色施工"理念，建立科学的绿色施工管理体系，并制定相应的绿色施工规章制度。根据《绿色施工导则》中规定运用 ISO 14000 和 ISO 18000 管理体系，将绿色施工有关内容分解到管理体系目标中去，使绿色施工规范化、标准化。在实施过程中，要充分保证所制定方案的有效实施，并对实施过程进行客观全面的监管，根据施工项目的不同特点进行个性化的工作与管理，对企业员工进行绿色理念的教育，在企业中营造良好的绿色施工氛围，增强员工的绿色意识。同时要对整个施工过程实施动态管理，加强对施工策划、施工准备、材料采购、现场施工、工程验收等各阶段的管理和监督。

在《绿色施工导则》中绿色施工管理主要包括组织管理、规划管理、实施管理、评价管理和人员安全与健康管理五个方面。具体管理内容如下：

1）组织管理

（1）建立绿色施工管理体系，并制定相应的管理制度与目标。

（2）项目经理为绿色施工第一责任人，负责绿色施工的组织实施及目标实现，并指定绿色施工管理人员和监督人员。

2）规划管理

（1）编制绿色施工方案。该方案应在施工组织设计中独立成章，并按有关规定进行审批。

（2）绿色施工方案应包括以下内容：

①环境保护措施：制定环境管理计划及应急救援预案，采取有效措施，降低环境负荷，保护地下设施和文物等资源。

②节材措施：在保证工程安全与质量的前提下，制定节材措施。如进行施工方案的节材优化，建筑垃圾减量化，尽量利用可循环材料等。

③节水措施：根据工程所在地的水资源状况，制定节水措施。

④节能措施：进行施工节能策划，确定目标，制定节能措施。

⑤节地与施工用地保护措施：制定临时用地指标、施工总平面布置规划及临时用地节地措施等。

3）实施管理

（1）绿色施工应对整个施工过程实施动态管理，加强对施工策划、施工准备、材料采购、现场施工、工程验收等各阶段的管理和监督。

（2）应结合工程项目的特点，有针对性地对绿色施工做相应的宣传，通过宣传营造绿色施工的氛围。

（3）定期对职工进行绿色施工知识培训，增强职工绿色施工意识。

4）评价管理

（1）对照本导则的指标体系，结合工程特点，对绿色施工的效果及采用的新技术、新设备、新材料与新工艺进行自我评估。

（2）成立专家评估小组，对绿色施工方案、实施过程至项目竣工进行综合评估。

5）人员安全与健康管理

（1）制定施工防尘、防毒、防辐射等措施，保障施工人员的长期职业健康。

（2）合理布置施工场地，保护生活及办公区不受施工活动的有害影响。施工现场建立卫生急救、保健防疫制度，在安全事故和疾病疫情出现时提供及时救助。

（3）提供卫生、健康的工作与生活环境，加强对施工人员的住宿、膳食、饮用水等生活与环境卫生等管理，明显改善施工人员的生活条件。

习 题

1. 分析绿色施工的影响因素有哪些。
2. 绿色施工的实施有哪些内容？

第 11 章　工程项目绿色施工评价

【知识目标】

1. 熟悉和了解绿色施工评价的总体框架；
2. 掌握绿色施工评价的基本要求；
3. 掌握绿色施工评价方法。

【能力目标】

1. 能协助完成绿色施工评价的资料整理；
2. 能参与协助绿色施工评价的工作。

绿色施工评价是衡量绿色施工实施水平的标尺。绿色施工评价是一项系统性很强的工作，贯穿整个施工过程，涉及较多的评价要素和评价点，工程项目特色各异、所处环境千差万别，需要系统策划、组织和实施。

11.1　评价策划

绿色施工评价分为要素评价、批次评价、阶段评价和单位工程评价，绿色施工评价应在施工项目部自检的基础上进行。绿色施工评价是系统工程，是工程项目管理的重要内容，需要通过应用"5W2H"方法，明确绿色施工评价的目的、主体、对象、时间和方法等关键点。

11.2　评价的总体框架

根据《建筑工程绿色施工评价标准》(GB/T 50640—2010)的要求，绿色施工评价框架体系的主要内容见图 11 - 1。

(1)进行绿色施工评价的工程必须首先满足《建筑工程绿色施工评价标准》(GB/T 50640—2010)第三章基本规定的要求。

(2)评价阶段宜按地基与基础工程、结构工程、装饰装修与机电安装工程进行。

(3)建筑工程绿色施工应依据环境保护、节材与材料资源利用、节水与水资源利用、节能与能源利用和节地与土地资源保护五个要素进行评价。

(4)评价要素应由控制项、一般项、优选项三类评价指标组成。

(5)要素评价的控制项为必须达到要求的条款；一般项为覆盖面较大，实施难度一般的条款，为据实计分项；优选项实施难度较大、要求较高、实施后效果较高的条款，为据实加分项。

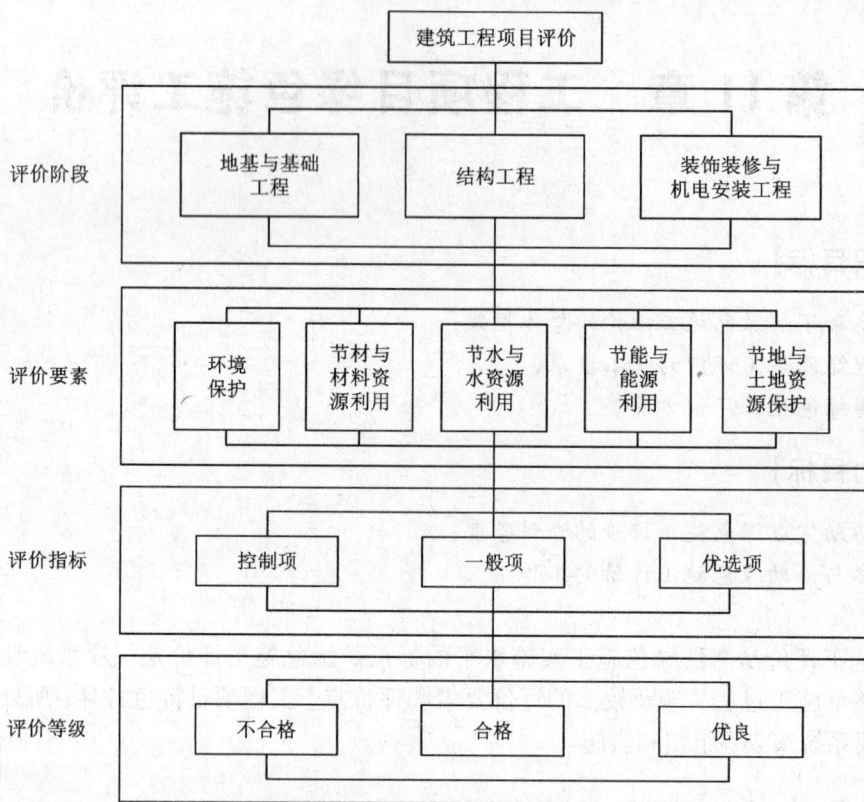

图 11-1 绿色施工评价框架体系

（6）评价等级应分为不合格、合格和优良。

（7）绿色施工评价层级分为要素评价、批次评价、阶段评价、单位工程评价。

（8）绿色施工评价应从要素评价着手，要素评价决定批次评价等级，批次评价决定阶段评价等级，阶段评价决定单位工程评价等级。

11.3 评价的基本要求

11.3.1 评价原则

绿色施工评价应以建筑工程施工过程为对象进行评价。

1.绿色施工项目应符合的规定

（1）建立绿色施工管理体系和管理制度，实施目标管理。

（2）根据绿色施工要求进行图纸会审和深化设计。

（3）施工组织设计及施工方案应有专门的绿色施工章节，绿色施工目标明确，内容应涵盖"四节一环保"要求。

（4）工程技术交底应包含绿色施工内容。

（5）采用符合绿色施工要求的新材料、新技术、新工艺、新机具进行施工。

（6）建立绿色施工培训制度，并有实施记录。

（7）根据检查情况，制定持续改进措施。

（8）采集和保存过程管理资料、见证资料和自检评价记录等绿色施工资料。

（9）在评价过程中，应采集反映绿色施工水平的典型图片或影像资料。

2. 发生下列事故之一，为绿色施工不合格项目

（1）发生安全生产死亡责任事故。

（2）发生重大质量事故，并造成严重影响。

（3）发生群体传染病、食物中毒等责任事故。

（4）施工中因"四节一环保"问题被政府管理部门处罚。

（5）违反国家有关"四节一环保"的法律法规，造成严重社会影响。

（6）施工扰民造成严重社会影响。

11.3.2 评价的目的

对工程项目绿色施工进行评价，其主要目的表现为：

（1）借助全面的评价指标体系实现对绿色施工水平的综合度量，通过单项指标水平和综合指标水平全面度量绿色施工的状态。

（2）通过绿色施工评价了解单项指标和综合指标哪些方面比较突出，哪些方面不足，为后续工作实现持续改进提供科学依据。

（3）为推进区域和系统的绿色施工，可通过绿色施工评价结果发现典型，进行相应的评价和评比，以便强化绿色施工激励。

11.3.3 符合性分析

在绿色施工影响因素分析的基础上，根据工程项目和环境特性找出与评价标准一般项未能覆盖或不存在的评价点，对《建筑工程绿色施工评价标准》（GB/T 50640—2010）的评价点数量进行增减调整，并选择企业绿色施工的特色技术列入优选项的评价点范围，经建设单位、监理单位评审认同后，列入《建筑工程绿色施工评价标准》（GB/T 50640—2010）作为适于本工程项目的绿色施工评价依据，进行绿色施工评价。

11.3.4 评价实施主体

绿色施工评价的实施主体主要包括建设、施工和监理三方。绿色施工批次评价、阶段评价和单位工程评价分别由施工方、监理方和建设方组织，其他方参加。在不同的评价层面，绿色施工组织的实施主体各不相同，其用意在于体现评价的客观真实，发挥互相监督作用。

11.3.5 评价对象

绿色施工的评价对象主要是房屋建筑工程施工过程中的环境保护、节材与材料资源利用、节水与水资源利用、节能与能源利用和节地及土地资源保护等五个要素。

11.3.6 评价时间间隔

绿色施工评价时间间隔，应满足绿色施工评价标准要求，并应结合企业、项目的具体情况确定，但至少应达到评价次数每月一次，且每阶段不少于一次的基本要求。

绿色施工评价时间间隔主要是基于"持续改进"的考虑。即在每个批次评价完成后，针对"四节一环保"的实施情况，在肯定成绩的基础上，拢到相应"短板"形成改进意见，付诸实施一定时间后，能够得到可见的明显效果。

11.4　评价方法

绿色施工评价应按要素、批次、阶段和单位工程评价的顺序进行。要素评价依据控制项、一般项和优选项三类指标的具体情况，按照《建筑工程绿色施工评价标准》(GB/T 50640—2010)进行评价，形成相应分值，给出相应绿色施工评价等级。

11.4.1　各类指标的评价方法

(1)控制项为必须满足的标准，控制项不符合要求的项目实行一票否决制，不得评为绿色施工项目。控制项的评价方法应符合表 11 – 1 的规定。

表 11 – 1　控制项评价方法

评分要求	结论	说明
措施到位，全部满足考评指标要求	符合要求	进入评分流程
措施不到位，不满足考评指标要求	不符合要求	一票否决，为非绿色施工项目

(2)一般项指标，应根据实际发生项实施的情况计分，评价方法应符合表 11 – 2 的规定。

表 11 – 2　一般项计分标准

评分要求	评分
措施到位，满足考评指标要求	2
措施基本到位，部分满足考评指标要求	1
措施不到位，不满足考评指标要求	0

(3)优选项指标，应根据实际发生项实施的情况加分，评价方法应符合表 11 – 3 的规定。

表 11 – 3　优选项加分标准

评分要求	评分
措施到位，满足考评指标要求	1
措施基本到位，部分满足考评指标要求	0.5
措施不到位，不满足考评指标要求	0

11.4.2　要素、批次、阶段和单位工程评分方法

1）要素评价得分

（1）一般项得分：应按百分制折算，计算公式为

$$A = \frac{B}{C} \times 100$$

式中：A——折算分；

　　B——实际发生项条目实得分之和；

　　C——实际发生项条目应得分之和。

（2）优选项加分：应按优选项实际发生条目加分求和 D。

（3）要素评价得分：要素评价得分 F = 一般项折算分 A + 优选项加分 D。

2）批次评价得分

（1）批次评价应按表 11 – 4 的规定进行要素权重确定。

表 11 – 4　批次评价要素权重系数

评价要素	地基与基础、结构工程、装饰装修与机电安装
环境保护	0.3
节材与材料资源利用	0.2
节水与水资源利用	0.2
节能与能源利用	0.2
节地与施工用地保护	0.1

（2）批次评价得分

$$E = \sum (\text{要素评价得分}\ F \times \text{权重系数})$$

3）阶段评价得分

$$\text{阶段评价得分}\ G = \frac{\sum \text{批次评价得分}\ F}{\text{评价批次数}}$$

4）单位工程绿色评价

（1）单位工程评价应按表 11 – 5 的规定进行要素权重确定：

表 11 – 5　单位工程要素权重系数表

评价阶段	权重系数
地基与基础	0.3
结构工程	0.5
装饰装修与机电安装	0.2

（2）单位工程评价得分

$$W = \sum（阶段评价得分 G \times 权重系数）$$

11.4.3　单位工程绿色施工等级判定方法

（1）有下列情况之一者为不合格：

①控制项不满足要求；

②单位工程总得分 $W < 60$ 分；

③结构工程阶段得分 < 60 分。

（2）满足以下条件者为合格：

①控制项全部满足要求；

②单位工程总得分 60 分 $\leqslant W < 80$ 分，结构工程得分 $\geqslant 60$ 分；

③每个评价要素各至少有一项优选项得分，优选项总分 $\geqslant 5$。

（3）满足以下条件者为优良：

①控制项全部满足要求；

②单位工程总得分 $W \geqslant 80$ 分，结构工程得分 $\geqslant 80$ 分；

③每个评价要素中至少有两项优选项得分，优选项总分 $\geqslant 10$。

11.5　评价组织与实施

11.5.1　评价组织

（1）单位工程绿色施工评价应由建设单位组织，项目施工单位和监理单位参加，评价结果应由建设、监理、施工单位三方签认。

（2）单位工程施工阶段评价应由监理单位组织，项目建设单位和施工单位参加，评价结果应由建设、监理、施工单位三方签认。

（3）单位工程施工批次评价应由施工单位组织，项目建设单位和监理单位参加，评价结果应由建设、监理、施工单位三方签认。

（4）企业应进行绿色施工的随机检查，并对绿色施工目标的完成情况进行评估。

（5）项目部会同建设和监理单位应根据绿色施工情况，制定改进措施，由项目部实施改进。

（6）项目部应接受建设单位、政府主管部门及其委托单位的绿色施工检查。

11.5.2　评价实施

绿色施工评价在实施中要按照评价指标的要求,检查、评估各项指标的完成情况。

(1)进行绿色施工评价,必须首先达到《建筑工程绿色施工评价标准》(GB/T 50640—2010)规定的要求。

(2)绿色施工评价涉及内容多、范围广,评价过程中要检查大量的资料,填写很多表格,因此要准备好评价过程中的相关资料,并对资料进行分类整理。

(3)评价人员应能很好地理解绿色施工的内涵,熟悉绿色施工评价指标体系和评价方法,因此,要对评价人员进行这方面内容的专项培训,以保障评价的准确性。

(4)绿色施工评价指标的控制项、一般项和优选项在评价中地位和要求有所不同。

①控制项属于评价中的强制项,是基本要求,实行一票否决;

②一般项评价是绿色施工评价中工作量最大、涉及内容最多、工作最繁杂的评价,是评价中的重点;

③优选项是施工难度较大、实施要求较高、实施后效果较好的项目,实质是备选项,选项越多,绿色水平越高。

(5)绿色施工评价与其他施工验收一样,是程序性和规范性很强的工作,必须要得到工程施工相关方的认定才能生效。

(6)评价本身不是目的,真正的目的是持续改进。因而要重视对评价结果进行分析,要注意针对那些实施较差的要素评价点,认真查找原因,制定有效的改进措施。

(7)调动实施主体、责任主体的积极性,建立有效的正负激励措施,针对评价结果,实施适度的奖惩。

11.5.3　评价资料

(1)单位工程绿色施工评价资料应包括:

①绿色施工组织设计专门章节,施工方案的绿色要求、技术交底及实施记录。

②绿色施工要素评价表应按表 11 - 6 的格式进行填写。

③绿色施工批次评价汇总表应按表 11 - 7 的格式进行填写。

④绿色施工阶段评价汇总表应按表 11 - 8 的格式进行填写。

⑤反映绿色施工要求的图纸会审记录。

⑥单位工程绿色施工评价汇总表应按表 11 - 9 的格式进行填写。

⑦单位工程绿色施工总体情况总结。

⑧单位工程绿色施工相关方验收及确认表。

⑨反映评价要素水平的图片或影像资料。

(2)绿色施工评价资料应按规定存档。

(3)所有评价表编号均应按时间顺序的流水号排列。

表 11 – 6　绿色施工要素评价表

工程名称		编号	
		填表日期	
施工单位		施工阶段	
评价指标		施工部位	

控制项		评价结论

	标准编号及标准要求	计分标准	应得分	实得分
一般项				
优选项				

评价结果	

签字栏	建设单位	监理单位	施工单位

186

表 11 – 7　绿色施工批次评价汇总表

工程名称		编号	
		填表日期	
评价阶段			
评价要素	评价得分	权重系数	实得分
环境保护		0.3	
节材与材料资源利用		0.2	
节水与水资源利用		0.2	
节能与能源利用		0.2	
节地与施工用地保护		0.1	
合　计		1	
评价结论	1.控制项： 2.评价得分： 3.优选项： 结论：		
签字栏	建设单位	监理单位	施工单位

表 11 - 8　绿色施工阶段评价汇总表

工程名称			编号	
			填表日期	
评价阶段				
评价批次	批次得分	评价批次	批次得分	
1		9		
2		11		
3		12		
4		13		
5		14		
6		15		
7		16		
8		……		
小计				

签字栏	建设单位	监理单位	施工单位

表 11 - 9　单位工程绿色施工评价汇总表

工程名称		编号	
		填表日期	
评价阶段	阶段得分	权重系数	实得分
地基与基础		0.3	
结构工程		0.5	
装饰装修与机电安装		0.2	
合计		1	
评价结果			

签字栏	建设单位	监理单位	施工单位

11.6　评比及创优

　　开展工程项目绿色施工的评比及创优活动,有助于企业贯彻生态文明建设理念,有利于提升建筑业的总体水平,对施工行业推进绿色施工具有积极促进作用。在 2013 年,为加速绿色施工推进、确定绿色施工样板工程,中国建筑业协会先后推出了三批绿色施工示范工程,中华全国总工会会同中国建筑业协会联合开展了节能达标竞赛活动,分别从不同侧面对绿色施工推进起到了积极推动作用,以下就此做重点介绍。

11.6.1　绿色施工示范工程

　　为推进绿色施工实现有质量的快速发展,中国建筑业协会建立了绿色施工示范工程管理制度。2010 年开始,中国建筑业协会为进一步落实国家节能减排的战略方针,引领广大建筑企业树立科学发展理念，转变发展方式，开始应用绿色施工技术，充分发挥样板工程的引领和示范作用，开展了全国建筑业绿色施工示范工程的申报工作，并在 2012 年 8 月出版了《全国建筑业绿色施工示范工程申报与验收指南》。

截止 2015 年底，全国共有 1000 多个工程项目通过全国建筑业绿色施工示范工程立项，有 255 项工程项目通过绿色施工示范工程验收并达到优良标准等级。其中，35 项优良等级的示范工程达到全国观摩水平。具体情况为：

2011 年，第一批"全国建筑业绿色施工示范工程"11 项工程已通过绿色施工示范验收；

2012 年，第二批"全国建筑业绿色施工示范工程"87 项工程已通过绿色施工示范验收；

2013 年，第三批"全国建筑业绿色施工示范工程"299 项工程立项；

2014 年，第四批"全国建筑业绿色施工示范工程"申报数量 826 项，其中 616 项工程立项；

2015 年，第五批"全国建筑业绿色施工示范工程"立项采取地区分配指标择优推荐申报的工作方式，全国共分配指标 310 项，收到申请 434 项，385 项工程通过第五批全国建筑业绿色施工示范工程立项；

2016 年，第六批"全国建筑业绿色施工示范工程"立项仍然采取地区分配指标择优推荐申报的工作方式，全国共分配指标 449 项，收到申请 578 项。

全国建筑业绿色工示范工程开展 6 年来，绿色施工的理念已深入各级施工企业和工程项目管理意识中，虽然各地区、各企业绿色施工推进的水平参差不齐。但通过绿色施工示范工程的榜样引领作用，施工企业已经在项目生产过程通过技术创新和管理逐步实现了合理使用和利用资源、减少垃圾和污染物的排放，减少施工过程对环境的影响的行动。

这些绿色施工示范工程的确立，为扩大绿色施工的影响、推动工程项目绿色施工的实施起到了重要的引领作用，施工企业已经在项目生产过程通过技术创新和管理逐步实现了合理使用和利用资源、减少垃圾和污染物的排放，减少施工过程对环境的影响的行动。同时，通过这些示范工程项目在全国的实施，必将进一步激发施工领域推行绿色施工的热情，在全国范围内产生广泛影响，在更大范围促进绿色施工的推广。

11.6.2 绿色施工科技示范工程

绿色施工科技示范工程是指绿色施工过程中应用和创新先进适用技术，在节材、节能、节地、节水和减少环境污染等方面取得显著社会、环境与经济效益，具有辐射带动作用的建设工程施工项目。由住房和城乡建设部建筑节能与科技司负责统一指导和管理，并委托中国土木工程学会咨询工作委员会、中国城市科学研究会绿色与节能专业委员会、中国城市研究会绿色建筑研究中心组成"住建部绿色施工科技示范工程指导委员会"，共同负责绿色施工科技示范工程的日常组织和指导管理工作。

绿色施工科技示范工程于 2010 年开始；2013 年，通过项目申报、立项审批等程序，有 71 项工程通过评审，纳入住房和城乡建设部科技计划项目进行管理，按照进度进行中期检查和验收。验收不采取打分的方式，而是分控制指标和非控制指标进行验收——控制指标要全部完成，非控制项要完成七成以上方能通过验收；验收后由住房和城乡建设部颁发证书。

习　题

1. 简述绿色施工评价的基本要求。
2. 简述绿色施工评价组织。

第12章 建筑产业现代化技术在绿色施工中的应用

【知识目标】

1. 熟悉和了解装配式建筑在绿色施工中的应用；
2. 熟悉和掌握标准化技术在绿色施工中的应用；
3. 熟悉和了解信息化技术在绿色施工中的应用。

【能力目标】

1. 能参与编写装配式建筑绿色施工的方案；
2. 能参与编写建筑标准化绿色建筑施工方案；
3. 能参与利用 BIM 信息化技术的绿色施工方案。

12.1 建筑产业现代化的内涵

建筑产业现代化的内涵是以建筑业转型升级为目标，以技术创新为先导，以现代管理为支撑，以信息化为手段，以新型建筑工业化为核心，对建筑的全产业链进行更新、改造和升级，实现传统生产方式向现代工业生产方式转变，从而全面提升建筑工程的质量、效率和效益。

12.2 装配式建筑在绿色施工中的应用

随着产业化的发展，国内很多地区进行了工业化住宅建造技术的实践探索，以预制装配式和装配整体式为代表的工业化住宅体系逐渐得到了推广。

12.2.1 推广前景

（1）在新型城镇化背景下，住宅需求量仍有增长潜力，同时保障性住房建设正在大规模开展，这为工业化住宅的实践提供了一个良好契机。

（2）以大型地产企业为载体，有利于培育住宅产业集团（一种企业间的组织形式），促进专业分工与协作，发挥规模经济优势。

（3）设计院、高校、施工单位等众多实力雄厚的单位参与工业化住宅技术研发，具备了产学研一体化平台，在技术方面提供了保障。

12.2.2　推广方式分析

建设建筑工业化综合试点城市，开展工业化建筑示范试点，以保障房建设为契机积极探索建筑工业化，是我国建筑工业化发展的主要推广方式。"十二五"期间，全国计划新增保障性住房 3600 万套，工业化建造刻不容缓。各省市地区的配套政策法规中对预制装配率、建筑节能、建筑废弃物和一次性装修提出了要求，同时在示范项目土地出让合同中明确规定新建住宅必须进行一次性装修。目前，沈阳市二环内新建项目必须采用装配式建筑技术，项目装配率达到 20% 以上，必须实行全装修；上海市浦江瑞和新城保障房预制率达 50%～70%，可有效抵御里氏 7 级地震；深圳市新建建筑必须强制达到 50% 节能标准，实现建筑废弃物综合回收利用率达 30%，新建保障性住房交付使用前必须完成室内一次性全装修。

12.2.3　装配式建筑相比传统建筑的绿色施工优势

1. 节能

1）设备节电

装配式住宅 60% 以上的混凝土浇筑在工厂完成，施工现场需要浇筑的混凝土量大大减少，相比传统施工工艺，可减少现场混凝土振捣棒及电焊机的使用数量及使用时间。

2）照明节电

工业化施工相比传统施工，因为有了要求精确的构件吊装，避免了夜间施工，减少了照明用电。同时，由于减少了用工量，工人宿舍的照明用电也大为节约。

2. 节水

1）现场施工节水

与传统施工方式相比，工业化施工现场混凝土浇筑量少，用于洗泵及混凝土养护的水量大幅度减少，以每方混凝土需要 2 m^3 水来计算，则每栋工业化楼座能节水近 2000 m^3。

2）雨水、养护水的回收重复利用

工业化止水措施导出水的利用。装配式工业化施工采用精装、二次结构及主体结构穿插施工的大流水，精装提前插入的条件是竖向止水及有组织地排水。

（1）止水：在结构施工层的下一层中，将卫生间各孔洞封堵好（提前装好止水节，后期直接在其上安装立管），烟风道洞口用 18 mm 多层板覆盖，并在其上做好 SBS 卷材防水，以防雨水及施工用水从孔洞向下渗漏。

（2）排水：为每栋楼配置 2 个储水桶，一个用于储水，一个用于沉淀。在结构层的厨卫间低处接软管，使施工层的水顺软管流下，在结构下层，用软管将水从厨卫间窗口导出，至楼底储水桶中；经过沉淀后，通过压力泵将水送至楼上工作面用于养护，多余水用于施工路面降尘。

洗车池通过安装简单的雨水收集和利用设施，将雨水收集到一起，经过简单的过滤处理，就可以用来浇灌花坛、冲刷路面，节约了大量自来水。

对竖向混凝土构件的养护采用洒水后包裹塑料薄膜保水的方式，减少了用水量和养护难度、次数。

使用干吊装作业，用水较传统工艺明显减少。

3. 节地

（1）装配式建筑主要占用场地的材料为预制构件、模板，周转材量很少，基本可置于楼内，周转向上使用。项目部对装配式住宅楼的场地布置经过多次讨论，形成了多个版本、多个阶段的场地布置图，达到了场地利用最优化。

（2）装配式结构的主体结构构件由于工厂化预制，可以实现节地。

4. 节材

（1）装配式建筑外墙为预制构件，仅在连接节点处为现浇混凝土；在连接节点的暗柱处，其外侧模板采用预制外墙构件延伸过来的外保温层，符合绿色施工中所提倡的采用外墙保温板替代混凝土施工模板的技术。采用此项技术，每层楼可节约模板量约 600 m^2，达到节材的目的。

（2）装配式建筑的顶板采用叠合板形式，底部为工厂预制，上部为吊装好后现场浇筑。采用这样的工艺单层可节约顶板模板约 650 m^2，且叠合板支撑体系采用了独立钢支撑配合铝合金或木工字梁的体系，这种体系不用横向连接，且立杆间距较大，比之传统的钢管满堂架及碗扣架体系能够节约 100% 的横杆及 1/3 的立杆。

（3）装配式建筑构件采用工厂化生产，能够极大地提高材料的利用率。

据统计，装配式建筑与传统工艺相比，节材率达到 20%。

5. 环境保护

（1）装配式住宅的大量混凝土浇筑工作都在工厂进行，施工现场需浇筑的混凝土量减少了 40%～50%，使得施工产生的垃圾、污水大量减少。

（2）装配式结构从主体结构构件的工厂化预制，到现场施工的装配化，再到后期的装修过程，真正做到了低碳、环保、节能。

12.3　标准化技术在绿色施工中的应用

12.3.1　绿色施工内涵

绿色施工的内涵为：

（1）可能采用绿色建材和设备；

（2）节约资源，降低消耗；

（3）清洁施工过程，控制环境污染；

（4）积极采用"四新"技术。

绿色施工技术是指在工程建设过程中，能够使施工过程实现"四节一环保"目标的具体施工技术。近年来通过吸收和引进部分国外绿色施工技术，经过有计划的研发活动和在工程实践中推广应用，我国已形成一批较成熟的绿色施工技术，如表 12 - 1 所示。

表 12 - 1　绿色施工技术汇总

绿色施工技术	具体内容
环境保护技术	（一）空气及扬尘污染控制技术； （二）污水控制技术； （三）固体废弃物控制技术； （四）土壤与生态保护技术； （五）物理污染控制技术； （六）环保综合技术
节能与能源利用	（一）节能及绿色建筑施工技术； （二）施工机具及临时设施节能技术； （三）施工现场新能源及清洁能源利用技术
节材与材料资源利用	（一）工程实体材料、构配件； （二）周转材料及临时设施
节水与水资源利用	（一）节水技术； （二）非传统水源利用技术
节地与土地资源保护技术	（一）节地技术； （二）土地资源保护技术
其他"四新"技术	包括新技术、新工艺、新材料、新设备

12.3.2　标准化技术概念

标准化技术是指在经济、技术、科学和管理等社会实践中，对重复性的事物和概念，通过制定、发布和实施标准达到统一，以获得最佳秩序和社会效益。公司标准化是以获得公司的最佳生产经营秩序和经济效益为目标，对公司生产经营活动范围内的重复性事物和概念，以制定和实施公司标准，以及贯彻实施相关的国家、行业、地方标准等为主要内容的过程。

为在一定的范围内获得最佳秩序，对实际的或潜在的问题制定共同的和重复使用的规则的活动，称为标准化。它包括制定、发布及实施标准的过程。标准化的重要意义是改进产品、过程和服务的适用性，加强通用性，促进标准化推广。

12.3.3　标准化技术在绿色施工中的应用

1. 标准化技术管理现状

目前各大型建筑企业基本秉持"建筑与绿色共生，发展和生态谐调"的环境管理方针，以工程项目绿色施工为载体，以标准化施工课题研发为先导，以绿色施工示范工程为引领，依靠科技进步和管理创新，全面推进标准化施工，促进了施工过程节能减排，推动了科技进步与工程质量的提升，增加了企业的经济效益。

2. 标准化技术在绿色施工中的应用

1）标准化技术在环境保护方面的应用

（1）固体废弃物回收利用技术。

采用混凝土余料及工程废料等标准化的固体废弃物收集系统（见图 12 - 1），将建筑垃圾进行回收，采用碎石机将建筑垃圾粉碎，然后作为原料用制砖机生产成小型砌块，合理利用，实现了废物利用、环境保护、绿色施工的目的。

(a)建造破碎机

(b)制砖机

图 12-1 固体废弃物回收利用技术

(2)室内建筑垃圾垂直清理通道技术。

高层建筑应设置建筑垃圾垂直运输通道,并与混凝土结构有效固定。垃圾垂直运输时,应每隔 1~2 层或不大于 10 m 高,在垃圾通道设置水平缓冲带,减少安全隐患,防止扬尘。图 12-2 是室内建筑垃圾垂直运输通道的几种做法。

(3)施工道路自动喷洒防尘装置。

室外喷洒环网给水系统采用了独立的降水给水管道系统,由基坑降水提升至基坑两边的三级沉淀池里,在三级沉淀池里面各设置一台全自动控制的潜水泵与基坑四周喷洒环网相连接,经二次加压对环网进行水源供给。

喷洒道路干管为 DN50 焊接钢管,支管为 DN15 镀锌钢管,控制阀门使用 DN15 球阀,根据每个喷头喷洒路面的范围,每距离 5 m 设计一个降尘喷洒头,基坑四周根据道路周长设置支管,分双供水(电)系统控制,对管道压力及水量合理控制,见图 12-3。

(4)高空喷雾防扬尘技术。

高空喷雾降尘系统的发明是为了克服施工期间所产生的大量扬尘治理的不足和缺点,提供一种比较简单易实施的处理方式,对难以治理的地面和高空扬尘进行有效快速的控制,降低成本、施工简便、安全可靠、绿色节能。

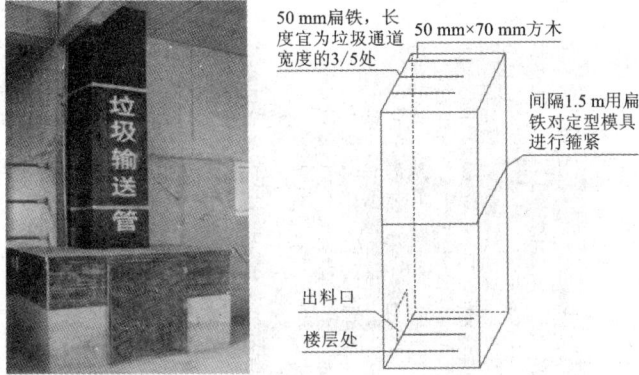

50 mm扁铁，长度宜为垃圾通道宽度的3/5处

50 mm×70 mm方木

间隔1.5 m用扁铁对定型模具进行箍紧

出料口

楼层处

(a)建筑垃圾垂直运输通道

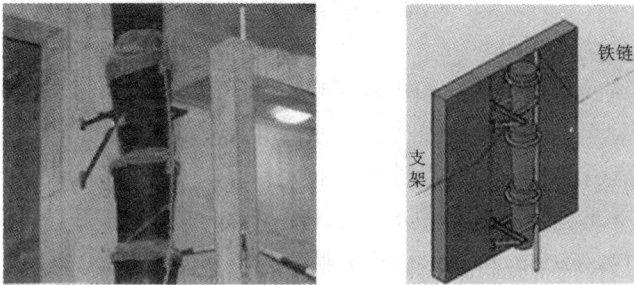

铁链

支架

(b)悬浮式垃圾运输通道

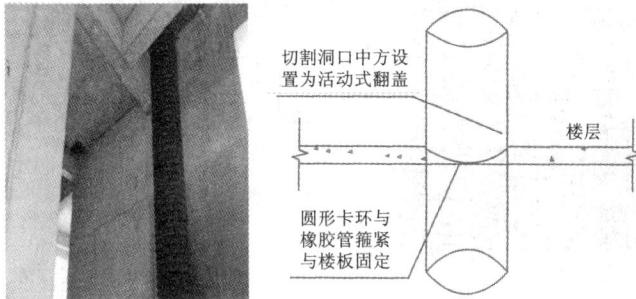

切割洞口中方设置为活动式翻盖

楼层

圆形卡环与橡胶管箍紧与楼板固定

(c)波纹管垃圾运输通道

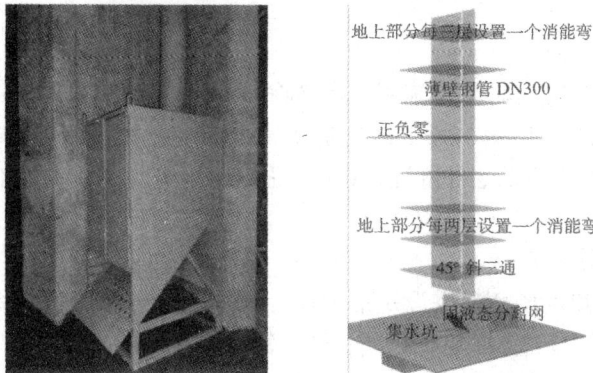

地上部分每三层设置一个消能弯

薄壁钢管DN300

正负零

地上部分每两层设置一个消能弯

45°斜三通

固液态分离网

集水坑

(d)钢制垃圾回收系统

图 12-2　室内建筑垃圾垂直清理通道技术

197

图12-3 施工现场道路自动喷雾装置

高空喷雾降尘系统的管道布置(见图12-4):利用硬防护或楼层外沿做喷洒平台,从水泵房布置一根镀锌钢管至主楼,然后由楼层的水管井上引至硬防护所在楼层或设定的喷洒楼层。然后主管从最近点引至硬防护并沿着硬防护绕一圈。支管为DN15管,根据每个喷头的喷洒距离设置间距为3 m,支管超出硬防护或者楼层外沿50 cm,在支管末端接一个45°弯头并朝下;再接一段直管,将喷头安装在直管下端。

(a)外脚手架降尘喷淋设施   (b)脚手架喷淋系统示意图

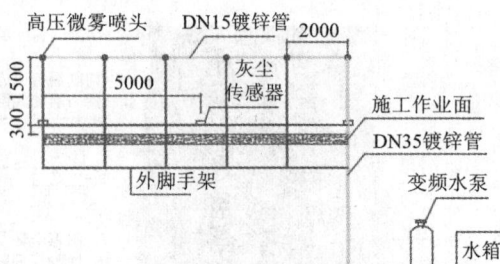

图12-4 高空喷雾防扬尘技术

(5)工地新型降噪技术。

施工区域采用隔离板实施封闭性施工,修建临时隔声屏障(见图12-5),以减少施工噪声对附近居民生活造成的影响。在施工区交通噪声能量集中的400~800 Hz具有良好的吸声、隔声性能,材料具有价格低、自重轻、防水、强度大、美观耐用、施工快速、维护容易等优点。

(6)封闭式降噪砼泵房。

砼泵处可根据设备和现场情况搭设矩形框架,上方设置防砸措施;根据环境安静要求指标,挑选合适的吸隔声材料,将框架全封闭;料斗处开口,方便入料;挂设泵房标识和安全操作规程,设置灭火器。降噪泵房外观图见图12-6,隔声木工车间见图12-7。

(7)封闭式垃圾站。

现场平整硬化路面处砌墙,墙高3 m,墙角处应为弧形角,方便卫生清理。正面设置两

198

图 12 – 5　噪声隔离墙

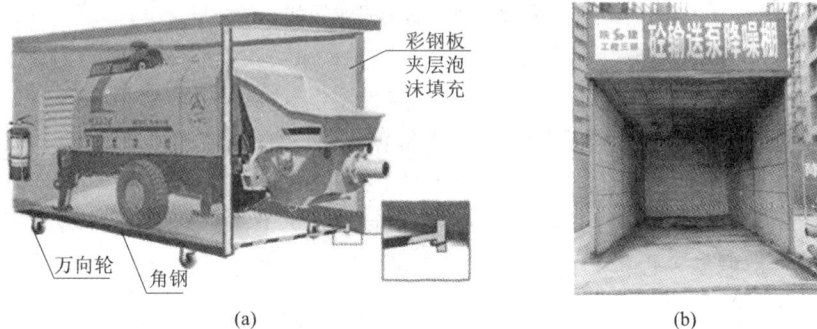

(a)

(b)

图 12 – 6　降噪泵房外观图

图 12 – 7　隔声木工加工车间

处带锁铁门，门底缝隙不大于 1 cm，防止老鼠入侵。设置垃圾分类标识，挂设垃圾处理规程，设置专用封闭式垃圾站，见图 12 – 8。

2）标准化技术在节材方面的应用

图 12 - 8　封闭式垃圾站

（1）钢铝框木模板技术。

采用金属材料如钢、铝合金等做边框，内部镶嵌胶合板或木塑板等面板，形成钢铝框模板。主要的模板有平板模板和阴角模板两种。标准模板尺寸规格：300 mm × 1100 mm、300 mm × 1200 mm、400 mm × 1200 mm、600 mm × 1200 mm。楼面阴角模板有 100 m × 150 m、150 m × 150 m，长度是平板模板的宽度。规格尺寸少，标准化高，通用性强，摊销成本低。

图 12 - 9　钢铝框模板龙骨设置图

（2）工具式铝合金模板技术。

工具式铝合金模板体系是根据工程建筑和结构施工图纸，经定型化设计和工业化加工，定制完成所需要的标准尺寸模板构件及与实际工程配套使用的非标准构件（图 12 - 10）。首先按设计图纸在工厂完成预拼装，满足工程要求后，对所有模板构件分区、分单元分类做相应标记。模板材料运至现场，按模板编号"对号入座"分别安装。安装就位后，利用可调斜支撑调整模板的垂直度、竖向可调支撑调整模板的水平标高；利用穿墙对拉螺杆及背楞，保证模板体系的刚度及整体稳定性。在混凝土强度达到拆模强度后，保留竖向支撑，按顺序对墙模板、梁侧模板及楼面模板进行拆除，迅速进入下一层循环施工。

(a)铝合金梁板模板

(b)铝合金楼梯模板

(c)铝合金墙柱模板

图 12 – 10　工具式铝合金模板

（3）铝合金模板早拆模架体系（见图 12 – 11）。

根据工程建筑施工图纸和结构施工图纸，经定型化设计和工业化加工，定制完成所需要的标准尺寸模板构件及与实际工程配套使用的非标准构件，组成的新型建筑工程模架体系。铝合金模板是采用铝板和型材焊接而成的新型模板，采用销钉、高强螺栓等进行连接。其具有施工周期短，重复使用次数多，施工方便、效率高，施工质量易保证，低碳减排等众多优点。

(a)铝合金模板早拆系统

(b)铝合金模板早拆效果

图 12 – 11　铝合金模板早拆模架体系

201

（4）塑料模板技术。

PP-R模板施工方法和木模板基本相同，但无须脱模剂，使用后的模板表面不粘混凝土，施工效果可以达到清水混凝土的要求，模板不需要清洁即可再次投入使用（见图2-12）。梁、柱、剪力墙模板可根据设计图纸定制生产，施工现场只需简单加工，即可整体安装、整体拆卸，逐层使用，施工效率可比木模板提高40%，节约劳动成本30%，劳动强度大为降低。模板在使用过程中不吸水、不破损、不变形，如配合金属桁架支撑系统，则不需要使用木方和钢钉固定。

(a)塑料模板　　　　　　　　　　　　　　　(b)塑料模板的搭设

图 12-12　塑料模板技术

（5）钢筋集中数控加工技术。

图 12-13 的钢筋集中数控加工设备是专业厂家吸取国外先进经验、先进技术，并结合HRB400钢筋的技术要求进行研制的，该设备可对 6~12 mm 直径的 HRB335 热轧带肋钢筋、HRB400 热轧带肋钢筋、光圆钢筋和冷轧带肋钢筋进行弯曲、剪切。

（6）预制装配式混凝土路面。

采用装配式配筋混凝土预制块铺装施工现场临时道路（见图 12-14），可通行90 t 及以下重车，代替采用现浇混凝土路面的传统的施工工艺，可周转使用，减少垃圾排放，节能环保。装配式混凝土预制道路采用 1000 mm×800 mm×200 mm 及 500 mm×800 mm×200 mm 两种规格混凝土预制块错缝拼装而成，可通行90 t 大车。混凝土预制块标准配筋为双层双向 ϕ12@200 mm 三级钢，考虑充分利用工地余料，还可采 ϕ8@120 mm、ϕ10@160 mm、ϕ14@250 mm 三种配筋方式，充分利用工地不同规格的钢筋余料。预制块四周 50 mm×50 mm×3 mm 角钢包角，保证周转及使用过程中的完整性，同时，为便于周转使用预制块对角设置 ϕ14 吊钩。

（7）构件化PVC绿色围墙技术。

PVC围墙（见图 12-15）是采用 PVC 板材充当面板，镀锌方管等充当支架制作而成。PVC围墙具有重量轻、易加工、防潮、阻燃、耐腐蚀、抗老化、易连接、色泽稳定、可循环使用等特点。针对传统围墙施工速度慢、不能拆移、浪费资源等缺点，介绍PVC围墙的特点、施工工艺流程。结果表明，相关指标满足使用要求，保证了施工安全性，提高了经济社会效益。

(a)全自动数控调直切断机

(b)全自动塑料调直弯箍机

(c)自动化钢筋笼滚焊机

(d)螺旋钢筋加工机

图 12－13 钢筋集中数控加工技术

(a)现场实施整体效果

(b)角钢包角效果图

图 12－14 预制装配式混凝土路面

图 12－15 构件化 PVC 绿色环保围墙效果图

（8）定型化移动灯架应用技术。

采用6061 - T6优质铝型材焊接，适合做承重载体使用，主管直径50 mm × 3 mm，副管32 mm × 2 mm，斜管25 mm × 2 mm，灯光架的两端为三角板形式焊接，每面可以连接四个直径12 mm的螺丝，顶部同样材料做成围护栏焊接在上端作为灯具放置点。该设施结构简洁，安装使用方便，感观大方，质量安全可靠，可反复使用，运输方便，见图12 - 16。

(a)定型化移动灯架图　　　　　　　　　(b)定型化移动灯架图

图12 - 16　定型化移动灯架应用技术

（9）可周转洞口防护栏杆应用技术。

防护结构由方刚管、角钢、丝杆、螺母加工制作而成。此种定性防护由两部分连接而成，连接通过螺母调节，适用于各种尺寸的洞口防护，制作工艺简单，外观简洁美观，适用性强，成本低，可多次周转，一次摊销成本低，节约资源，无各种环境污染，见图12 - 17。

(a)制作图及细部节点图　　　　　　　　(b)制作图及细部节点图

图12 - 17　可周转洞口防护栏杆应用技术

（10）可重复使用的标准化塑料护角。

规格：高度1.8 m、护角宽10 cm、厚度2 mm。颜色黄黑相间，材质PVC，见图12 - 18。固定方式：玻璃胶黏结。安装时间：柱子或墙等拆除模板后。拆除时间：二次结构开始砌筑时。

204

图 12 - 18　塑料护角实施效果图

(11)快捷安拆标准化安全通道。

快捷安拆标准化安全通道比钢管水平通道安装更便捷、外观形象更美观、安全性更高。每组高 4.0 m×宽 4.0 m×长 6 m，一般两组组装为一个水平安全通道(图 12 - 19)，长度可根据现场实际情况进行增减。各部件在加工场加工完成后到现场直接组装即可，施工效率比钢管搭设的水平通道提高 60%，节约劳动成本 50%，劳动强度大为降低。

(a)快捷安装标准化安全通道

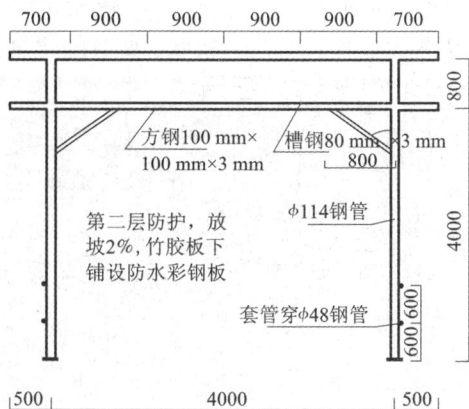

(b)安全通道正立面示意

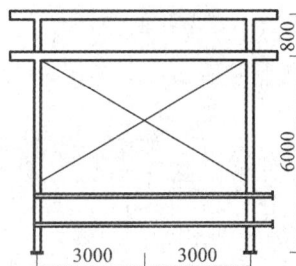

(c)安全通道侧立面示意

图 12 - 19　快捷安拆标准化水平通道

（12）工具式栏杆（图 2-20）。

工具式栏杆是一种将建筑工地临时钢管扣件栏杆的节点加以改造，利用节点构件与工地普通 ϕ48 钢管迅速拼接成工地临时防护栏杆，平时只需要对节点构件进行周转及仓储。随着建筑市场竞争白热化，建筑施工企业纷纷推出企业自身的标准化工地，有了这些栏杆节点构件，可大大增强建筑施工企业标准化工地程度，同时又能提高栏杆的搭设速度，以及栏杆的安全美观性，而且还能给施工企业节省标准化栏杆周转的运输和储存成本。

图 12-20 工具式栏杆示例

（13）装配式钢筋（焊接网）应用技术（图 12-21）。

焊接网是指具有相同或不同直径的纵向和横向钢筋分别以一定间距垂直排列，全部交叉点均用电阻点焊连接的钢筋网片。其中，冷轧带肋钢筋焊接网是一种新型、高效、节能的建筑材料，是在工厂制造纵向和横向钢筋分别以一定间距排列且互成直角、全部交叉点均用电阻点焊在一起的钢筋网片，即采用低电压、大电流、计算机控制、接触时间很短、高温电阻熔焊而成的钢筋网片。该材料通过在工厂环境中以普通热轧光圆盘条经冷轧减径并在其表面形成三面或两面月牙形横肋的，根据设计要求和行业标准的规定，通过全自动智能化焊接网生产线（GWC 焊网机）点焊成网状，是一种代替传统人工制作、绑扎的新型、高效的建筑钢材。

(a)工厂流水加工

(b)网片现场铺设

图 12-21 装配式钢筋（焊接网）应用技术

3. 标准化技术在节水与水资源利用方面的应用

雨水回收利用系统(图 12 - 22)主要由雨水收集、过滤沉淀、加压泵送、循环利用四部分组成。所需材料为水泵、铸铁管、水箱、PVC 管等。用 PVC 管及铸铁管从车库顶板落水口处接入集水坑,同时将水泵固定在集水坑内,由水泵开始焊接铸铁水管,沿固定架将水管接至沉淀水箱,经过三级沉淀、过滤,最终用水泵将过滤后的水引至写字楼消防水池储备,进入现场施工临水系统。

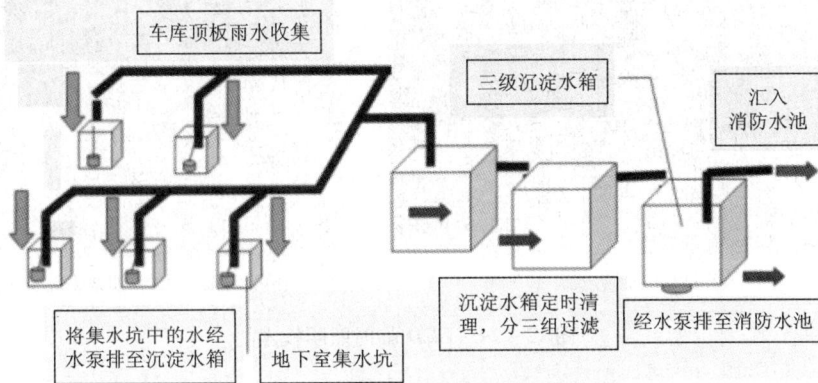

图 12 - 22　雨水收集系统图

4. 标准化技术在节能与能源利用方面的应用

1) 太阳能路灯节能环保技术

太阳能路灯是利用太阳能电池板,白天接受太阳辐射能并转化为电能经过充放电控制器储存在蓄电池中,夜晚当照度逐渐降低,充放电控制器侦测到照度降低到特定值后蓄电池对灯头放电。在工程使用过程中选用太阳能专用大功率 LED 路灯,采用大功率的 LED 芯片发光。LED 芯片是高性能的半导体材料,发光效率高,实际的使用寿命可达 5 万个小时以上,每瓦的光通量可达 100 lm 以上,高效节能,免维护。太阳能路灯安装效果如图 12 - 23 所示。

图 12 - 23　太阳能路灯安装效果

2）LED临时照明技术（图12-24）

LED临时照明使用声光控制延时开关和时间控制开关，科学、人性化地实现灯具的开启和关闭时间，更节能，同时有效缩短灯具使用时间，提高使用寿命，减小维护成本。

(a)现场LED照明效果　　　　　　　　(b)现场路灯LED照明效果现场铺设

图12-24　LED临时照明技术

5.标准化技术在节地与土地资源保护方面的应用

1）可移动式临时厕所（图12-25）

可移动式临时厕所采用的材料均为施工现场废旧物资，包括彩钢板、角钢、模板、钢筋头、木方等。单个临时厕所所需材料如下：HH-YXB 900型彩钢板，面积为10.32 m^2；角钢L40×4.18 m（缺少时可用钢筋头代替）；废旧模板，板厚15 mm，面积3.2 m^2，木方子40 mm×80 mm，长3 m；小便器一个，大便箱一个；软管一根，塑料桶一个；自攻钉，膨胀螺丝若干。

图12-25　可移动式临时厕所

2）可周转式钢材废料池（图 12 - 26）

可周转钢板式钢材废料池全部采用钢材制作，具有制作成本低，可移动周转使用，环保效果好等特点。外形尺寸：2.5 m×2.5 m×1.8 m。主要材料：钢板 3 mm 厚，角钢 45 mm ×45 mm，圆钢 ϕ16。

图 12 - 26　可周转式钢材废料池

12.3.4　标准化技术在绿色施工中的推进措施

1. 标准化技术管理体系——打造核心竞争力

在企业总部、各公司、各项目部设有绿色施工暨标准化技术推广工作领导小组，归口管理绿色施工、标准化工作。根据业务分工，依照目标管理的要求将绿色施工和标准化推广工作职责分解到各管理部门，制定发展规划和年度计划，定期考核，确保绿色施工及标准化落到实处。

2. 研究体系——标准化建造研发的平台

以各企业技术中心为支撑的标准化技术施工研究体系，采取专、兼职相结合的方式，机关总部、分公司或子公司、项目部三级机构技术、管理骨干参与标准化建造课题研究，针对绿色建筑全生命周期不同阶段的重大问题开展标准化建造课题的研究。此外，其他研究所也结合本专业特色配合标准化建造的研究，逐步形成全生命周期、全方位标准化建造研发的平台。

3. 策划

对于重大课题制定实施方案和年度工作计划。

对于工程项目标准化施工的策划依照设计及企业相关要求实施。

4. 标准、规范编制

编制相关标准化技术的规范、规程等相关文件，为标准化技术推广应用提供有力的政策保证。在一定范围内形成强制性推广应用的标准化技术，初步形成标准化技术的推广应用规模。

5. 课题研究

企业加强与科研机构及同行企业合作，针对我国标准化成套技术的现状，探索、研究一套由标准化专项技术、标准化工艺技术、标准化评价体系、标准化施工管理体系等组成的标准化施工综合技术，用以指导建筑工程施工现场实现标准化施工。

6. 技术集成

针对施工现场标准化技术措施的运用水平及未来推广趋势，整理、编辑各企业、地区乃至全国范围的标准化技术推广应用汇编，形成具有一定影响力的技术集成，为标准化技术向更高水平发展奠定基础。

12.4 信息化技术在绿色施工中的应用

12.4.1 绿色施工背景、现状及问题

1. 背景

当前人们已越来越清楚，对全球社会威胁最大的不是经济危机，而是气候、环境，是可持续发展。中国建筑业已是中国社会和全球社会可持续发展的决定性因素之一：中国建筑业规模占全球的50%左右，消耗建筑用钢材、水泥约占全球的50%，消耗木材占到全球每年数目砍伐量的49%；中国建筑业也是能耗最大行业，超过全社会的40%；同时又是污染大户，建材生产和建造过程产生大量污染和碳排放。

2. 现状

当前绿色施工的做法主要有以下几种：

（1）材料替代。将高资源消耗、高能耗材料替换为更为绿色的工程材料和施工材料。

（2）加强循环利用。模板、施工用水，通过更多循环次数使用，减少施工资源消耗。

（3）用新施工技术、施工工具代替老技术、老工艺。减少工程材料损耗与浪费，如：钢筋接头。

（4）资源利用。如收集雨水用于某些施工环节用水。

3. 问题

以上方法都是用较传统的方法在做绿色施工，某些方法成本较高，一次性投入较大，项目上应用积极性不够高，往往只存在于示范工程，难于推广。

绿色建造很大的一个突破口未予以重视，即通过信息化技术改善整个施工建造过程，通过信息技术实现类似于制造业的精细化施工，从而减少更多的资源、能源消耗，减少排放，这样的策略，可以获得比以往传统方法更高的效率。

12.4.2 项目信息化与绿色施工的关系

1. 项目信息化的概念

项目信息化是只通过计算机应用技术和网络应用技术替代传统方式完成工程项目日常管理工作，进而提高人工效率、缩短管理流程、节约办公资源、提高材料利用率、降低管理成本、提升工程效益。

2. 项目信息化的手段

（1）单一程序软件的应用，只针对某特定工序、流程、参数等进行信息处理、计算。例如建筑 CAD 设计、工程网络计划编制及时间参数的计算、施工图预算程序、工程量计算统计软件等。

（2）系统性程序应用，项目信息管理系统、OA、ERP、企业门户、BIM 技术应用平台等实

现项目全过程的集成管理,为企业提供准确施工数据及决策依据。

这些 IT 技术的综合运用能产生相当大的潜力。其中,BIM 技术对绿色建造的推动和价值尤为重要。

3.信息化与绿色施工的关系

绿色施工的总体原则:一是要进行总体方案优化,在规划、设计阶段充分考虑绿色施工的总体要求,提供基础条件;二是对施工策划,在材料采购、现场施工、工程验收等各阶段加强控制,加强整改施工过程的管理和监督,确保达到"四节一环保"要求。

综合对比绿色施工原则及工程信息化的对比可知,两者共通点即节约;通过信息化技术的运用,促进项目管理向集约化、可控化发展,实现节能、节材、节地、环保、高效的施工管理。

调查研究表明:建筑业由于其产品不标准、复杂程度高、数据量大、项目团队临时组建,使各条线获取管理所需数据困难,使得建筑产品生产过程管理粗放,使得窝工、货物多进退场、设备迟到早到等引起项目上消耗的情况很多,信息技术为改变这种状况能起到巨大的作用。

12.4.3　合理选择信息技术应用工具

项目信息化即应用信息技术工具和软件解决施工、管理过程中所遇到的问题,提前发现,尽早处理,超前管控。信息技术工具有传统的单项到整体工程、由简单功能到系统集成、由单机应用到互联网共享互动的多层次的高速发展、更新,因此针对绿色施工的管理要求,如何正确选择合适的工具软件尤为重要。

(1)明确绿色施工目标,分析管理目标重难点、分解目标要求、细化管理流程,制定切实可行、操作性强的目标实施计划;

(2)针对项目特点,分解后的管理目标,对照实施计划,合理选择适合的信息化工具软件,促进绿色施工应用与发展;

(3)实施科学管理,各职能部门管理信息共享,建立财务、预算、进度计划跟踪、物料采购等管理平台及数据库,实时监管项目管理行为,实现精细化管理,提升行业竞争力。

12.4.4　信息化技术强有力的支撑

施工行业本身是一个动态过程,是建筑这种特殊产品的一个物化过程。在这个物化过程中要通过组织资源及各种要素来实现,施工过程中机械设备的使用量越来越多,合理地选用机械设备,改善作业条件,减轻劳动强度,实施建筑构建和配件生产工业化,施工现场装配化更是一个重要方向。

实际上,通过信息技术改造传统产业在十几年前就提出过,但现在提出来更为现实、可行,尤其以 BIM 技术在整个施工过程中的应用最为突出。诚然,BIM 为信息化施工或者网络信息化施工提供了一个很好的工具,是推进绿色施工的首选。目前,BIM 技术已被国际项目管理界公认为一项建筑业生产力革命性技术。为解决项目管理两项根本性难题即工程海量数据的创建、管理、共享和项目协同带来了很好的的技术支撑。

基于 BIM 的虚拟施工,其施工本身不消耗施工资源,却可以根据可视化效果看到并了解施工的过程和结果,可以较大程度地降低返工成本和管理成本,降低风险,增强管理者对施工过程的控制能力。

建模的过程就是虚拟施工的过程，是先试后建的过程。施工过程的顺利实施是在有效的施工方案指导下进行的，施工方案的编制主要是根据项目经理、项目总工程师及项目部的经验，施工方案的可行性一直受到业界的关注，由于建筑产品的单一性和不可重复性，施工方案具有不可重复性。一般情况下，当某个工程即将结束时，一套完整的施工方案才展现于面前。

施工进度拖延，安全、质量问题频发、返工率高，施工成本超支等已成为现有建筑工程项目的通病。在施工开始前，制定完善的施工方案是十分必要的，也是极为重要的。虚拟施工技术不仅可以检测和比较施工方案，还可以优化施工方案。

1. 建筑构件建模

首先根据建筑图纸，将整个建筑工程分解为各类构件，并通过三维构件模型，将它们的尺寸、体积、重量直接测量下来，以及采用的材料类型、型号记录下来。其次针对主要构件选择施工设备、机具，确定施工方法。通过建筑构件建模，可以帮助施工者事先研究如何在现场进行构件的施工和安装。

2. 施工现场建模

施工前，施工方案制定人员先进行详细的施工现场查勘，重点研究解决施工现场整体规划、现场进场位置、卸货区的位置、起重机械的位置及危险区域等问题，确保建筑构件在起重机械安全有效范围内作业；利用五维建模，可模拟施工过程、构件吊装路径、危险区域、车辆进出现场状况、装货卸货情况等。施工现场虚拟五维全真模型可以直观、便利地协助管理者分析现场的限制，找出潜在的问题，制定可行的施工方法，有利于提高效率，减少传统施工现场布置方法中存在漏洞的可能，及早发现施工图设计和施工方案的问题，提高施工现场的生产率和安全性。

3. 施工机械建模

施工方法通常由工程产品和施工机械的使用决定，现场的整体规划、现场空间、机械生产能力、机械安拆的方法又决定施工机械的选型。

4. 临时设施建模

临时设施是为工程施工服务的，它的布置将影响到工程施工的安全、质量和生产效率，五维全真模型虚拟临时设施对施工单位很有用，可以实现临时设施的布置及运用，还可以帮助施工单位事先准确地估算所需要的资源，评估临时设施的安全性及是否便于施工，以及发现可能存在的设计错误。

5. 施工方法可视化

5D 全真模型平台虚拟原型工程施工，对施工过程进行可视化的模拟，包括工程设计、现场环境和资源使用状况，具有更大的可预见性，将改变传统的施工计划、组织模式。施工方法的可视化使所有项目参与者在施工前就能清楚地知道所有施工内容以及自己的工作职责，能促进施工过程中的有效交流，它是目前评估施工方法、发现问题、评估施工风险简单、经济、安全的方法。

采用 BIM 进行虚拟施工，需事先确定以下信息：设计和现场施工环境的五维模型，根据构件选择施工机械及机械的运行方式，确定施工的方式和顺序，确定所需临时设施及安装位置。

6. 施工方法验证过程

BIM 技术能模拟运行整个施工过程，项目管理人员、工程技术人员和施工人员可以了解每一步施工活动。如果发现问题，工程技术人员和施工人员可以提出新的方法，并对新的方法进行模拟来验证其是否可行，即施工试误过程，它能做到在工程施工前绝大多数的施工风险和问题都能被识别，并有效地解决。

7. 项目参与者之间有效的交流工具

虚拟施工使施工变得可视化，这极大地便利了项目参与者之间的交流，特别是不具备工程专业知识的人员，可以增加项目参与各方对工程内容及完成工程保证措施的了解。施工过程的可视化，使 BIM 成为一个便于施工参与各方交流的沟通平台。通过这种可视化的模拟缩短了现场工作人员熟悉项目施工内容、方法的时间，减少了现场人员在工程施工初期犯错误的时间和成本，还可加快、加深对工程参与人员培训的速度及深度，真正做到质量、安全、进度、成本管理和控制的人人参与。

8. 工作空间可视化

BIM 还可以提供可视化的施工空间。BIM 的可视化是动态的，施工空间随着工程的进展会不断的变化，它将影响到工人的工作效率和施工安全。通过可视化模拟工作人员的施工状况，可以形象地看到施工工作面、施工机械位置的情形，并评估施工进展中这些工作空间的可用性、安全性。

9. 费用控制

BIM 模型被誉为参数化的模型，因此在建模的同时，各类的构建就被赋予了尺寸、型号、材料等约束参数、BIM 是经过可视化设计环境反复验证和修改的成果，由此导出的材料设备数据有很高的可信度，应用 BIM 模型导出的数据可以直接应用到工程预算中，为造价控制、施工决算提供了有利的依据。以往施工决算的时候都是拿着图纸在计算，有了模型以后，数据是完全自动生成，做决算、预算的准确性提高了。

10. 进度控制

施工组织是对施工活动实行科学管理的重要手段，它决定了各阶段的施工准备工作内容，协调施工过程中各施工单位、各施工工种以及各项资源之间的相互关系。BIM 可以对施工的重点或难点部分进行可见性模拟，按网络时标进行施工方案的分析和优化。对一些重要的施工环节或采用施工工艺的关键部位、施工现场平面布置等施工指导措施进行模拟和分析，以提高计划的可执行性。利用 BIM 技术结合施工组织设计进行电脑预演，以提高复杂建筑体系的可施工性。借助 BIM 对施工组织的模拟，项目管理者能非常直观地理解间隔施工过程的时间节点和关键工序情况，并清晰地把握施工过程中的难点和要点，也可以进一步对施工方案进行优化完善，以提高施工效率和施工方案的安全性。

11. 可视化图纸输出

可视化模型输出的施工图片，分发给施工人员可作为可视化的工作操作说明或技术交底，用于指导现场的施工，方便现场的施工管理人员拿图纸进行施工指导和现场管理。

12.4.5　信息技术促进绿色施工发展

传统的绿色施工技术有一些方法会增加施工成本，一次性投入较大，因此增加了推广难度，这也是绿色施工现在进展较为缓慢的原因。信息化技术第一价值是提升管理水平，提高企业项目部成本管控能力，增加利润，增加竞争力。在信息化提升管理水平的同时，很多的材料浪费、窝工消耗、进场退场等问题被大大减少，起到一举两得的作用。若政府主管部门加强这方面引导，因其在提升利润方面有很高的投资回报率，推广将较为容易，会形成很好的循环。

习　题

1. 简述装配式建筑的绿色施工优势。
2. 简述标准化技术在绿色施工内涵。
3. 简述信息化技术在绿色施工中的应用。

第 13 章　建筑垃圾处理

【知识目标】

1. 熟悉和了解建筑垃圾的组成；
2. 熟悉和了解建筑垃圾处理与资源化利用。

【能力目标】

1. 能区分建筑垃圾的种类、成分；
2. 能根据实际情况进行建筑垃圾处理。

13.1　建筑垃圾组成、分类及其危害

13.1.1　建筑垃圾的组成

建筑废弃物的成分和含量随着建筑结构的类型、建筑物的用途、建筑物所在的地理位置、施工技术以及所采用的材料等的不同而存在一定的差异。如表 13-1 所示，各国和地区的建筑废弃物成分有较大的不同，如香港地区包括了渣土，欧盟各国则包括了绝缘材料等。但是也有一些共同之处，如大部分国家和地区的建筑废弃物中，惰性部分如混凝土、砖、碎石、陶瓷、玻璃等占的比例较大（在美国住宅建设所产生的建筑废弃物中废木材则占了很大的比例，这主要是由于美国的住宅普遍是木结构的单栋房屋），并且拆除建筑所产生的惰性成分比新建建筑产生的要多。我国的资料还显示了建筑结构形式对建筑废弃物各成分比例的影响，如砖混结构所产生的碎砖块比框架结构和框剪结构明显要多。

表 13-1　各国或地区建筑废弃物的主要组成成分及比例

废料组成	中国			香港		美国		欧盟
	砖混	框架	框剪	新建	拆除	住宅	商业	
混凝土	8%～15%	15%～30%	15%～35%	18.42%	54.21%	17.3%	39.6%	76.28%
碎砖块	30%～50%	15%～30%	10%～20%	5.00%	6.33%			
瓷砖	—	—	—	—	—	—	—	
砂石	—	—	—	25.57%	13.22%	—	—	
砂浆	8%～15%	10%～20%	10%～20%	—	—	—	—	

废料组成	中国			香港		美国		欧盟
	砖混	框架	框剪	新建	拆除	住宅	商业	
桩头	—	8%~15%	8%~20%	—	—	—	—	
渣土	—	—	—	30.55%	11.91%	—	—	
金属	1%~5%	2%~8%	2%~8%	4.36%	3.41%	1.6%	8.8%	1.09%
木材	1%~5%	1%~5%	1%~5%	10.83%	7.46%	44.3%	18.8%	2.67%
包装材料	5%~15%	5%~20%	10%~20%	—	—	4.5%	7.5%	
屋面材料	2%~5%	2%~5%	2%~5%	—	—	5.6%	9.6%	
塑料	—	—	—	1.13%	0.61%	0.90%	0.50%	0.32%
玻璃	—	—	—	0.56%	0.2%	—	—	0.13%
沥青	—	—	—	0.13%	1.61%	0.0%	0.6%	
板墙	—	—	—	—	—	16.3%	6.6%	
绝缘材料	—	—	—	—	—	—	—	2.10%
其他	10%~20%	10%~20%	10%~20%	3.44%	1.41%	9.6%	8.1%	17.42%

建筑废弃物的成分和含量在建筑物寿命周期的不同阶段也存在一定的差异性。按照产生的阶段主要分为新建施工废弃物、报废拆除废弃物和装饰装修废弃物。

13.1.2 建筑施工废弃物的组成

建筑施工废弃物产生量与施工管理人员的管理水平、房屋的结构形式及特点、施工技术等多方面因素有关,并牵涉到业主、设计、承包商等各方面。总的来说包括了渣土、桩头、碎砌块、砂浆、混凝土、木材、包装材料、钢材等材料。表 13 - 2 列出了建筑施工阶段各废弃材料所占的比例。由表 13 - 2 可知建筑施工废弃物主要由碎砖、混凝土、砂浆、桩头、包装材料等组成,约占建筑施工废弃物总量的 80%。对不同结构形式的建筑工地,废弃物组成比例略有不同。经调查表明,施工废弃物的产生量为整个建筑材料购买量的 5%~15%。施工建筑废弃物的组成具有较高的可变性,取决于建筑施工的技术。

13.1.3 拆除建筑废弃物的组成

拆除各种建筑物而产生的建筑废弃物其组成基本相似,主要是各种碎砖块(混有砂浆)、混凝土块、废旧木料(主要是门窗)、房瓦、废金属(如钢筋、铝合金等)及少量装饰装修材料(如陶瓷片、玻玻璃片)。拆除建筑废弃物通常是由相当高成分的惰性物质组成,如砖、砂、混凝土、金属、木料,而废纸、玻璃、塑料、其他混合物质等只占较小的部分(见表 13 - 2)。由于拆除建筑的结构形式和拆除技术的不同,拆除废弃物的组成和特征也会相应发生变化。

表 13 - 2 建筑废弃物的组成

废弃物成分	废弃物组成比例/%	
	拆除建筑废弃物	建筑施工废弃物
沥青	1.61	0.13
混凝土	54.21	18.42
渣土	11.91	30.56
石块、碎石	11.78	23.87
竹子、木料	7.46	10.83
砖	6.33	5.00
玻璃	0.20	0.56
塑料管	0.61	1.13
砂	1.44	1.70
金属	3.41	4.36
其他杂物	0.95	1.17
其他有机物	1.3	3.05
合计	100.00	100.00

13.1.4 装饰装修废弃物的组成

装饰装修废弃物具有特殊性，突出表现在组分的复杂性。随着人民生活水平的提高，装修档次逐年提高，材料品种多样，组分相应复杂，其中含有一定量的有毒有害成分，如胶黏剂、灯管、废油漆和涂料及其包装物、壁纸、人造板材以及一些人工合成化学品等，建筑装饰装修废弃物大致可以分为：可回收物，包括天然木材、纸类包装物、少量砖石、混凝土、碎块、钢材、玻璃、塑料等；不可回收物，包括胶黏剂、胶合木材、废油漆和涂料及其包装物等。

13.1.5 建筑垃圾的分类

1. 国际分类

根据生成建筑废弃物的建筑活动的性质，国际上通常将其分为五类，即交通工程废弃物、挖掘工程废弃物、拆卸工程废弃物、清理工程废弃物和扩建翻新工程废弃物。按照废弃物可再生性和可利用价值分通常将其分为可直接利用的材料、可作为材料再生或可以用于热回收的材料、没有利用价值的废弃物等三类。

2. 我国的分类

我国建设部颁布的《城市废弃物产生源分类及废弃物排放》(CJ/T 3033—1996)将城市废弃物按其产生源分为九大类，这些产生源包括居民废弃物产生场所、清扫废弃物产生场所、商业单位、行政事业单位、医疗卫生单位、交通运输废弃物产生场所、建筑装修场所、工业企业单位和其他废弃物产生场所。而建筑废弃物按照来源进行分类，可分为土地开挖、道路开挖、旧建筑物拆除、建筑施工和建材生产废弃物五类。

1）土地开挖废弃物

分为表层土和深层土。前者可用于种植，后者可用于回填、造景等。

2）道路开挖废弃物

分为混凝土道路开挖和沥青道理开挖。包括废混凝土块、沥青混凝土块。

3）旧建筑物拆除废弃物

主要分为砖和石头、混凝土、木材、塑料、石膏和灰浆、屋面废料、钢铁和非铁金属等几类，数量巨大。

4）建筑施工废弃物

分为剩余混凝土、建筑碎料等。剩余混凝土是指工程中没有使用掉而多余出来的混凝土，也包括由于某种原因（如天气变化）而暂停施工而未及时使用的混凝土。建筑碎料包括凿除、抹灰等产生的旧混凝土、砂浆等矿物材料，以及木材、纸、金属和其他废料等类型。

5）建材生产废弃物

主要是指为生产各种建筑材料所产生的废料、废渣，也包括建材成品在加工和搬运过程中所产生的碎块、碎片等。如在生产混凝土过程中难免会产生多余的混凝土以及因质量问题不能使用的废弃混凝土，长期以来一直是困扰着商品混凝土厂家的棘手问题。经测算，平均每生产 100 m^3 的混凝土，将产生 1~1.5 m^3 的废弃混凝土。

为了保证建筑废弃物的无害化处理及提高建筑废弃物的处置效率，又可将建筑废弃物按其化学性质分为惰性组分和非惰性组分，如图 13-1 示。

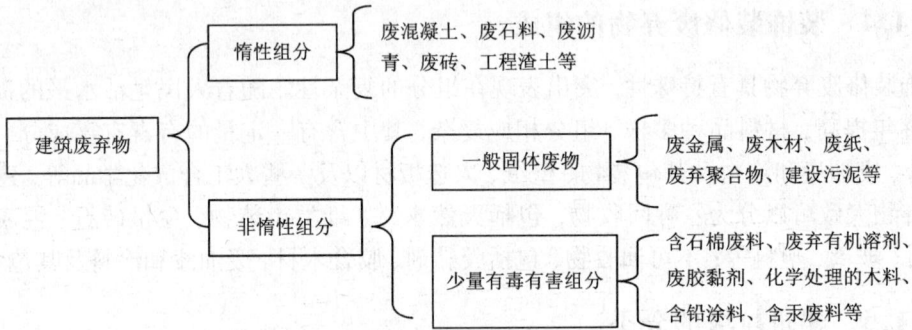

图 13-1　建筑废弃物按化学性质分类图

建筑废弃物曾经一度被认为是惰性无害的，因此常常把它和城市固体废弃物混合在一起。但是现在经过研究，逐渐认识到建筑废弃物产生的沥出物和其他有毒物质对人和环境也是有害的，建筑废弃物的正确处理也渐渐得到重视。一般情况下，建筑废弃物有超过 80% 的惰性物质，如碎石、混凝土、材料残片等，如果惰性建筑废弃物未被活性或非惰性废弃物污染，则其中一部分惰性建筑废弃物可直接用作回填材料，或经过一定程度的资源化技术处理之后进行再生利用。从这点来看，建筑废弃物的有效分类处理对环境和资源再生利用具有重要的意义。

13.1.6　建筑垃圾的危害

1. 建筑垃圾的特性

建筑废弃物与其他固体废物相似,具有鲜明的时间性、空间性和持久危害性。

1) 时间性

任何建筑物都有一定的使用年限,随着时间的推移,所有建筑物最终都会变成建筑废弃物。另一方面,所谓"废弃物"仅仅相对于当时的科技水平和经济条件而言,随着时间的推移和科学技术的进步,除少量有毒有害成分外,所有的建筑废弃物都可能转化为有用资源。例如,废混凝土块可作为生产再生混凝土的骨料,废屋面沥青料可回收用于沥青道路的铺筑,废竹木可作为燃料回收能量。

2) 空间性

从空间角度看,某一种建筑废弃物不能作为建筑材料直接利用,但可以作为生产其他建筑材料的原料而被利用。例如,废木料可用于生产勃土－木料－水泥复合材料的原料,生产出一种具有质量轻、导热系数小等优点的绝热勃土－木料－水泥混凝土材料。又如,沥青屋面废料可回收作为热拌沥青路面的材料。

3) 持久危害性

建筑废弃物主要为渣土、碎石块、废砂浆、砖瓦碎块、沥青块、废塑料、废金属料、废竹木等的混合物,如不做任何处理直接运往建筑废弃物堆场堆放,堆放场的建筑废弃物一般需要经过数十年才可趋于稳定。在此期间,挥发出的有机酸、重金属离子等,将会污染周边的地下水、地表水、土壤和空气,受污染的地域还可扩大至存放地之外的其他地方。而且,即使建筑废弃物已达到稳定化程度,堆放场不再有有害气体释放,渗滤水不再污染环境,大量的无机物仍然会停留在堆放处,占用大量土地,并继续导致持久的环境影响。

2. 建筑废弃物的危害

建筑废弃物具有数量大、组成成分种类多、性质复杂等特点,建筑废弃物污染环境的途径多、污染形势复杂。建筑废弃物可直接或间接污染环境,一旦建筑废弃物造成环境污染或潜在的污染变为现实,消除这些污染往往需要比较复杂的技术和大量的资金投入,耗费较大的代价进行治理,并且很难使被污染破坏的环境复原。

建筑废弃物对环境的危害主要表现在以下几个方面:侵占土地,污染水体、大气和土壤,影响市容和环境卫生等。

1) 侵占土地

目前我国绝大部分建筑废弃物未经处理而直接运往郊外堆放,据估计,每堆放 10000 t 建筑废弃物约需占用 670 m^2 的土地。我国许多城市的近郊处常常是建筑废弃物的堆放场所,建筑废弃物的堆放占用了大量的生产用地,从而进一步加剧了我国人多地少的矛盾。随着我国经济的发展、城市建设规模的扩大以及人们居住条件的提高,建筑废弃物的产生量会越来越大,如不及时有效的处理和利用,建筑废弃物侵占土地的问题会变得更加严重。

2) 污染水体

建筑废弃物在堆放场经雨水浸透淋湿后,由于废砂浆和混凝土块中含有大量的水合硅酸钙和氢氧化钙,废石膏中含有大量硫酸根离子,废金属料中含有的大量重金属离子溶出,同时废纸板和废木材自身厌氧降解产生木质素和单宁酸并分解生成有机酸,堆放场的建筑废弃物产生的渗滤水一般为强碱性并且含有大量的重金属离子、硫化氢以及一定量的有机物。如不加控制让其流入江河、湖泊或渗入地下，就会导致地表和地下水的污染。水体被污染后会直接影响和危害水生生物的生存和水资源的利用。

3）污染大气

建筑废弃物废石膏中含有大量的硫酸根离子，硫酸根离子在厌氧条件下会转化为具有臭鸡蛋味的硫化氢，废纸板和废木材在厌氧条件下可溶出木质素和单宁酸并分解生成挥发性有机酸，这些有害气体排放到空气中就会污染大气。

4）污染土壤

建筑废弃物及其渗滤水所含有的有害物质对土壤会产生污染，其对土壤的污染包括改变土壤的物理结构和化学性质，影响植物营养吸收和生长；影响土壤中微生物的活动，破坏土壤内部的生态平衡；有害物质在土壤中发生积累，致使土壤中有害物质超标，妨碍植物生长，严重时甚至导致植物死亡等。

5）影响市容和环境卫生

目前我国建筑废弃物的综合利用率很低，许多地区建筑废弃物未经任何处理，便被施工单位运往郊外或乡村，采用露天堆放或简易填埋的方式进行处理，而且建筑废弃物运输大多采用非封闭式运输车，不可避免地引起运输过程中废弃物遗撒、粉尘和灰砂飞扬等问题，严重影响了城市的容貌和景观。

13.2　建筑垃圾处理与资源化利用

13.2.1　国外建筑垃圾综合利用

建筑垃圾中的许多废弃物经过分拣、剔除或粉碎后，大多可作为再生资源重新利用。综合利用建筑垃圾是节约资源、保护生态的有效途径。在这方面，日本、美国、德国等发达国家进行得比较早，给我们提供了许多先进的经验和处理方法。

通常，建筑材料，如石块，其原料价格要比再循环的材料价廉。由于国土面积小，资源相对匮乏，日本的构造原料价格要比欧洲高。因此，日本人将建筑垃圾视为"建筑副产品"，十分重视将其作为可再生资源而重新开发利用。比如港埠设施，以及其他改造工程的基础设施配件可以利用再循环的石料，代替相当量的自然采石场砾石材料[2]。

1977 年日本政府制定了《再生骨料和再生混凝土使用规范》，并相继在各地建立了以处理混凝土废弃物为主的再生加工厂，生产再生水泥和再生骨料，生产规模最大的加工生产速度达 100 t/h。1991 年日本政府又制定了《资源重新利用促进法》，规定建筑施工过程中产生的渣土、混凝土块、沥青混凝土块、木材、金属等建筑垃圾，必须送往"再资源化设施"进行处理。日本对于建筑垃圾的主导方针是：尽可能不从施工现场排出建筑垃圾，建筑垃圾要尽可能重新利用，对于重新利用有困难的则应适当予以处理[3]。

美国政府则制定了《超级基金法》，规定："任何生产有工业废弃物的企业，必须自行妥善处理，不得擅自随意倾卸。"从而在源头上限制了建筑垃圾的产生量，促使各企业自觉地寻求建筑垃圾资源化利用途径。美国住宅营造商协会正在推广一种"资源保护屋"，其墙壁是用回收的轮胎和铝合金废料建成的，屋架所用的大部分钢料是从建筑工地上回收来的，所用的板材是锯末和碎木料加上 20% 的聚乙烯制成,屋面的主要原料是旧的报纸和纸板箱。这种住宅不仅积极利用了废弃的金属、木料、纸板,而且比较好地解决了住房紧张和环境保护之间的矛盾[4]。

此外,美国的 CYCLEAN 公司采用微波技术,可以 100% 回收利用再生旧沥青路面料,其质量与新拌沥青路面料相同,而成本可降低 1/3,同时节约了垃圾清运和处理等费用,大大减轻了城市的环境污染;对已经过预处理的建筑垃圾,则运往"再资源化处理中心",采用焚烧法进行集中处理。

法国 CSTB 公司是欧洲首屈一指的"废物及建筑业"集团,专门统筹在欧洲的"废物及建筑业"业务。公司提出的废物管理整体方案有两大目标:一是通过对新设计建筑产品的环保特性进行研究,从源头控制工地废物的产量;二是在施工、改善及清拆工程中,通过对工地废物的生产及收集做出预测评估,以确定有关的回收应用程序,从而提升废物管理的层次。该公司以强大的数据库为基础,使用软件工具对建筑垃圾进行从产生到处理的全过程分析控制,以协助在建筑物使用寿命期内的不同阶段做出决策。例如可评估建筑产品的整体环保;可依据有关执行过程、维修类别以及不同的建筑物清拆类型,对减少某种产品所产生的废物量进行评估;可向顾问人员、总承建商以及承包机构(客户),就某一产品或产品系列对环保及健康的影响提供相关的概览资料;可以对废物管理所需的程序及物料做出预测;可根据废物的最终用途或质量制定运输方案;就任何使用"再造"原料的新工艺,在技术、经济及环境方面的可行性做出评核,而且可估计产品的性能。

在荷兰,建筑业每年产生的废物大约为 1.4×10^7 t,大多数是拆毁和改造旧建筑物的产物(石块、金属、塑料和木材的杂乱物)。目前,已有 70% 的建筑废物可以被再循环利用,但是荷兰政府希望将这个百分比增加到 90%。因此,荷兰政府制定了一系列法律,建立限制废物的倾卸处理、强制再循环运行的质量控制制度。荷兰建筑废物循环再利用的重要副产品是筛砂,每天的产量大约为 1×10^6 t。砂很容易被污染,其再利用是有限制的。为此荷兰采用了砂再循环网络,由拣分公司负责有效筛砂:依照它的污染水平分类,储存干净的砂,清理被污染的砂[5]。

德国将建筑垃圾分成土地开挖、碎旧建筑材料、道路开挖和建筑施工工地垃圾,1987—1995 年各类建筑垃圾的再利用情况见表 13 – 3。德国联邦环境基金会总部的建筑就是用了旧混凝土集料。德国西门子公司开发的干馏燃烧垃圾处理工艺,可将垃圾中的各种可再生材料十分干净地分离出来,再回收利用,对于处理过程中产生的燃气则用于发电,垃圾经干馏燃烧处理后有害重金属物质仅剩下 2 ~ 3 kg/t,有效地解决了垃圾占用大片耕地的问题。

表 13 – 3　德国 1987—1995 年各类建筑垃圾的再生利用率(%)

垃圾类别	1987 年	1989 年	1991 年	1993 年	1995 年
碎旧建筑材料	20	17	39	62	60
建筑工地垃圾①	0	0	0	27	40
道路开挖垃圾	69	55	83	87	90

①碎旧建筑材料主要用作道路路基、造垃圾填埋场、人造风景和种植等。

总之，这些国家大多施行的是"建筑垃圾源头削减策略"，即在建筑垃圾形成之前，就通过科学管理和有效的控制措施将其减量化。对于产生的建筑垃圾则采用科学手段，使其具有再生资源的功能。

13.2.2 国内建筑垃圾综合利用现状

长期以来，我国的建筑垃圾再利用没有引起很大重视，通常是未经任何处理就被运到郊外或农村，采用露天堆放或填埋的方式进行处理。随着我国城镇建设的蓬勃发展，建筑垃圾的产生量也与日俱增。目前，我国每年的建筑垃圾数量已在城市垃圾总量中占有很大比例，成为废物管理难题。上海、北京等城市的一些建筑公司在对建筑垃圾的回收利用方面做了一些尝试。

1990 年 7 月，上海市第二建筑工程公司在市中心的"华亭"和"霍兰"两项工程的 7 幢高层建筑施工过程中，将结构施工阶段产生的建筑垃圾，经分拣、剔除并将有用的废渣碎块粉碎后，与标准砂按 1:1 的比例拌合作为细骨料，用于抹灰砂浆和砌筑砂浆。共计回收利用建筑废渣 480 t，节约砂子材料费 1.44 万元和垃圾清运费 3360 元，扣除粉碎设备等购置费，净收益 1.24 余万元。1992 年 6 月，北京城建集团一公司先后在 9 万 m² 不同结构类型的多层和高、层建筑的施工过程中，回收利用各种建筑废渣 840 多吨，用于砌筑砂浆、内墙和顶棚抹灰、细石混凝土楼地面和混凝土垫层，使用面积达 3 万多平方米，节约资金 3.5 万余元。

最近，河北工专新兴科技服务总公司开发成功一种"用建筑垃圾夯扩超短异型桩施工技术"，在综合利用建筑垃圾方面有了突破性进展。该项技术是采用旧房改造、拆迁过程中产生的碎砖瓦、废钢渣、碎石等建筑垃圾为填料，经重锤夯扩形成扩大头的钢筋混凝土短桩，并采用了配套的减隔振技术，具有扩大桩端面积和挤密地基的作用。单桩竖向承载力设计值可达 500 ~ 700 kN。经测算，该项技术较其他常用技术可节约基础投资 20% 左右。

习 题

1. 简述建筑垃圾的组成成分。
2. 简述国内建筑垃圾综合利用现状。

第 14 章 绿色施工案例

【知识目标】

1. 熟悉和了解越秀金融大厦项目的绿色施工案例;
2. 熟悉和了解招商局光明科技园二期建设工程项目的绿色施工案例。

【能力目标】

1. 会分析绿色建筑施工的影响要素;
2. 能参与建筑工程项目的绿色施工编写方案。

14.1 越秀金融大厦工程

14.1.1 工程简介

越秀金融大厦项目位于广州新城市中轴线——珠江新城 CBD 核心商务区之上,珠江东路 28 号,项目总投资约 23 亿元,其中土建施工总造价约 9.7 亿元,该项目用地面积 10837 m^2,总建筑面积约 210477 m^2。项目自 2011 年 1 月 28 日开工建设,并于 2015 年 8 月 27 日通过竣工验收。竣工备案时间为 2015 年 9 月 29 日。

1. 建筑概述

本项目建筑形体修长,形成简洁、高雅、线条清晰、具有精致几何选型的建筑主体,建筑正立面逆时针偏转约30°,使写字楼的南向景观面最大化,并顺应城市肌理,与广州新中轴形成良好的对应关系(见图 14 – 1)。其功能定位为顶级纯商务写字楼、特别针对全球领先企业及机构的区域总部,形象定位为智能写字楼,建成后将成为广州市的标志性建筑之一。

结构体系:带加强层框架核心筒 + 巨型斜撑框架结构体系。内筒为钢筋混凝土核心筒,外框筒由 20 根钢管柱和东、西两侧的巨型斜撑组成网格体系。

本项目包括地下 4 层及地上 68 层,总建筑高度 309.4 m。地下室建筑面积约 33100 m^2,主要为车库用房和设备用房。塔楼和裙楼的地上建筑面积约 177377 m^2,首层和 2 层为 16 m 挑高大堂,3 层、4 层为商业会议室,除 15 层、16 层、33 层、34 层、51 层和 52 层为设备房外,5 层至 68 层为办公用房,避难区设于 15 层、33 层和 51 层;屋顶设有空中花园和直升机停机坪。图 14 – 2 为本项目功能分区图。

塔楼立面采用低辐射 LOW – E 中空玻璃幕墙,幕墙面积约 75000 m^2,具有低碳环保、保温、隔热、隔音的特点,有助于形成优良的室内空间环境,配合 VAV 空调系统,能有效隔绝 PM2.5 及其他有害物质。

图 14 - 1 越秀金融大厦项目效果图

图 14 - 2 项目功能分区图

2. 结构概述

本项目塔楼部分采用大直径混凝土灌注桩，塔楼区域地下室底板厚度为 2.0 m，部分区域厚达 7.8 m，其他区域厚度为 1.0 m。地上部分采用带加强层框架核心筒加巨型斜撑框架结构，内筒为钢筋混凝土核心筒，外框筒由 20 根钢管混凝土柱和东、西两侧的巨型斜撑组成网格体系。图 14 - 3 为结构模型图。

3. 机电设备及智能化概述

1) 空调系统

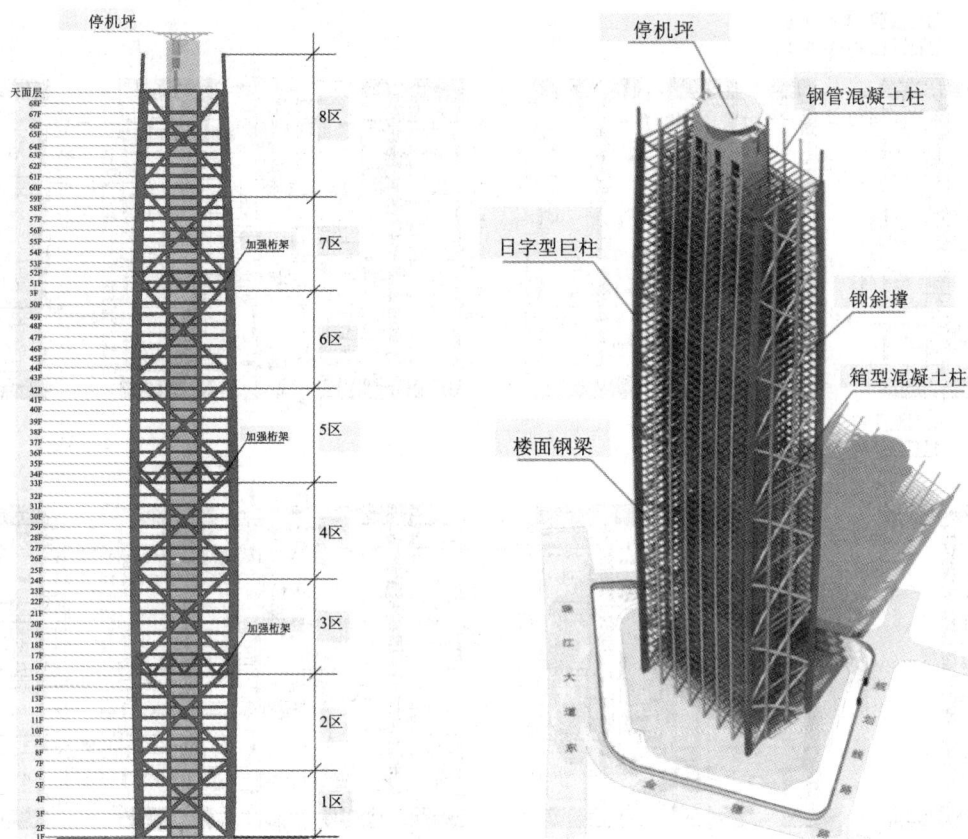

图 14 - 3 结构模型图

本项目采用 VAV 空调系统，每层办公层均设置两台空调机组，安装于核心筒机房内，每层约 70 套 VAV 箱（平均约 30 m^2/个，其他写字楼平均 40 m^2/个），这将更有利于监测室内各区域实际温度情况并及时智能做出最合理的调整，以满足室内人员对舒适性的要求。

本项目采用多种技术致力于打造节能环保的写字楼：采用高效能效比的制冷机组、竖向空调冷冻水系统采用异程式、新风采用集中处理和热回收设计、过渡季节可提供外气空调模式、空调冷凝水回收利用、VAV 变风量设计、通过 CO_2 浓度传感器控制新风量、光催化空气净化技术有效分解室内化学气体和细菌等、新风量达 40 m^3/(h·人)〔其他写字楼为 30 m^3/(h·人)〕、PM2.5 颗粒去除率达 99.9% 等保证室内空气质量及舒适度。

2）电梯工程

本项目共设置 49 台电梯（见图 14 - 4），其中垂直电梯 44 台，手扶电梯 5 台，有相当部分电梯具有大载荷、高速度、提升高度高和层站多等特点。其中 1 台手扶电梯分布在大楼 35 ~ 36 层中，垂直电梯 4 台通井道，8 台为一群组，其中还涵括了 4 台 8.0 m/s，2250 kg/2250 kg 的双层轿厢电梯。

各电梯运行平稳、平层准确，机房设置合理，并采用先进的派梯系统，确保上下班最长候梯时间不超过 30 s，能快速提升办公效率。

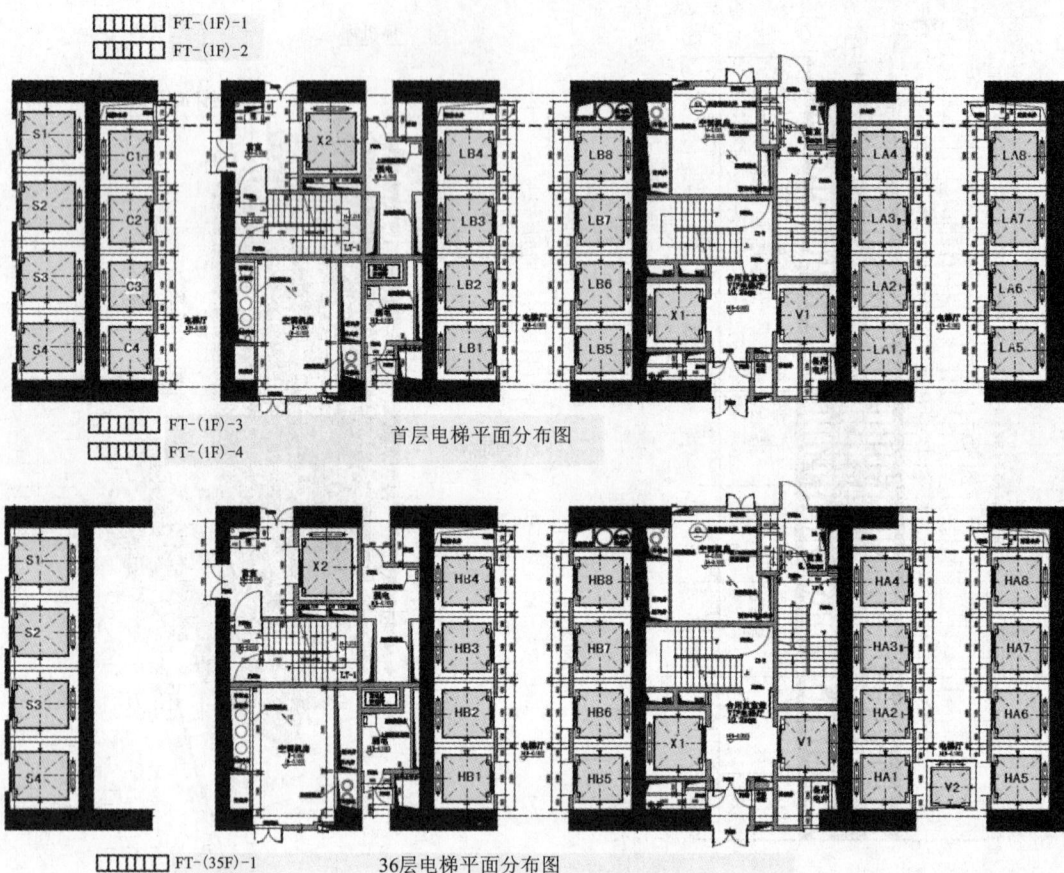

图 14-4 电梯平面分布图

3）消防系统

本工程消防系统庞大，子系统众多，功能完备、齐全、先进；系统按火灾报警系统特级保护对象设计，除卫生间外，均设火灾自动报警探测器，系统采用控制中心报警系统方式。

首层南大堂采用了智能型自动扫描射水高空水炮灭火装置。

地下室和设备层所有的高低压配电房、变压器房、发电机房等均设置 2S 型气溶胶灭火系统。另外，地下室有 11 个防火分区设置自动喷水 - 泡沫联用灭火系统。

控制中心设于地下一层消防、安防控制室内（与安防系统共用控制室），内置火灾自动报警控制、消防联动控制装置、彩色图形显示装置、消防专用电话总机、火灾应急广播控制盘、电气火灾报警系统控制装置、光纤测温报警系统控制装置、大空间水炮灭火装置、智能应急疏散照明控制装置等，负责整个建筑内的火灾报警信号、消防设备的集中监控和消防指挥及与其他系统的联系。火灾自动报警系统具有与集成管理系统（BMS）的通信接口（OPC 接口），预留与城市消防系统联网的网络接口，并提供开放的通信协议。

4）外立面泛光系统

超 300 m 的楼体全规模外立面泛光系统，巧妙利用楼体自身的多维层级与空间感，在夜空星光及周围建筑灯光的映衬下，幻化出动态绚丽元素，色彩明快灿烂，呈现出丰富的灯光作品，在 2015 年广州国际灯光节中获得最佳楼体展示奖。

5）电力系统

本项目采用 10 kV 高压进线，多个变压器互为备用，低压配电系统采用三相五线制，工作电压 380/220 V，办公楼层配电按 80 W/m² 设置，标准层公共用电在楼层设置分项计量；每层按两个出租单元设置分户计量配电箱。采用三路（两用一备）供电的多重保护，同时自备 3 台 1460 kW 发电机，共 4380 kW（一台为租户专用应急发电机，两台为重要负荷的应急电源），并为尊贵的特殊客户预留独立备用发电机房。

6）安保、门禁系统

本项目配置先进安防管理系统，由专业安防人员实施 24 h 无间断式安全管理；全方位覆盖公共区域的数字监控和门禁系统，重点设施设置防盗报警系统，保障大厦安全运行。

首层电梯厅通道闸机净空达 600 mm，另设有贵宾通道闸机净空达 750 mm 以及无障碍通道，使客户能顺畅安全进出。

7）网络、通信系统

本项目固定通信系统由专业信息管理公司提供统一综合布线服务，租户可自由选择通信服务商，实现资讯的高速传输。

中国电信、中国移动、中国联通三家运营商独立提供服务，租户可以自由选择供应商。4G 网络无线全覆盖、光纤网络入户，实现资讯的高速传输，同时配置卫星电视系统，财经资讯及时掌握。

8）智能化系统

越秀金融大厦不遗余力地营造人性化的办公环境，智能化系统工程范围涵盖消防逃生、停车场管理、照明控制等超过 22 个子系统，满足租户对人性化服务和商务功能的双重需求。

（1）智能消防逃生系统：疏散指示标志灯应用于智能应急疏散指示控制系统，可根据火灾的具体部位指示制定最佳疏散路径。主塔楼采用分布式光纤感温系统及漏电火灾报警系统，通过计算机模拟合理设置避难层，保证安全疏散。大厦选用的各种机电管线均采用低烟无卤材料，减少火灾时烟气产生；合理确定排烟口的分布，达到烟火控制。楼顶水池储水 600 m³，即使在供电中断、设备损坏的情况下仍可采用重力流灭火。

（2）智能停车场管理系统：869 个停车位，其中机械停车位 49 个，环保优先停车位 33 个，合作车位 44 个、残疾人车位 1 个。自行车库约 800 m²。配置智能识别车牌系统、远距离微波读卡系统等。

（3）智能照明控制系统：地下室、消防楼梯以及楼层电梯厅、走廊等利用集成控制灯光场景效果，自动调整照明系统的明亮程度，有效节约能源。气象感应（风、光、雨）智能控制电动百叶及电动窗帘系统。

4. 幕墙系统概述

建筑物总高度达 309.4 m（玻璃幕墙顶端），幕墙标准层高 4200 mm，南北面标准分格宽 1500 mm，东西面标准分格宽 1260 mm，幕墙面积约 75000 m²。本工程的幕墙系统主要有单元式明框幕墙、单元式双层幕墙、单元式铝板幕墙、单索点式幕墙等形式。标准幕墙单元采用双银镀膜 LOW－E 夹胶中空（充氩气）超白玻璃（共有三片玻璃）、隔音胶条、加厚窗台铝板（4 mm），将室外噪声几近消除。双层幕墙外侧为超白夹胶玻璃，内侧双银镀膜 LOW－E 中空(充氩气)超白玻璃透光又隔热，致力体现节能环保理念。在幕墙上多处设置自然通风器及遮阳体系，提供充沛的阳光，同时有效减少空调等能源消耗。

14.1.2　施工重点与难点

1. 施工重点

1) 施工质量要求高

质量要求为确保中国建设工程鲁班奖(国家优质工程)。

2) 建筑造型新颖，幕墙设计新颖，形式多样

幕墙造型简洁而富于变化，以"折纸"型的创新外形设计摆脱了传统写字楼方盒子的呆板形象。整栋建筑物的幕墙系统由单层单元式玻璃幕墙、双层单元式玻璃幕墙("呼吸"幕墙)、拉索式玻璃幕墙、三角形不锈钢幕墙、雨篷和天面格栅等多个系统组成。

3) 超高、体量大

本工程主体结构采用带加强层框架核心筒＋巨型斜撑框架结构体系，建筑高度 309.4 m，总建筑面积约 210477 m^2，材料用量大，其中，钢筋约 14256 t，钢材约 24352 t，商品混凝土约 92230 m^3。

4) 结构复杂、施工难度大

结构形式复杂多变，地下室主要是混凝土结构和钢管混凝土柱，地上为带加强层框架核心筒＋巨型斜撑框架结构，建筑两侧设巨型钢管混凝土柱支撑，核心筒竖向截面变化多，核心筒剪力墙由首层开始，在 18 层、36 层、54 层和天面层处分级收缩。为满足施工需要，项目安装了 2 台 FAVELLE FAVCO(法福克)公司生产的 M900D 内爬式动臂塔吊。

5) 工期紧短、质量要求高

项目总工期为 1278 日历天，质量目标定为"确保获取鲁班奖"。

6) 施工条件困难

项目地处珠江新城 CBD 核心区，工程施工场地狭小，各种材料堆放场地少、施工场地运输道路欠缺。

7) 总承包管理与协调繁多

施工工序繁多，涉及土建、钢构、棚队、吊装机械、监测和检测等多个专业队伍的穿插作业。总承包自行施工与专业分包队伍多；各分项工程相互搭接，相互交叉，协调难度很大。

2. 施工难点

(1) 工程基坑最大开挖深度为 18.0 m，基坑临近广州银行大厦和维家思广场，采用旋挖桩＋预应力锚索的支护形式。

(2) 大直径灌注桩总数为 38 条，其中最大桩径为 2.2 m，扩大头直径 3.2 m，桩端持力层为微风化岩层，单桩承载力设计值为 45000 ~ 150000 kN。

(3) 塔楼区域地下室底板厚度为 2.0 m，部分区域厚达 7.8 m，其他区域为 1.0 m。

(4) 18 层以下钢管混凝土柱采用 C80 高性能混凝土。

(5) 工程混凝土输送高度达 307.4 m。

(6) 钢结构安装量为 28000 t，最大吊装重量为 45.2 t。

(7) 本工程东西两侧由 4 根大截面复合钢管混凝土柱，由外部的 1.8 m×3.0 m"日"字型柱＋内部的 2 根 ϕ800 钢管柱组成。

（8）外框沿南北两侧高度方向布置有 3 道加强层桁架，桁架采用上下弦及中间斜腹杆组成，其截面形式为口 600 mm×300 mm×35 mm×20 mm、口 800 mm×300 m×35 m×20 m、H300×300 m×20 m×45 m 等 3 种截面形式。

（9）本项目有多台设备机组需从地面分别吊装至 64.8 m、140.40 m、216.0 m 和 295.40 m 的机房内，属于大型空调设备超高吊装，其中最大尺寸为长 4324 mm，宽 2108 mm，高 2678 mm，运输重量 10350 kg。

（10）地上施工阶段采用两台大型塔吊 M900D 辅助施工。M900D 塔吊设置于核心筒内，需经历 17 次爬升，爬升量大。

14.1.3　绿色施工技术

14.1.3.1　概述

随着国内经济的发展，国内建筑业也实现了重大发展。同时也带来了资源紧缺、环境污染等严重影响到人们生活健康的问题。在此过程中，建筑业也意识到现存问题的严重性，新的建筑概念也应运而生。实现建筑业低碳、环保、节能、降耗势在必行，走绿色施工之路也是施工企业发展的必然要求。

本工程从设计之初便以获得"绿色建筑三星级"和"LEED2009 CS 金级"为目标，施工中综合应用了多项绿色施工技术，为项目的建设奠定了坚实的基础。

14.1.3.2　实施运行与措施

1. 环境保护措施

1）绿色施工公示牌

施工现场设置工程概况牌、施工现场管理人员组织机构牌、入场须知牌、安全警示牌、安全生产牌、文明施工牌、消防保卫制度牌、施工现场总平面图、消防平面布置图等，施工现场部分标牌见图 14 - 5。另外，现场施工标牌设有环保内容，对施工人员进行绿色建筑和绿色施工宣传，并在现场关键部位设置监控探头，确保项目动态化管理。

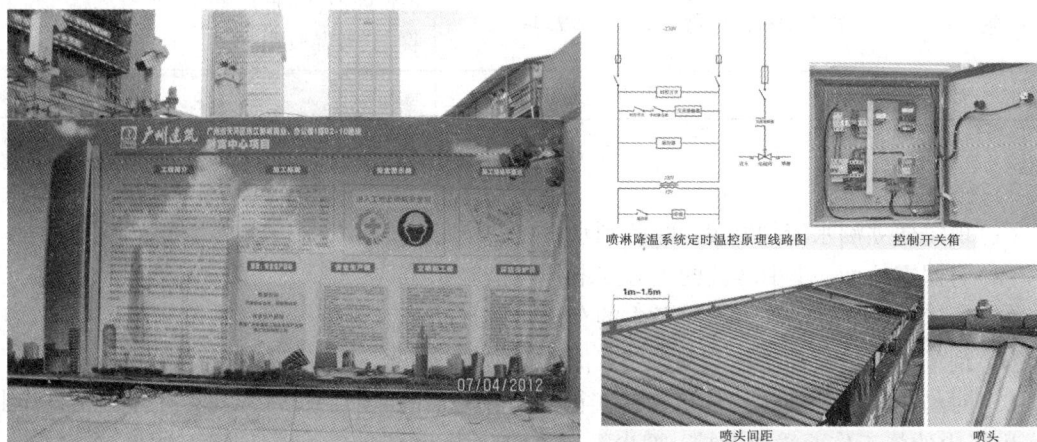

（a）施工现场标牌示意　　　　　　　（b）板房喷淋系统

图 14 - 5　施工现场部分标牌示意图

设置专人或设备定时定点在施工区、生活区、办公区对道路进行清洗，以保持道路清洁，同时保证排水畅通，不定时抽查施工排水是否顺畅，避免因废水排放引发的排水沟度晒、道路给水等问题。由于广州地区夏天温度较高，使用工具设备对路面、板房等设施进行晒水降温，保证人员健康。

2）建筑垃圾减量化

对不同建筑垃圾进行分类，并提出减量化的控制措施，经过实施，截止于 2015 年 6 月共产生垃圾 3449.29 t，再利用量为 2124.22 t，再利用率为 61.58%，超过了 50% 的再利用目标，具体数据见表 14 – 1。

表 14 – 1　建筑垃圾种类及增减量

建筑垃圾种类	产生原因及部位	实际产生量/t	再利用方案	实际回收利用量/t
混凝土碎料、余料	混凝土浇筑余料、凿桩、爆模等	1954.2	施工道路路基材料、制作预制件、部分作临时回填材料或以上用途用于公司其他项目	1148.8
墙体砌块及砂浆	墙体施工砌筑废旧砂浆、混凝土砌块	654.81	临时道路浇筑时回填材料，或制作预制件	355.05
废旧木枋/模板	翘曲、变形、开裂、受潮	309.28	制作踢脚板，短木接长，材料垫块、垫板	213.37
废旧钢筋/钢材	施工过程中产生的钢筋断头、废弃钢筋、废弃钢板、施工凿除等	523.56	废钢筋用作钢筋马镫支架的制作、预留洞口的封闭、小工具的制作、废弃钢板用于铺路等	399.56（部分回炉加工）
包装物	施工材料包装物	7.44	现场养护、生产厂家回收、送废品收购站	7.44
合计		3449.29		2124.22

3）扬尘控制

（1）现场建立洒水清扫制度，配备洒水设备，并安排专人负责。

（2）对裸露地面、集中堆放的土方采取抑尘措施。

（3）运送土方、渣土等易产生扬尘的车辆采取封闭或遮盖措施。

（4）现场进出口设冲洗池和吸湿垫，保证进出现场车辆清洁。

（5）对易飞扬的和细颗粒建筑材料实行封闭存放措施，余料及时回收；对拆除爆破作业、易产生扬尘的施工作业采取遮挡、抑尘等措施以防尘土飞扬。

（6）高空垃圾清运采用垂直运输机械完成。

（7）使用预拌砂浆，既提高质量，加快施工进度，又避免因大量黄沙堆放而造成的粉尘飞扬现象。

（8）利用自动喷淋系统及环保除尘风送式喷雾机降尘，各设备示意图见图14-6。

(a)环保除尘风送式喷雾机   (b)喷水降尘设施

图14-6 降尘设备

4）污水排放控制

（1）现场设置两处三级沉淀池，见图14-7（a），使排入市政污水管的污水泥沙含量得到了有效控制。

（2）食堂设置了隔油池，并及时进行油污清捞，见图14-7（b）。

（3）排入市政管的污水除了控制泥沙含量外，还要有水质控制，使其pH达到排放标准后再进行排放。

（4）落实专人管理制度，定期检查，责任落实。

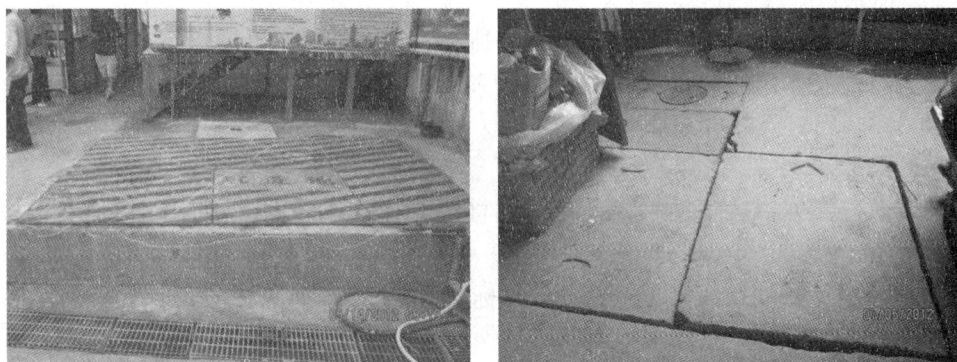

(a)沉淀池   (b)隔油池

图14-7 隔油池及沉淀池

5）光污染控制

（1）夜间焊接作业时，采取挡光措施。

（2）工地设置大型照明灯具时，采取防止强光线外泄的措施，为施工用灯设置灯罩，见图14-8（a）。

（3）办公室窗户设置窗帘以减少场外强光对室内的照射影响。

（4）尽量避免夜间施工，降低工地照明对外界的影响，如无法避免时，则应采用灯光集中照射作业面的措施，见图14-8（b）。

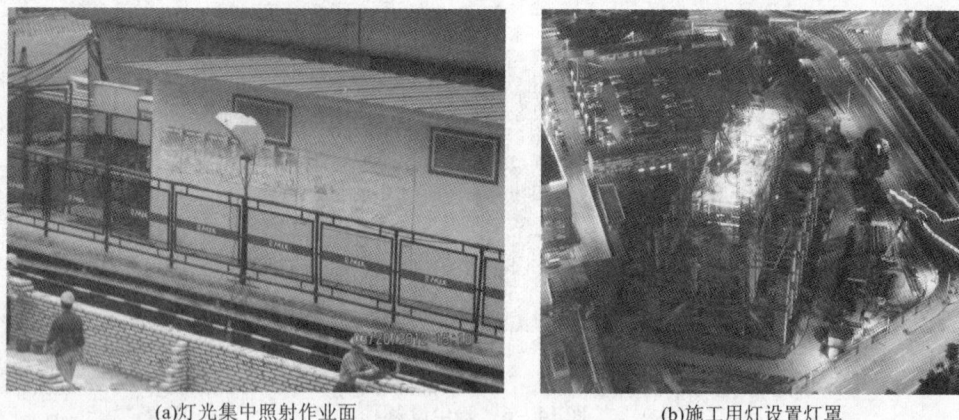

(a)灯光集中照射作业面　　　　　　　　(b)施工用灯设置灯罩

图 14 - 8　避免光污染措施

6)噪声控制措施

(1)现场采用先进机械、低噪声设备进行施工,并对相关机械、设备进行定期保养维护;并优化施工方案以减少噪声较大机械设备的使用。

(2)工地利用围挡封闭措施减小噪声,对夜间施工进行噪声监控,使之符合国家有关规定,此外,夜间施工申请手续齐全。

(3)加强监测力度,完善监测制度,设立定期监测及动态监测,特别对夜间施工采取动态管理,并记录监测数据。

(4)加强对于进出施工现场车辆的管理,所有施工车辆必须低速慢行,禁鸣喇叭,尤其在夜间施工时,需采用对讲机进行沟通,禁止大声喧哗。

14.1.3.3　节材与材料资源利用

1.材料管理

(1)制定完善的材料管理制度,安排专职材料员对材料的采购、使用、存储及送检进行管理。

(2)常规建材均采用就地取材,就地取材标准为少于 500 km。

(3)尽可能采购绿色环保材料。

2.节约钢材

(1)工程竖向钢筋接头、梁及大底板钢筋采用直螺纹技术连接,尽量避免使用冷接搭接方式及焊接方式,节省绑扎搭接长度,做好钢筋计算工作,降低钢筋定额损耗率。

(2)除项目部对图纸进行深化外,聘请专业钢结构公司对图纸进行深化,针对大型钢构件,公司与项目部组成技术攻关小组进行技术攻关,减少大型钢构件的钢材使用量。

(3)建立建筑废品回收再利用制度,利用废弃钢筋进行二次加工,制作成钢筋支架、护栏、预留洞口防护设施,灭火器吊挂支架等工具,见图 14 - 9(a)。当出现过多废弃钢筋时,还可以把钢筋加工成小工具,用于公司其他项目。

(4)建立针对项目钢结构施工的专业攻关小组,研究新的施工技术用于项目钢结构或其他钢结构相关的分部分项工程施工,减少钢材的使用,达到绿色环保。

（5）与采用建筑用成型钢筋制品加工与配送技术，见图 14-9(b)，预先联系加工厂，对钢筋进行预加工，以提高精度，减少钢筋使用。

(a)废弃钢筋加工用作支架　　　　　　　　　　(b)预制钢筋配送

图 14-9　节约钢筋措施

3. 节约混凝土

（1）施工前期经策划后，按照图纸，合理将凿除后的混凝土用作临时道路的基础垫层和临时道路的施工，见图 14-10(a)。

（2）采用刚度更高的钢模板和铝合金模板代替传统的木模板，有效减少爆模现象的出现。

（3）建筑施工时，有专职技术人员监督，减少因施工不规范而引起的混凝土凿除甚至大面积修补的情况出现。

（4）施工前对图纸进行精确计量，避免余料过多，造成浪费。

（5）当出现余料时，制作混凝土预制件或用于临时道路的修补[见图 14-10(b)]，提高混凝土再利用率进而避免浪费。

(a)凿除后混凝土块回收　　　　　　　　　　(b)混凝土余料制作预制件

图 14-10　节约混凝土措施

（6）施工现场永久道路与临时道路相结合布置，形成环形通道。

（7）加强工程质量，控制楼板的平整度和厚度，减少因浇筑问题而造成的浪费。

（8）利用多项混凝土新技术，提高项目施工能力的同时也加强了混凝土的性能，提高混凝土一次施工合格率。

4. 节约木材/模板

（1）核心筒剪力墙使用爬模技术，见图14-11（a），采用液压式爬模系统 + 钢模板，大量减少木方、模板的使用。

（2）地下部分核心筒水平结构采用塑料模板施工，见图14-11（b）。

（3）地上部分核心筒水平结构采用铝合金快拆模板施工，见图14-11（c）。

（4）核心筒外楼板采用钢筋桁架压型钢板，不需支模，降低了人工及木材的投入量。

（5）废弃模板、木方等材料通过加工后制成楼梯防滑条等工具重复再利用，见图14-11（d）。

(a)核心筒施工采用爬模

(b)塑料模板施工

(c)铝合金模板的运用

(d)利用废弃模板作防滑条

图14-11　节约木材模板措施

5. 节约砌块

（1）利用CAD等制图软件对墙体进行预排砖，见图14-12。对工人进行技术交底，合理安排预留洞口，减少材料的损耗。

（2）凿除后的砖渣及砂浆用作临时道路的垫层、临时的回填材料及其他项目中的回填施工。

图 14 - 12 CAD 技术砌筑预排

6. 节约安装材料

（1）利用 CAD 及 BIM 技术，标明预留洞口位置与土建施工紧密配合，优化安装预留、预埋、管线路径等方案，基本做到一次预埋到位，减少返工。

（2）利用 BIM 技术，对土建、管线进行建模，建模后利用 BIM 碰撞试验对机电图纸进行深化设计（见图 14 - 13），避免施工中因碰撞而造成材料浪费。本项目建模后共发现约 40000 个碰撞点，其中约 20000 个为机电管线碰撞。

（3）采用 10 项新技术里的 6 项关于机电工程的新技术，有效实现了节省材料的目标。

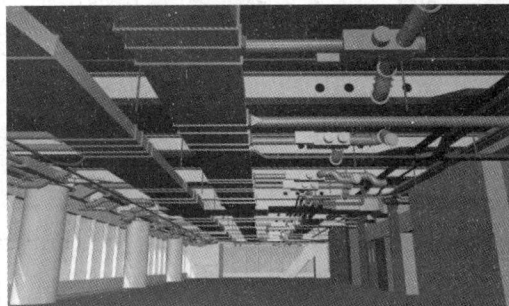

BIM管线建模并优化

图 14 - 13 BIM 优化措施

7. 节约装饰材料

（1）对油漆、涂料等施工项目，完成后做好成品保护，避免二次污染和重复施工造成的浪费。

（2）贴砖、石材等装饰施工前，对材料进行精确的用量计算，并对施工部位进行预排砖（见图 14 - 14），减少材料损耗。

8. 节约围挡等周转料

（1）活动板房的应用：现场办公区、生活区均采用可周转式的活动板房，见图 14 - 15（a）。

（2）现场围挡：采用周转次数多的可拆装式环保围墙，见图 14 - 15（b）、（c）。

（3）防护用具：防护用具采用定型化、标准化、工具化，由我司自主创新研发的新型防护工具，见图 14 - 15（d）。

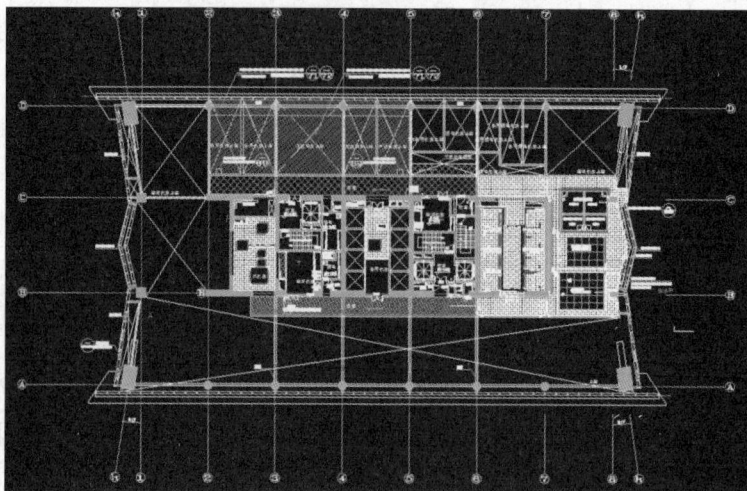

图 14 – 14　CAD 贴砖预排

(a)活动板房安装过程

(b)可拆装式环保围墙

(c)拆装式临边防护

(d)标准化的安全平挡防护

图 14 – 15　节约围挡等周转料措施

上述周转材料经统计损坏率仅为 1%，项目完成后该防护材料均已运至下一项目再次利用。

9. 现场协调

本项目为超高层建筑项目，施工过程历时长、专业多、施工技术难度大，造成各专业分包单位穿插施工，项目部会同业主、监理以及各分包单位每周二召开一次生产协调会，总结上周施工情况及制定接下来的施工计划，解决物资进场、堆放等问题，保证资源合理利用。

14.1.3.4　节水与水资源利用

1. 用水管理

(1) 在施工合同上明确要求施工用水要求及节水要求。

(2) 以表格形式对施工区、生活区、办公区分别进行用水计量。

2. 建立循环水利用系统

1) 基坑降水储存使用

基坑降水采用集水井降水方法，沉淀过滤后抽取至蓄水罐处储存，作为机具、设备、车辆、地面、绿化等用水。现场机具、设备、车辆冲洗用水点设置在沉淀池及集水井旁，冲洗后污水进入沉淀池沉淀过滤，再抽取回蓄水罐，达到循环再用的效果，流程图见图 14－16。

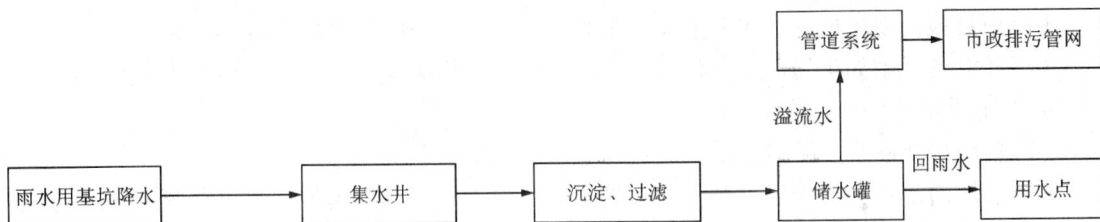

图 14－16　基坑降水再利用处理系统

2) 雨水收集使用

项目的绿施施工目标为取得"全国建筑业绿色施工示范工程"，采用雨水收集利用设施，具体措施见图 14－17，满足了《建筑工程绿色施工评价标准》（GB/T 50640—2010）中"节水与水资源利用评价指标"的"施工现场应有雨水收集利用的设施、喷洒路面、绿化浇灌不应用自来水"等项的要求。

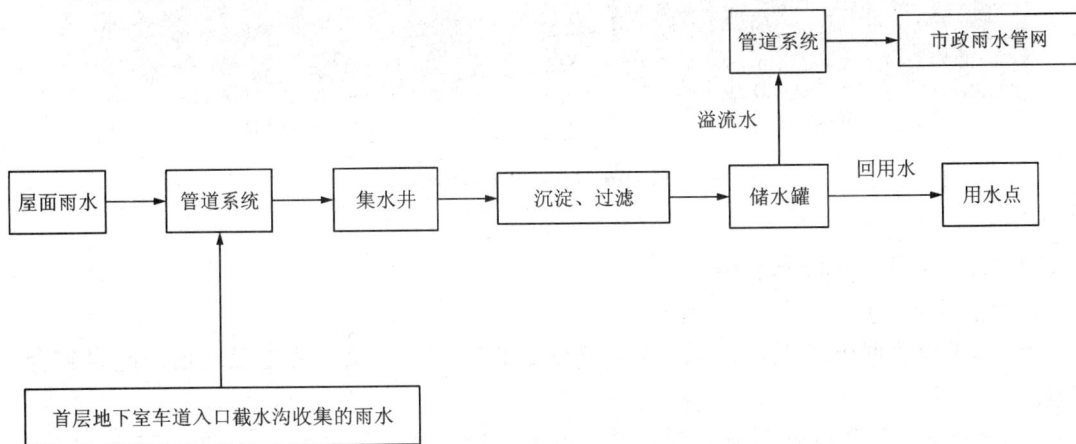

图 14－17　雨水收集系统

在本项目中，对屋面、地面可收集的雨水部分收集，雨水经处理后，主要用于冲洗现场机具、设备、车辆用水、喷洒路面、绿化浇灌、卫生间冲厕等，见图 14 - 18。

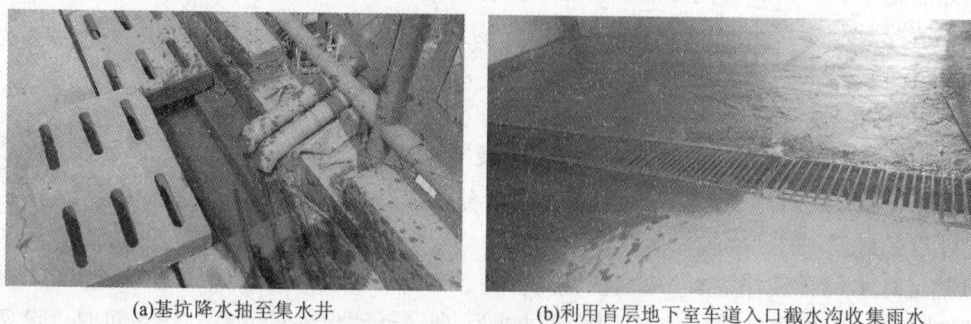

(a)基坑降水抽至集水井　　　　　　(b)利用首层地下室车道入口截水沟收集雨水

图 14 - 18　雨水利用措施

3. 使用节水型产品、安装计量装置

（1）项目根据现场情况，在卫生间、洗手池等位置均采用节水冲水或洗手设备。

（2）针对各区域如生活区、办公区、施工区分别安装水表进行计量，并统计分析。

4. 施工用水节约

（1）采用预拌砂浆、预制混凝土等更为节水的新型材料。

（2）楼地面蓄水养护采用新技术，混凝土面层覆盖一层塑料薄膜，塑料薄膜上铺湿麻袋，并利用符合养护要求的非传统用水进行养护（见图 14 - 19），不仅比传统养护方式节约用水，而且使建筑垃圾循环利用。

(a)Ⅰ区底板保温保湿养护　　　　　　(b)用所收集的雨水洗车

图 14 - 19　施工用水节约措施

14.1.3.5　节能与能源利用

1. 施工节电措施

（1）本工程根据施工现场情况，编制详细的临时用电方案，使施工现场用电得到合理布置。

（2）各区域、各分包分别安装电表进行单独计量。项目将施工用电按生活区、办公区、施工区三大区进行单独计量并总结。

238

（3）本建筑施工区域外墙采用玻璃幕墙，楼层施工均采用自然采光。

（4）对不能采用自然光的部分施工区、办公区及生活区，本项目全面采用 LED 灯照明，LED 灯使用达 80% 以上。

（5）加强新能源使用，包括空气能和太阳能，本项目已经安装了 3 台总容量超过 15 t 的空气能热水供应系统为工人提供生活热水，见图 14 – 20(a)。

（6）项目设计时采用了太阳能与建筑一体化应用技术，项目后期大厦利用太阳能技术为大厦提供热水。

（7）采用变频施工机械及节能型施工工具，减少施工用电，见图 14 – 20(b)。

(a)空气能热水器　　　　　　　　　(b)施工现场的节能照明灯具

图 14 – 20　施工用电节约措施

2. 节约燃油

（1）本项目原设计方案中，四角的钢柱重量大，按原设计方案需使用 M1280D 大型动臂式塔吊，经过项目组组织技术攻关小组对大型钢柱的设计优化，使塔楼施工仅需采用 M900D 塔吊施工便可，见图 14 – 21。

（2）本项目外围采用钢管柱内浇混凝土的钢管混凝土技术，一般项目浇筑施工时采用塔吊 + 下料斗进行钢管柱浇筑施工。而本项目经过新技术研究，创新使用针式混凝土施工，减少塔吊使用量。

（3）常规的大型动臂式塔吊爬升是采用另一台塔吊配合爬升塔吊进行扶墙安装，但本项目通过技术研究实现了塔吊扶墙的自提及安装。

14.1.3.6　节地与土地资源保护

（1）项目施工前与相关部门沟通，对附近基础设施管线已制定相应保护措施，并报请相关方核准。

（2）由于位处广州新中轴珠江新城，用地紧张，在施工前期对项目进行精密的场地布置，确保不超出用地红线。

图 14 – 21　M900D 塔吊的应用

（3）施工现场临时道路布置与原有及永久道路兼顾考虑，并充分利用拟建道路为施工服务。

（4）临时办公和生活用房采用结构可靠的多层轻钢活动板房、钢骨架多层水泥活动板房等可重复使用的装配式结构，减少临时建筑的占地面积。

（5）预计结构施工阶段高峰人数为 630 人，生活区总使用面积为 1700 m^2，即每人的使用面积为 2.65 m^2。

14.1.3.7 工具定型化

公司及项目部对防护用品的工具化、定型化、标准化以及工厂化重视度很高。由于本工程为超高层的建筑项目，因此公司成立专职研究小组与项目部技术攻关小组共同研发了多种适用于超高层的工具化、定型化、标准化以及工厂化的施工防护用具，如防护栏杆、工具式安全平挡、抱箍式操作平台、外墙悬空可翻转操作平台、巨型钢柱抱箍式安全平挡以及临边防护，见图 14 - 22。

14.1.3.8 职业健康

（1）建立施工现场安全保证计划，编制危险性较大的分部分项工程专项安全施工方案，施工前进行技术安全交底，并根据施工进度情况严格实施，动态管理。

（2）在施工方案中制定施工防尘、防毒、防辐射等避免职业危害的措施，保障施工人员的长期职业健康，实际施工中配备各类防护装备，见图 14 - 23（a）、（b）。

（3）根据实际场地合理布置施工现场，使生活及办公区不受施工活动的影响。施工现场建立卫生急救、保健防疫制度，在发生安全事故和疾病疫情时提供及时救助。

（4）提供卫生、健康的工作与生活环境，加强对施工人员的住宿、膳食、饮用水等环境的管理，改善施工人员的生活条件，见图 14 - 23（c）。

（5）施工现场建立治安保卫责任制并落实到个人，设置电子摄像头进行监控；施工现场建立健全消防防火责任制和管理制度，成立领导小组，配备足够、合适的消防器材和义务消防人员，随层设置消防水源；施工现场因地制宜，开设民工学校，设置学习和娱乐场所，丰富职工业余生活，注重精神文明建设。

（6）建立现场卫生责任制，安排卫生保洁员，施工现场设置职工食堂、茶水棚、沐浴室和厕所，并设置专人管理，及时清扫，保持整洁，采取有效的灭蚊蝇和防止蚊蝇孳生措施。施工现场配备保健药箱和急救器材。所有的施工人员都配备安全帽为特种作业人员配备相应的安全带、安全鞋、工作服等个人劳动防护用品，见图 14 - 23（d）。

（7）有限空间作业或通风条件差的空间作业必须有通风设备，保证施工人员健康、安全。

14.1.4 实施效果

本项目在施工过程中，坚持高标准、严要求，严格按照住建部《绿色施工导则》、《建筑工程绿色施工评价标准》规定的绿色施工评价要素组织检查和自我评价，主要采取以下形式开展动态跟踪和完善提高。

（1）项目部每月开展自评，并按基础、结构、装饰装修及机电安装三个阶段进行阶段实施效果评价，动态深化绿色施工管理过程。

（2）集团公司和子公司按下达的绿色施工目标指标要求，子公司每半年，集团公司每年组织一次内审，开展过程检查，进行评价考核。

(a)标准化临边洞口防护

(b)标准化楼梯扶手栏杆转角件

(c)抱箍式操作平台

(d)巨型钢柱抱箍式安全平挡

(e)外墙悬空可翻转操作平台

(f)工具式安全平挡

(g)施工通道(安全防护及利用旧模板铺路)

图 14 – 22 定型化工具研制

(a)人工挖孔桩施工佩戴防尘面罩

(b)施工焊时个人防护措施

(c)厕所、卫生设施等定期消毒

(d)检查现场医务室及药箱

图 14 - 23　现场卫生防护措施

（3）市委市政府、行业协会多次组织专家到项目现场进行绿色施工应用情况调研与检查并对项目绿色施工实施情况给予肯定。

（4）项目通过了第二批全国建筑业绿色施工示范工程的验收，见图 14 - 24。

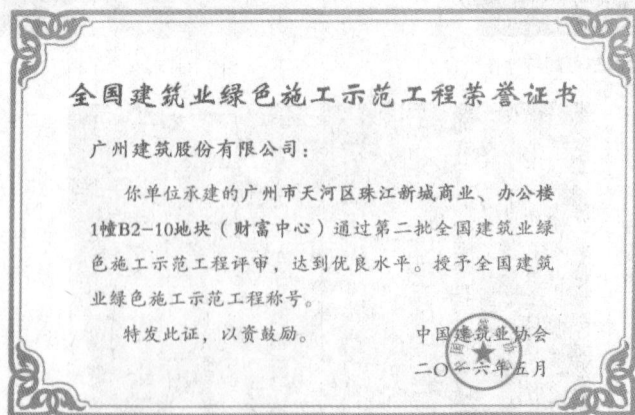

图 14 - 24　绿色施工示范工程荣誉证书

（5）项目通过了中国三星级绿色建筑设计标识认证（见图 14 - 25）和美国绿色建筑 LEED 金级认证（见图 14 - 26）。

图 14-25　绿色建筑设计标识证书

图 14-26　美国绿色建筑 LEED 金级认证证书

（6）本项目工程竣工业主确认的施工产值为130700万元。实施效果分析如下：

1）环境保护

表14-2为环境保护效果分析表。

表14-2　环境保护效果分析

序号	主要指标	目标值	实际完成值
1	建筑垃圾	产生量小于4200 t，再利用率和回收率达到50%	产生量3459.313 t 再利用2064.19 t 利用率59.67% 回收率59.9%
2	噪声控制	昼间≤70 dB 夜间≤55 dB	昼间平均约67 dB 夜间平均约52 dB
3	污水控制	pH达到6~9	pH达到7.5
4	扬尘措施	结构施工扬尘高度≤0.5 m； 基础施工扬尘高度≤1.5 m	结构施工扬尘高度≤0.4 m； 基础施工扬尘高度≤1.4 m
5	光源控制	达到国家环保部门的规定	无周边单位或居民投诉

2）节材与材料资源利用

表14-3为节材与材料资源利用效果分析表。

表14-3　节材与材料资源利用效果分析

序号	主材名称	预算损耗量	实际损耗量	实际损耗量与总建筑面积的比值
1	钢筋	774.5 t （预算量：13262.2 t）	443.3 t （实际用量：13108.7 t）	0.0021
2	商品混凝土	1570.61 m³ （预算量：105574.21 m³）	842.52 m³ （实际用量：104846.12 m³）	0.004
3	轻质砌块	132.41 m³ （预算量：9131.761 m³）	71.19 m³ （实际用量：8915.83 m³）	0.0003
4	预拌砂浆	776.74 m³ （预算量：8544.129 m³）	543.717 m³ （预算量：8311.108 m³）	0.0026
5	木材	102 m³ （预算量：2141.8 m³）	核心筒采用《爬模》工法、核心筒内楼板采用《塑料模板》及铝合金快拆模板系统、核心筒外悬挑楼板采用《外挑楼板的模板系统》等工法，节省了木模板约1764.99 m³ （实际用量：304.96 m³）	—

续表 14 – 3

序号	主材名称	预算损耗量	实际损耗量	实际损耗量与总建筑面积的比值
6	围挡等周转设备（材料）	重复使用率大于 95%	重复使用率大于 98%	—
7	就地取材≤500 km 以内的占总量的 89.8%			
8	回收利用率为 59.9% （回收利用率 = 施工废弃物实际回收利用量(t) ÷ 施工废弃物总量(t) × 100%）			

3）节水与水资源利用

表 14 – 4 为节水效果分析表。

表 14 – 4　节水效果分析

序号	施工阶段及区域	目标用水量/m³	实际用水量/m³	实际耗水量与总建筑面积的比值/(m³·m⁻²)
1	桩基、基础施工阶段	51236	38427	0.18
2	主体结构施工阶段	73555	55166	0.26
3	二次结构和装饰施工阶段	66994	50246	0.24
4	施工区	191785	143839	0.68
5	办公区	28200	26574	0.13
6	生活区	42232.4	39520.9	0.19
7	整个施工阶段	262217.41	209933.9	0.997（相当于 1.61 m³/万元）

4）节能与能源利用

表 14 – 5、表 14 – 6、表 14 – 7 分别为节电效果分析表、节油效果分析表以及液化气节约效果分析表。

表 14 – 5　节电效果分析

序号	施工阶段及区域	目标用电量/(kW·h)	实际用电量/(kW·h)	实际耗电量与总建筑面积的比值/(kW·h·m⁻²)
1	桩基、基础施工阶段	153200	523623.2	0.43
2	主体结构施工阶段	2895300	1892291.8	8.99
3	二次结构和装饰施工阶段	3206600	2633806.5	12.51
4	施工区	6255100	504972.5	23.99
5	办公区	373580	291116.4	1.38
6	生活区	256660	167440	0.80
7	整个施工阶段	6885340	5508277.9	26.17（相当于 42.14 kW·h/万元）

表 14 – 6　节油效果分析

序号	施工阶段及区域	目标耗油量/L	实际耗油量/L	实际耗油量与总建筑面积的比值/（L·m⁻²）
1	桩基、基础施工阶段	—	—	—
2	主体结构施工阶段	227500	205000	0.974
3	二次结构和装饰施工阶段	18500	17000	0.0807
4	整个施工阶段	24600	222000	1.054 （相当于 1.68 L/万元）

表 14 – 7　液化气节约效果分析

序号	施工阶段及区域	目标耗气量/kg	实际耗气量/kg	实际耗气量与总建筑面积的比值/（kg·m⁻²）
1	桩基、基础施工阶段	43202.7	41042.7	0.195
2	主体结构施工阶段	175065.35	166312.35	0.7902
3	二次结构和装饰施工阶段	3272.95	3108.95	0.0148
4	整个施工阶段	221541	210464	1 （相当于 1.61 kg/万元）

5）节地与土地资源利用

表 14 – 8 为节地与土地资源利用效果分析表。

表 14 – 8　节地与土地资源利用效果分析

序号	项目	目标值	实际值
1	办公、生活区面积	1800 m²	1700 m²
2	生产作业区面积	21600 m²	20000 m²
3	办公、生活区面积与 生产作业区面积比率	8%	8.5%
4	施工绿化面积与占地面积比率	0.8%	0.79%
5	原有建筑物、构筑物、道路和 管线的利用情况	地下管线 200 m 围墙 420 m	地下管线 210 m 围墙 420 m
6	场地道路布置情况	双车道宽度≤6 m， 单车道宽度≤3.5 m， 转弯半径≤15 m	双车道宽度≤5.5 m， 单车道宽度≤3 m， 转弯半径≤12 m

14.2　招商局光明科技园二期建设工程

14.2.1　工程概况

1. 项目概况及实施单位情况

招商局光明科技园二期建设工程位于深圳市光明新区东片区观光路南侧、光侨路西侧（见图 14－27），建筑面积为 65251.12 m²（其中：厂房 B3 栋建筑面积 21454 m²，厂房 B4 栋建筑面积 21454 m²，厂房 A6 栋建筑面积 22343.12 m²），地下 1 层，地上 5 层/6 层，预应力管桩基础，钢筋混凝土框架结构。

图 14－27　项目鸟瞰图

本工程由深圳市越众（集团）股份有限公司施工，开工时间为 2011 年 3 月 31 日，竣工时间为 2012 年 12 月 24 日。

本项目于 2014 年 11 月顺利通过了国家绿色施工验收专家组最终验收，评审成绩为优良，得到了领导和专家的高度认可。

2. 绿色施工管理及实施过程

2011 年 4 月，绿色施工正式启动：成立公司绿色施工管理领导小组、施工工作小组，编制完成绿色施工方案。

2011 年 4—5 月，绿色施工启动阶段：完善绿色施工管理及各项绿色施工措施；准备相关材料、设备的计划、采购等；部分绿色施工工作实施。

2011 年 5 月开始，每月定期组织绿色施工专题例会，对绿色施工进行总结、探讨、完善，落实绿色施工任务，并计划、安排下一步工作。这期间多次组织项目管理人员参与绿色施工

图14-28　绿色施工工作小组及绿色施工动员大会

相关培训学习。

2011年11月，项目正式成功申报了全国第二批绿色施工示范工程，项目部绿色施工目标：达到"优良"的评价等级。

2012年6月，项目以优秀的成绩通过绿色施工过程验收。

图14-29　绿色施工示范工程证明

2012年7月—2014年6月，项目在绿色施工及竣工后续期间陆续获得广东省房屋市政工程安全生产文明施工示范工地、广东省建设工程项目AA级安全文明标准化诚信工地、深圳市优质工程奖、广东省建设工程优质奖、广东省建设工程金匠奖，在绿色施工的过程中得到了高度的认可。

绿色施工过程中，通过项目部自评及公司绿色施工领导小组每季度的综合评估，以及在公司的综合支持与引导下，收集施工过程中的各项数据资料，总结经验，及时纠偏。

14.2.2 节材与材料利用措施

1. 钢筋工程

认真熟悉图纸和钢筋的相关规范,优化钢筋下料单,根据钢筋原材的长度和本工程的具体层高,开间尺寸,梁的长度,在规范的允许范围内,综合考虑下料,合理选择搭接的位置,尽最大限度考虑原材料的整体利用,减少材料。

施工前向建设和设计单位建议楼板钢筋采用成品钢筋网片。长期实践证明,焊接钢筋网片可以大量降低钢筋安装工时,比绑扎网少用工时50%以上。焊接网具有较好的综合经济效益,既可减少钢筋加工时造成的浪费,也可降低钢筋的总造价。

对剩余的短料进行分类分规格堆放,能利用短料的地方一律采用剩余短料,严禁采用原材下短料。所有的墙、柱、梁的拉钩不得用原材料进行加工,必须采用最后剩余的500 mm以内的短料进行加工。改变马凳形式,将原来的U形马凳的形式改为焊接马凳的形式,这样可以充分利用剩余的废料。在连接方式上经过与设计沟通,在规范范围内尽量采用机械连接和焊接连接,减少钢筋的搭接。该工程马凳利用废料约15 t,外卖废料约26 t。根据以上的分析结果表明,本工程的钢筋材料的用量损耗比为1%,低于定额规定的要求,符合绿色施工的要求。

表 14 – 9 钢筋用量统计表

材料计划用量/t		实际进场量/t		差量/t	
地下室	902.68	总量	4408.7	本工程计划需用量	4316.68
标准层	3414	现场剩余量	48.72	本工程实际用量	4396.4
差量	43.3	差量百分比		1%	

2. 模板工程

严格控制模板的进场质量,对不合格的模板进行退场处理。在模板的使用过程中采取集中制作,严禁随意切割整板,要求班组做到台锯不上楼。模板的拆除过程中,严禁班组随意乱撬、乱砸、随意堆放。

对于拆除的模板和方木按尺寸和使用的功能进行分类堆码。

工程竖向构件模板进行配模设计,编制配板图并进行编号,跟踪使用,提高模板的周转率。拼缝处采用双面胶条防止混凝土漏浆,提高混凝土结构的施工质量。

选取局部结构单元试采用了塑料模板。

本工程计划需用模板39500张,实际使用模板38020张,共计节约1480张,节约率为3.75%。

3. 混凝土工程

严格控制模板的施工质量,对梁、柱的截面尺寸进行严格的控制,严禁出现超出图纸设计的尺寸情况,确保不出现因为截面尺寸过大造成混凝土浪费。

加强模板支撑体系的检查,确保在受力情况下模板支撑体系不变形,杜绝因支撑体系变形或坍塌造成的浪费。

严格控制楼板面标高，确保不因板面标高超高、楼板增厚造成浪费。

对模板接缝位置，全部采用海棉双面胶贴面，减少混凝土的漏浆。

现场利用地磅严格检查混凝土的出厂数量，对数量不够的车次进行重罚处理，保证混凝土的进场数量。

剩余混凝土的余料全部用于门窗配套混凝土块的制作。

表 14 – 10　混凝土用量统计表

计划砼用量/m³	实际砼用量/m³	实际消耗量/m³	实际消耗率	定额消耗率
25946.55	26197	250.45	0.96%	1.5%

4. 施工围挡及砌体工程

现场临时围挡全部采用可拆卸轻质墙板(回收利用率达 90% 以上)。

严格控制原材料的进场质量，确保原材料符合规范要求，对砌块尺寸进行分批次抽查。控制砌体材料堆放高度在 2 m 以下，避免因堆放过高而造成垮塌导致材料破损浪费。

根据现场结构形式情况，绘制排砖图，要求工人严格按照排砖图进行砌筑，减少不合理的砌筑方式，尽量避免残砖的产生。

将施工过程中产生的残砖进行收集、筛选，对可利用的残砖进行加工再利用。

5. 抹灰工程

认真检查主体的质量，对主体结构进行实测实量。初步确定抹灰的厚度，跟踪灰饼的制作过程，对制作好的灰饼进行实测实量，确保内墙抹灰厚度，不超过设计规范要求。

标准层的内墙抹灰对现场操作的工人进行严格的要求，避免落地灰的产生。对于屋面外墙要求班组尽量减少落地灰的产生，对产生的落地灰及时进行收集清理、堆放。用于后期的非结构的回填。

14.2.3　节能与能源利用措施

项目部成立"节水节电管理小组"，制定节水节电管理制度，并对项目部人员进行节约宣传教育。加强科学管理，加强监督与检查，尽力杜绝长流水、白流水、长明灯、光线充足情况下开灯及无人情况下开灯、开电风扇、空调，以及机具空转等浪费现象

为掌握施工能耗第一手数据，主体施工阶段项目分别监控以下区域：办公区、宿舍区、食堂区、塔吊 1#、塔吊 2#、塔吊 3#、人货电梯 1#、人货电梯 2#、人货电梯 3#、B3 钢筋加工厂、B4 钢筋加工厂、A6 钢筋加工厂、B3 地下室、B4 地下室、A6 地下室、砼输送泵。

实行施工现场能耗动态监测，使用由深圳市绿色施工技术研发中心自主研发的《绿色施工数字化在线监测与评价管理系统》中的能耗监测监控子系统，对现场施工区和生活办公区的能耗进行远程监测。该系统支持项目管理人员和企业、政府监管人员对现场施工能耗进行实时监测监控，以及分时、分项、分阶段地统计和分析，帮助相关人员及时了解和掌握施工现场用能情况以及设备的启停时间和使用规律，找到节能潜力和重点，实现项目能耗的监控。该系统同时可作为绿色施工评价指标量化的工具。

《绿色施工数字化在线监测与评价管理系统》是根据《绿色施工导则》和《建筑工程绿色施

工评价标准》的要求,围绕绿色施工"四节一环保"核心评价体系,针对施工现场能耗、水耗指标,施工噪声、扬尘等环境因素指标,以及大型施工设备安全运行状况而研发的一套智能化在线监测与数据分析处理的大型信息化管理平台。

《绿色施工数字化在线监测与评价管理系统》基于云计算技术,结合 GIS 应用和视频监控技术,通过互联网随时随地以数字化的方式让相关管理人员能够实时在线进行绿色施工的量化评价,及时有效地监控现场大型施工设备的安全运行状况,真正将节能环保和生产安全落到实处,实现绿色施工的数字化管理。

项目部大面积采用节能灯具。粘贴节约用电标志牌,提醒人走灯灭,人离机停。生活区禁止使用大功率电热器具,安装专用电流限流器。

本工程于 2011 年 4 月底对三处钢筋加工场进行用电统计,至 9 月底主体结构封顶三处钢筋加工场用电量与所制作加工的钢筋量统计如表 14-11 所示。本工程经统计总用电量按万元产值和建筑面积均摊约为:43 kW·h/万元产值,约 7.6 kW·h/m^2。

表 14-11 用电量统计表

项目	B3#楼钢筋加工场	B4#楼钢筋加工场	A6#楼钢筋加工场
用电量	1622 kW·h	1718 kW·h	3351 kW·h
加工钢筋量	1300 t	1300 t	1796 t
计算	1.284 kW·h/t	1.322 kW·h/t	1.866 kW·h/t

14.2.4 节水与水资源利用措施

深圳市是一个水资源严重缺乏的城市,在传统的施工工艺中水资源的浪费情况很严重,为减少市政自来水在施工现场的使用量,应通过合理安排工序、合理选择节水设备和采用先进的节水施工工艺来节约水资源。

施工现场分别对生活用水与施工用水确定用水定额指标,并分别安装计量器具进行计量管理。

实行现场水耗动态监测管理,采用《绿色施工智能化监测监控管理系统》中的水耗监测监控子系统,对现场施工区和生活办公区的水耗进行远程监控、统计和分析。

办公区、生活区的生活用水采用延时自闭节水龙头。

通过长期的观察发现个别员工在洗漱、洗手或洗衣服时,长时间打开水龙头,或者人走后不关闭水龙头,从而白白浪费大量的水资源。为杜绝浪费和节约水资源,并避免长流水的现象发生,本项目采取了在员工生活区洗漱池安装延时自闭节水龙头。在安装延时自闭节水龙头后,同前期相比每天可节约用水约 2 m^3。

施工现场分别对生活用水与施工用水确定用水定额指标,并分别安装计量器具进行计量管理。

针对深圳雨季雨水较多的特点,装修阶段初期先要求水电安装班组将虹吸排水管道先行安置,利用屋面作为汇水面收集雨水,再通过屋面虹吸排水管汇入一层蓄水池,经沉淀后主要用于地面养护、路面、车辆清洗,洒水抑尘等。

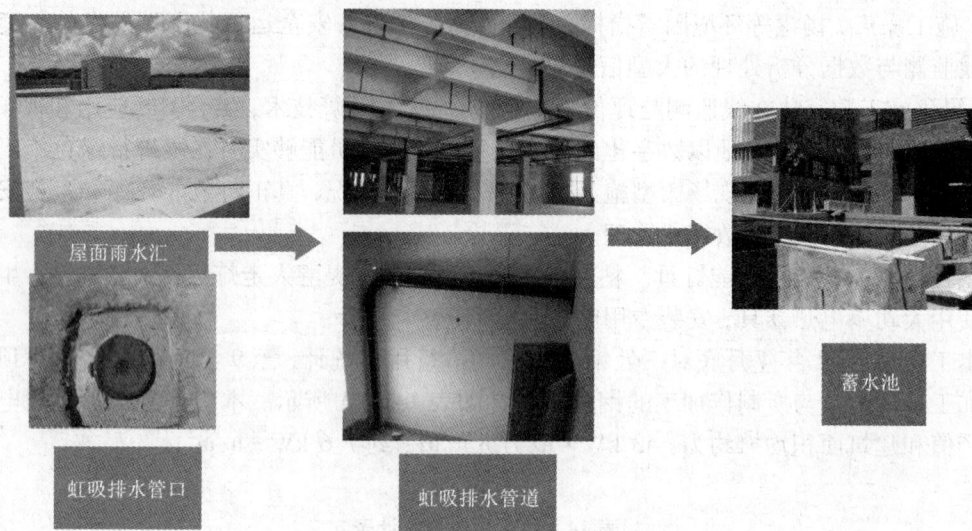

屋面雨水汇

虹吸排水管口

虹吸排水管道

蓄水池

图 14 – 30　屋面雨水收集流程示意图

施工养护用水采用将原始的水龙头浇水养护施工工艺改为在出水管口安装一个多功能节水喷枪，既保证了养护的质量，又达到了节水的效果。

本项目施工区、生活区目前共用市政自来水 40126 m^3，其中生活区自来水用水量为 15617 m^3，施工区自来水用水量为 24360 m^3。

本项目目前总用水量经统计按万元产值和建筑面积均摊约为：3. 48 m^3/万元，0. 6 m^3/m^2。

14.2.5　节地与施工工地保护措施

临时办公和生活用房应采用经济、美观，占地面积小，对周边地貌环境影响较小，且适合于施工平面布置动态调整的多层轻钢活动板房。生活区与生产区应分开布置，并设置标准的分隔设施。

施工现场材料分类、分区集中堆放，减少占用地。根据不同阶段施工进展要求，及时对施工平面布置进行调整，充分利用现有场地。施工现场平面布置合理、紧凑，在满足环境、职业健康安全及文明施工要求的前提下尽可能减少废弃地和死角。

基础阶段临时构筑物情况布置如表 14 – 12 所示，主体阶段临时构筑物情况布置如表 14 – 13 所示，装修阶段临时构筑物情况布置如表 14 – 14 所示。

表 14 - 12　基础阶段临时构筑物情况布置表

名称	面积/m²	备注
洗车池	3.5 × 2.5 = 8.75	
砼泵	7.6 × 4 = 30.4	
钢筋加工棚 × 3	33 × 13 × 3 = 1287	
钢管堆放区	28 × 9 = 252	我公司承建的招商局光明科技园二期建设工程项目 B3、B4、A6 栋厂房总建筑面积为 65251.12 m²，临时构筑物占地面积为 2557.665 m²，占总建筑面积的 3.91%
模板加工区 × 3	24.5 × 6.5 × 3 = 477.75	
水电工房	13 × 5.5 = 71.5	
变压器	4.5 × 7.5 = 33.75	
蓄水池	7 × 6 = 42	
沉淀池	1.3 × 1.55 = 2.015	
2#蓄水池	15 × 23.5 = 352.5	
总计	2557.665	

表 14 - 13　主体阶段临时构筑物情况布置表

名称	面积/m²	备注
水池	3.5 × 2.5 = 8.75	
砼泵	7.6 × 4 = 30.4	
钢筋加工棚 × 3	33 × 13 × 3 = 1287	
钢管堆放区	28 × 12 = 336	
模板加工区	24.5 × 16.5 = 404.25	我公司承建的招商局光明科技园二期建设工程项目 B3、B4、A6 栋厂房总建筑面积为 65251.12 m²，临时构筑物占地面积为 3314.715 m²，占总建筑面积的 5.07%
水电工房	13 × 5.5 = 71.5	
蓄水池	7 × 6 = 42	
沉淀池	1.3 × 1.55 = 2.015	
钢管、扣件堆场	12 × 12 = 144	
钢管堆放区	30 × 29 = 870	
人货电梯 × 3	6 × 6.6 × 3 = 118.8	
总计	3314.715	

表 14-14 装修阶段临时构筑物情况布置表

名称	面积/m²	备注
水池	3.5×2.5=8.75	
砌块堆场	14×6=84	
砂石堆场	10×6=60	
水电工房	13×5.5=71.5	我公司承建的招商局光明科技园二期建设工程项目 B3、B4、A6 栋厂房总建筑面积为 65251.12 m²，临时构筑物占地面积为 849.315 m²，占总建筑面积的 1.31%
变压器	4.5×7.5=33.75	
蓄水池	7×6=42	
沉淀池	1.3×1.55=2.015	
人货电梯×3	6×6.6=39.6×3=118.8	
钢筋网片堆场	5×5×0.5=12.5	
钢管、钢筋、塔吊标准节堆放场	26×16=416	
总计	849.315	

14.2.6 环境保护措施

对易产生扬尘的垃圾、建材等进行覆盖处理。对粉末状材料应封闭存放。场区内可能引起扬尘的材料及建筑垃圾搬运采取降尘措施，如覆盖、洒水等。结构施工期内模板内木屑、碎渣的清理采用吸尘器吸尘，避免扬尘。建筑外架采用密目式全封闭安全网，避免高空扬尘。

1. 进行了噪声源分析

根据目前主要施工机械产生的噪声，对其进行了噪声强弱分类，结果如下(站在 2 m 远的地方监测)：

表 14-15 噪声设备分类

编号	设备名称	声值/dB	噪声设备分类	附注
1	混凝土泵	97	强	
2	钢筋切割机	95	强	
3	圆盘电锯	98	强	大于等于 90 dB 为强噪声设备，小于 90 dB 大于 80 dB 的为中噪声设备，小于等于 80 dB 为弱噪声设备
4	振动棒	85	中	
5	砂浆搅拌机	82	中	
6	人货梯	80	弱	
7	塔吊	75	弱	

2.建筑垃圾控制

(1)做好技术准备工作,采取优化管理模式及技术方案,尽可能减少垃圾排放。

(2)混凝土碎渣垃圾通过筛分、破碎等方法,用于砌体工程墙体根部的混凝土带浇注,减少建筑垃圾外运。

(3)建筑垃圾进行分类收集:在现场设置分类式垃圾站、垃圾集中堆放处。可回收材料中模板、木枋、废纸、塑料、金属类直接卖给有资质的废料回收单位。

3.光污染控制

(1)工地塔吊设置大型罩式镝灯 6 个,夜间施工控制照明角度。

(2)电弧焊集中在每栋一楼施工,四周进行围挡,尽可能减少光污染。

(3)办公区、生活区采用环保节能灯。

4.水污染控制

(1)施工现场设置三级沉淀池 1 个,隔油池 1 个、三级化粪池 1 个。

(2)食堂排放污水设置滤网,隔油池每天安排专人清理。

5.土壤保护控制

(1)施工现场周边场地采取混凝土硬化措施,避免水土流失。

(2)安排有资质的生活垃圾回收单位及时回收生活垃圾,及时清掏沉淀池、隔油池、化粪池。

6.人员健康

(1)施工作业区和生活办公区分开布置。

(2)生活区由专人负责管理。

(3)厕所、卫生设施、排水沟及阴暗潮湿地带定期安排消毒。

(4)食堂各类器具应清洁,个人卫生、操作行为符合规范。

(5)改善工人住宿条件:配置储物柜、设置夫妻宿舍。

参考文献

[1] 住房和城乡建设部.绿色施工导则(建质[2007]223号)

[2] 肖绪文,罗能镇,蒋立红,等.建筑工程绿色施工.北京:中国建筑工业出版社,2013

[3] 万科新总部将申报LEED体系铂金级认证[EB/OL].(2006-07)

[4] 万科.万科中心获得LEED铂金认证快报[EB/OL]

[5] 仇保兴.我国绿色建筑进入规模化发展时代[S].深圳商报.2013-04-02,A5版

[6] 余彬.我国绿色地产的发展前景与美国LEED的效用.沿海企业与科技,2009(06)

[7] 姚润明,等.绿色建筑的发展概述.暖通空调,2007,36(11)

[8] Marne Sussman.美国市政绿色建筑法令评析[EB/OL].2011(4)

[9] 顾孟潮.21世纪是生态建筑学时代.中国科学基金,1988(1)

[10] 钟晓青.“绿色建筑”体系的若干理论问题探讨.建筑学报,1996(2)

[11] 卜增文,等.实践与创新:中国绿色建筑发展综述.暖通空调,2012,42(10)

[12] 吕晨光,周柯.英国环境保护——命令控制与经济激励的综合运用.法学杂志,2004(25)

[13] 陕西省土木建筑学会,陕西建工集团有限公司.建筑工程绿色施工实施指南.北京:中国建筑工业出版社,2016

[14] 广东省建设执业资格注册中心.二级建造师继续教育必修课教材之二.北京:中国环境出版社,2014

[15] 广东省建设执业资格注册中心.二级建造师继续教育必修课教材之三.北京:中国环境出版社,2016

[15] 关而道,邵泉,吴瑞卿,方耿晖,赖泽荣,等.大型标志性超高层建筑施工新技术——越秀金融大厦.2016

图书在版编目（CIP）数据

绿色建筑与绿色施工／吴瑞卿，祝军权主编.
—长沙：中南大学出版社，2017.1
ISBN 978 – 7 – 5487 – 2716 – 3

Ⅰ.绿… Ⅱ.①吴… ②祝… Ⅲ.生态建筑—建筑施工
Ⅳ.TU74

中国版本图书馆 CIP 数据核字（2017）第 011547 号

绿色建筑与绿色施工

主编　吴瑞卿　　祝军权

□责任编辑　周兴武
□责任印制　易建国
□出版发行　中南大学出版社
　　　　　　社址：长沙市麓山南路　　　　　邮编：410083
　　　　　　发行科电话：0731 – 88876770　　传真：0731 – 88710482
□印　　装　长沙印通印刷有限公司

□开　　本　787×1092　1/16　□印张 16.75　□字数 426 千字
□版　　次　2017 年 1 月第 1 版　□印次　2019 年 7 月第 2 次印刷
□书　　号　ISBN 978 – 7 – 5487 – 2716 – 3
□定　　价　45.00 元

图书出现印装问题，请与经销商调换